李坤璋・邱敬淳

從 0 到 1 認識 RPA 的必備入手工具書

RPA入門與應用
―機器人流程自動化

藉由學習全球 RPA 領導者 UiPath，快速擁有設計自動化的概念與實戰功力。

東華書局

國家圖書館出版品預行編目資料

RPA 入門與應用：機器人流程自動化 / 李坤璋, 邱敬淳 著. -- 1 版. -- 臺北市：臺灣東華書局股份有限公司, 2022.04

312 面 ; 19x26 公分

ISBN 978-626-7130-05-6 (平裝)

1. CST: 資訊管理系統 2. CST: 機器人

494.8　　　　　　　　　　　　　　111003725

RPA 入門與應用：機器人流程自動化

著　　者	李坤璋・邱敬淳
發 行 人	謝振環
出 版 者	臺灣東華書局股份有限公司
地　　址	臺北市重慶南路一段一四七號三樓
電　　話	(02) 2311-4027
傳　　眞	(02) 2311-6615
劃撥帳號	00064813
網　　址	www.tunghua.com.tw
讀者服務	service@tunghua.com.tw

2028 27 26 25 24 BH 8 7 6 5 4 3 2

ISBN　　　978-626-7130-05-6

版權所有 ・ 翻印必究

推薦序

　　在現行數位化的潮流中，人工智慧 (AI)、大數據分析及機器人流程自動化 (RPA) 皆為應用的重點。RPA 是導入 AI 與認知科技的第一步，可模擬人員在電腦系統中的各項操作，將企業日常營運中重複性較高且有規則的作業交由機器人操作。RPA 有機會減少 30% 至 70% 的人工作業、降低 15% 至 90% 人工成本，並提高準確度及加快交付速度。

　　RPA 為智慧企業的前哨技術，帶領企業邁向數位治理與生產力轉型。以會計師事務所為例，審計人員的工作中屬於重複性高且耗費大量人力時間的部分，將逐漸由 AI 與 RPA 所取代。AI 與 RPA 應用將導入財務及稅務簽證申報等工作中，快速並準確地處理各種大量且重複性高的工作，讓審計人員的時間與精力更投注於有風險、需要更多專業經驗判斷的地方，以提高查核品質及創造服務價值。

　　坤璋學務長，是我東吳會計系的學弟，也曾是勤業會計師事務所的同事；在他擔任東吳會計系主任期間，剛好我是東吳大學會計系所同學聯誼會文教基金會的董事長。當時就見證他致力於「會計及審計與資訊科技的整合」，成立「智能審計研究中心」，開辦研究所「智能審計」組，並將 RPA 導入學習地圖列為研究所必修課程等前瞻性作為。樂見母校成為 UiPath 在台首間合作之大專院校機構，更欣見坤璋以多年累積的專業知識和實務經驗，闡述 RPA 各相關層面的議題，輔以實際案例剖析，完成這一本兼具理論與實務探討的好書、研習 RPA 的參考指引。相信本書定能給有興趣學習及應用 RPA 的人士，帶來啟發和借鏡，並在具備 RPA 工

具使用知識後，能應用於自身工作上，有效提升工作效率和品質，進而協助組織提升數位競爭力。

宋作楠先生紀念教育基金會 董事長
東吳大學會計系所同學聯誼會文教基金會 董事長

陳清祥

推薦序

　　我已認識坤璋兄多年，李教授作育英才的用心，實在令我非常敬佩。這次我非常高興收到李教授要出版機器人流程自動化 (Robotic Process Automation, RPA) 相關書籍的消息，也很榮幸受邀寫推薦序，相信這本書可以為想要更進一步了解如何具體應用自動化技術到一般作業流程的讀者帶來非常大的助益。

　　近年來企業因應數位轉型的浪潮，無不希望能在有限資源下，提升營運品質與效能，其中 RPA 正是能快速優化並提升企業內部流程效率的工具。因為 RPA 能夠將企業中高重複性、有依循規則的「腦力粗活」全數自動化，能及時處理跨系統業務，進而有效重置人力降低成本。以勤業眾信為例，我們不僅提供給客戶 RPA 導入相關輔導諮詢服務，同時，我們在內部也率先透過 RPA 技術應用，優化及自動化部分審計查核工作與行政作業流程，釋放人力以投入更需聚焦與專業分析判斷之工作，藉此，除可提供客戶最佳的服務與品質，並對於整體營運效率有非常顯著的提升。

　　在現今數位轉型已成顯學的時代，企業所面臨有形無形的營運風險種類繁多且複雜，其中一項關鍵且無形的挑戰是「知識管理」，多數企業在工作內容知識及處理訣竅傳遞方面，仍仰賴員工之間人與人的傳承與交接程序進行，因此，非數位化的作業流程逐漸會造成數位時代人才的流失。利用建置 RPA 的過程，在重新檢視流程的過程中，建立文案、稿件、報表、圖像資訊等知識管理的機制，將人為作業轉化為邏輯指令讓機器人執行的同時，也能將人才培育、資訊串流與持續轉型的潛在需求納入考量。

　　簡言之，RPA 是一個能協助個人作業乃至企業營運領域提升附加價值的有效工具，而本書正是一本相當實用、值得收藏的 RPA 工具書，內容從基礎認知到詳盡介紹 RPA 軟體的每一項重要模組，手把手的教學結合實務開發經驗，強烈推薦給對於有興趣動手運用 RPA 技術，以提升工作效率的新世代人才。

勤業眾信聯合會計師事務所 總裁

柯志賢

推薦序

　　在一個風光明媚的早晨，我與李教授相約在事務所討論企業及社會永續的議題。教授剛完成學校的確診者足跡危機管理，以及義務性組織並帶領學生進行環島知性教育單車之旅，再加上學務處的繁重工作，李教授理應十分疲累，但他臉上卻洋溢熱情，說話中氣十足！談笑之際突然掏出一大疊文件向我介紹他所撰寫有關 RPA 機器人流程自動化的工具書！除了佩服李教授對教育的熱情以及工作之高效外，這本書也刷新了我對「RPA 工具書」的認知。

　　在第四次工業革命的浪潮下，機器硬體及軟體逐漸取代人工，近年 RPA 的普及也引發人們對未來許多工作都將被機器人所取代的憂慮。安永已協助客戶導入 RPA 多年，一開始，客戶的 RPA 專案小組成員亦會擔心該專案的成功將影響他們未來的工作機會；然而在軟體機器人實際上線後，專案成員在組織中的重要性未見減少，反而在工作上因軟體機器人的協助，能更高效地完成枯燥乏味的重複性事務並大幅降低錯誤率，也更有機會從事更具加值性或管理性質的工作！由此可見，「恐懼通常來自於未知」。理解 RPA 的全貌能協助排除疑慮，並視 RPA 的導入為重新定義工作並釋放時間與創造力的契機。

　　我們不免自問，針對尚未雇用專業 RPA 導入團隊的公司或個人該如何了解並進一步善用 RPA？本書提供了絕佳的引導，以建立觀念為本並站在實際使用者角度出發進行實戰演練，並時刻提醒操作時應注意的眉眉角角。由深入淺出的介紹加上實際操作示範及解說，相信即便是對軟體操作不熟稔的初學者也能跟著示範步驟完成簡單的 RPA 功能開發，獲得極高的成就感！

　　本書不僅層次分明、內容易懂，排版及美編也製作精良，絕對是近期最能引起共鳴並實用的工具書。我十分推薦入門者閱讀本書，必能協助您迅速熟悉 RPA 的相關知識及應用！

安永聯合會計師事務所 審計服務營運長

黃建澤

 **推薦序**

　　認識李坤璋老師多年，對於李老師不遺餘力將會計理論與產業實務結合的教學熱忱，一直甚感佩服。此次李老師與邱敬淳小姐合著之大作《RPA入門與應用：機器人流程自動化》，也是會計財務與產業實務的結合應用，再度為我們財務會計領域人士的產業新知帶來一大福音。

　　後疫情時代是一個企業加速數位轉型進化的時代，隨著數位技術的日新月異，產業界各大公司企業已陸續在加速推動數位轉型，自動化流程技術的演進也為公司企業的運作方式帶來一場新的數位革命，從早期的工廠產線及機械化設備之自動化，逐漸轉型到現今的資訊技術自動化。機器人流程自動化 (RPA) 是幫助公司企業克服難題、順利進行數位轉型的重要核心技術。此技術以自動化的方式協助公司企業完成大量重複性高、高耗時、繁瑣的庶務操作，加速日常作業流程，進而提高工作效率，降低出錯風險及提升人力價值等；而在需要較多思考的分析場景，則可透過我們人類與機器人協同合作完成任務。RPA 正被應用於金融、製造、醫療、保險、零售等各行各業，所以無論所從事之行業類別，只要是需使用電腦設備的工作者，具備 RPA 相關知識都會對工作有莫大幫助。

　　通過本書，專業 IT 人員或流程操作人員（包括會計、文書或行政人員），都可以來輕鬆學習 RPA。本書一開始以 UiPath StudioX 為基礎，以對使用者更友善的「無程式碼」設計環境，講解在 RPA 技術中的基礎知識〔包含 Excel、Actions（功能模組）的自動化操作〕，並搭配實際操作案例，描述各類自動化操作的主要功能與方法。本書也藉由各種工作場景的實戰演練，讓讀者跨越資訊技術專業這道門檻，親手製作屬於自己的流程機器人，進入人機合一協作的境界。讀者並能從本書中學習到如

何設計 7×24 小時的 RPA 這位自動化助理，像堆積木一樣將工作流程在 Orchestrator 設置好排程、時間及頻率，幫讀者不眠不休的工作。

本書作者結合理論與 RPA 之應用經驗，既清晰說明了 RPA 的架構技術及原理，又展示了淺顯易懂的實際操作案例。所以，本書非常適合讓想打好 RPA 基礎但又無程式設計經驗者閱讀，以了解運算思維精神，建立正確觀念及基礎實作經驗。相信本書能幫助初學者輕鬆擁抱實務運作的基本功，快速建構出有高效用的 RPA。

資誠聯合會計師事務所 會計師
前台北市會計師公會 理事長
吳漢期

# 推薦序

　　數位轉型浪潮下，藉由各種新型態的數位工具導入，重新檢視內部既有的流程，進行優化改善方案一直是各大企業面對高度競爭與快速變遷時代所採取的策略方案，而 RPA 的應用，更是其中不容忽視的一大重點。

　　過去在服務各大產業之審計及諮詢經驗，讓我們深刻體悟，由 RPA 帶動的數位勞動力 (Digital Labor) 與創新流程科技變革，將改變現有企業流程作業模式，並將其逐步轉變為自動且零失誤的無人作業。RPA 不僅僅是趨勢，更是未來無法避免的課題，無論任何產業類別，RPA 都能夠融入在各類的產業流程中。KPMG 安侯建業於 2015 年開始引進 RPA 智能自動化服務，已顯著提升會計師業務的質量。除將 RPA 智能機器人視為數位員工，作為正式生產力的一環、應用於內部多達數十項流程優化與改造外，也將此技術應用於強化客戶服務的層面，以智能化的資訊技術強化服務內容的精準與效率。譬如透過 RPA 於公開資訊觀測站掌握企業客戶重大訊息，達到即時提醒的目的，或是稅報忙季期間讓數位員工協助審計同仁完成媒體申報轉檔作業，而且這些數位員工可以 24 小時運作，大幅提升時效性。同時，我們也積極推廣 RPA 在各產業的擴大運用，協助企業流程再造與優化、減降作業工時成本。尤其近兩年於疫情衝擊下，更是大幅提升了處理繁瑣且重複性極高事務的效率，創造企業全時服務客戶的可能性與新契機。

　　一個好的 RPA 機器人的開發，就是透過對流程的梳理與理解，才能夠真正剖析出功能使用的適切性。如果開發一個 RPA 項目，相關的參與者都對 RPA 技術有一定程度的認知與了解，相信能讓該項目開發更為成功。UiPath 是目前全球最具代表性的 RPA 軟體之一，視覺化拖拉式流程

　　設計的操作介面，讓不諳 IT 技術的商務人士也能快速上手並將之自行應用於自身所需之流程中。本書透過深入淺出的說明，輔以實例應用，引領讀者自簡單的 UiPath 實作開始入門，以最直覺、簡單的方式來認識 RPA 這個新世代的作業流程自動化工具。內容從什麼是 RPA 作業機器人、機器人作業自動化的設計觀念，一直到 RPA 開發工具的各項功能介紹，並透過操作案例的引導，教導讀者逐步地完成 RPA 機器人的建置開發。

　　目前市面上針對 UiPath 尚未有完備且詳盡的教學書籍供使用，而李教授精心撰擬本書實是廣大學習者的一大福音！無論是作為了解 RPA 作業機器人的入門，或是建置機器人作業自動化的實作，都是一本不容錯過的好書。

KPMG 安侯建業聯合會計師事務所 主席

陳俊光

 作者介紹

李坤璋／K.C. Lee

現任東吳大學學生事務長，會計學系與法律學系教授，擁有超過二十年的實務經驗，擅長跨領域創新整合，透過實踐翻轉教育方式，致力學用一致。

於擔任東吳大學會計學系系主任期間，著力於會計及審計與資訊科技的整合，以及會計與法律的結合，全面更新課程使用之 ERP 系統，成立「智能審計研究中心」，並開辦研究所「智能審計」組，以及「法治會計」組，於 2017 年成為 UiPath 在台首間合作之大專院校機構，並將 RPA 導入學習地圖列為研究所必修課程，為台灣第一所實踐財會人才數位轉型之系所。

邱敬淳／Jean Chiou

畢業於東吳大學企管學系，並在職進修取得會計學系碩士學位。任職於知名國際會計師事務所，負責上市公司 RPA 導入專案，熟悉多種 RPA 工具，並擁有 UiPath Advanced RPA Developer 證照。

具有多年企業流程再造與優化改善的顧問經驗，協助製造業、精品業、服務業、金融業等公司，結合自動化技術實踐數位轉型。目前於各大專院校與企業機構擔任 RPA 課程講師，培育學生與各行各業工作者具備自動化技能，實現「A Robot for Every Person」*的未來。

＊取自 UiPath 官方網站：https://www.uipath.com/。

前言

本書使用 UiPath 作為首次接觸 RPA 初學者的學習工具，來開啟讀者的 RPA 自動化之旅。內容聚焦於通用性的觀念學習，藉由 UiPath 的基礎重點功能，透過設計簡單但實用的小流程，讓讀者擁有設計自動化的概念與基本功。因此，本書並不會鉅細靡遺的介紹 UiPath 的每一項功能，若需要更多細節說明，可前往 UiPath Documentation Portal 查詢。

RPA 可以運用於各種標準化的流程中，但千變萬化的使用情境和案例並非本書要展示的重點，而是期待讀者藉由此書，在具備一定的 RPA 工具使用知識後，能應用於自身所需且合適之流程中，成為真正設計與操控機器人的新世代人才。

對象

對於自動化身邊工作或任務感興趣，但無任何撰寫程式語言經驗的人士。本書使用簡單白話的方式，說明自動化設計時會遇到的重點觀念，不管讀者未來是否繼續使用 UiPath 這個工具，這些觀念都能被延續應用。

軟體版本

UiPath 的版本分為三種類型：教學版、社區版、企業版，這三種版本的軟體畫面，依據官方定期的版本更新或許會有些微不同。本書使用 UiPath Academic Alliance License 教學版：Studio 2020.10.7 進行撰寫，學校老師與學生可以透過指定來源下載教學版本。若非學校師生，可前往 UiPath 官網下載社區版本，或使用所任職的企業版本，在基礎功能的範圍中，基本上都不會影響讀者使用本書學習。

如何使用本書

前往東華書局官方網站 (https://www.tunghua.com.tw/)，於本書頁面的資源下載處將本書會使用到的案例資源包下載至個人電腦中，打開 UiPath，搭配本書各章節案例開始親自「動手做」，僅僅閱讀是無法讓你學會如何設計一個自動化流程的。

本書格式意義

本書的內文格式說明如下，特別是在每章的案例內容中，將透過以下格式幫助讀者更加容易理解。

案例中互動的應用程式的功能名稱或選單內容

UiPath Activity 屬性視窗的內容或其他功能名稱

Step 4： 接下來，我們要使用「Annual_Report」檔案中的 Template 分頁，來建立一個名為 April 的新分頁。

因為要對不同的 Excel 檔案工作，使用另一個【Use Excel File】開啟「Annual_Report.xlsx」檔案，並將 Reference as 命名為 *AnnualReport*；再使用【Duplicate Sheet】，選擇「Annual_Report.xlsx」中的 Template 分頁當作複製對象，並指定儲存格 A2 內容來作為新工作表的名稱。

變數或參數的命名

UiPath Activity 的名稱

更上一層樓

讀者可以透過研讀本書來準備 UiPath 的 RPA Associate 初級證照，全書內容包含了 80% 的考試架構，讀者僅需再前往 UiPath Academy，依據考試要求，額外學習更多與 UiPath 軟體功能相關的課程單元。若是想要考取 Advanced RPA Developer 證照的讀者，則建議透過 UiPath Academy 進行更深入的學習。

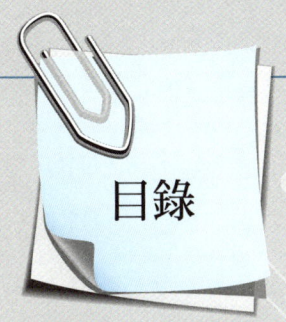

目錄

推薦序　陳清祥　　　　　　　　　　　　　　　　iii
　　　　柯志賢　　　　　　　　　　　　　　　　v
　　　　黃建澤　　　　　　　　　　　　　　　　vii
　　　　吳漢期　　　　　　　　　　　　　　　　ix
　　　　陳俊光　　　　　　　　　　　　　　　　xi
作者介紹　　　　　　　　　　　　　　　　　　　xiii
前言　　　　　　　　　　　　　　　　　　　　　xiv

Chapter 01　認識 RPA　　　　　　　　　　　001

1.1　什麼是 RPA　　　　　　　　　　　　　　　001
1.2　設計機器人的觀念　　　　　　　　　　　　003
1.3　流程梳理的重要性　　　　　　　　　　　　004
1.4　RPA 與 AI　　　　　　　　　　　　　　　　005

Chapter 02　StudioX 的基礎知識　　　　　　　007

2.1　RPA 的設計邏輯　　　　　　　　　　　　　007
2.2　StudioX 的設計邏輯　　　　　　　　　　　008
2.3　什麼是 Activity？　　　　　　　　　　　　008
2.4　Resources（應用資源）　　　　　　　　　　009

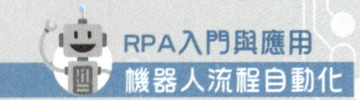

2.5	Actions（功能模組）	010
2.6	去探索更多 Activity 吧！	011
2.7	著手設計第一隻機器人	013
2.8	如何測試你設計的機器人	019
2.9	遇到問題怎麼辦？	021

Chapter 03　StudioX 操作案例　023

3.1	用 Excel 來彙整資料	023
3.2	用 Table Extraction 抓取網頁資訊	032

Chapter 04　開發 RPA 的基礎知識　043

4.1	Studio 簡介	044
4.2	Project 介紹	052
	習題	056

Chapter 05　變數與參數　059

5.1	Variables（變數）	059
5.2	Arguments（參數）	067
5.3	學會使用 Assign	074
5.4	常見的變數類型	075
5.5	搜尋其他的變數類型	083
	習題	084

Chapter 06　數據操作與基礎語法　　087

6.1　String 的操作方法　　087
6.2　List 的操作方法　　094
6.3　Dictionary 的操作方法　　097
6.4　RegEx Builder 的操作方法　　101
　　　習題　　108

Chapter 07　Control Flow　　111

7.1　概念　　111
7.2　用 If 來做判斷　　111
7.3　用 Loops 來逐一處理　　114
7.4　用 Switch 來處理多種結果　　118
　　　習題　　126

Chapter 08　Excel 與 DataTable　　129

8.1　Workbook 與 Excel　　129
8.2　Excel Application Scope　　130
8.3　DataTable 概念　　134
8.4　如何產生 DataTable　　134
8.5　DataTable 的 Activities　　137
8.6　Excel 常用的 Activities　　138
　　　習題　　145

Chapter 09　UI Automation　　147

- 9.1　什麼是 UI Automation　　147
- 9.2　Input　　154
- 9.3　Output　　157
- 9.4　UI Synchronization　　159
- 9.5　Modern Design 模式　　160
- 習題　　171

Chapter 10　Selectors　　173

- 10.1　如何產生 Selestors　　174
- 10.2　Selector 視窗　　175
- 10.3　解讀 Selector　　181
- 10.4　兩種類型的 Selectors　　183
- 10.5　UIExplorer　　185
- 10.6　如何讓 Selector 保有彈性　　188
- 10.7　進階的 Selector 設計　　201
- 習題　　212

Chapter 11　電子郵件自動化　　215

- 11.1　與郵件相關的 Activities　　215
- 11.2　讀取電子郵件　　216
- 11.3　寄發信件　　224
- 習題　　230

Chapter 12　PDF　233

12.1　前置設定與準備　233
12.2　從 PDF 中獲取資料　237
　　　習題　247

Chapter 13　Error and Exception Handling　249

13.1　Error and Exception 是什麼？　249
13.2　常見的 Exceptions　250
13.3　如何處理 Exceptions　251
13.4　Global Exception Handler　260
13.5　ContinueOnError Property　267
　　　習題　268

Chapter 14　Orchestrator　271

14.1　發佈流程並啟動　275
14.2　取用資產　280
14.3　其他功能　283
　　　習題　287

Chapter 01 認識 RPA

1.1 什麼是 RPA

機器人流程自動化 (Robotic Process Automation, RPA) 是一個軟體工具，模擬人類在電腦上操作不同系統的各種行為，自動執行具有規則性且標準化的工作，有人將它稱為數位勞動力 (Digital Labor)。

我們可以用下面兩個問題來了解 RPA 的運作目的：

▶ RPA 所執行的對象是誰？

電腦環境中的各種軟體，可以是一種或是多種不同的軟體應用程式。比如：Microsoft 的 Excel、Word、Outlook，或是瀏覽器 (Chrome、Edge)，甚至是企業使用的 ERP（企業資源管理）系統，像是 SAP、Oracle 等。

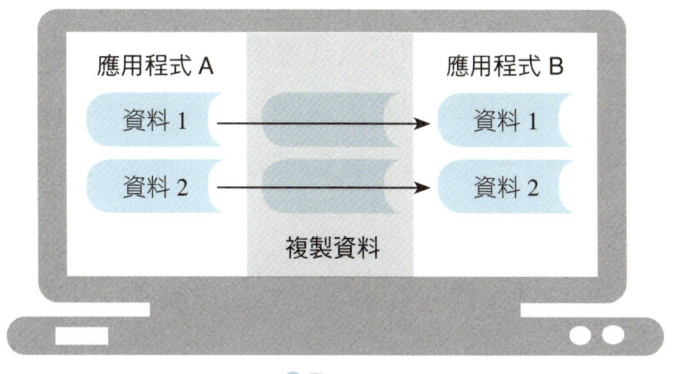

圖 1-1

▶ RPA 可以對這些對象做什麼？

RPA 可以橫跨於各種應用程式，模仿人類平時操作的行為，執行預先規劃好的一系列指定動作，例如：打開網頁下載資料寫入 Excel、登入 ERP 系統中取得報表。

所以說，RPA 並不是具有某種特定功能的軟體，它是串聯各種功能應用程式的橋梁，在原有或新建的流程中，由 RPA 來執行標準化流程部分（也有可能是全部）的任務，提升工作流程的效率，也可以避免人為執行的錯誤。

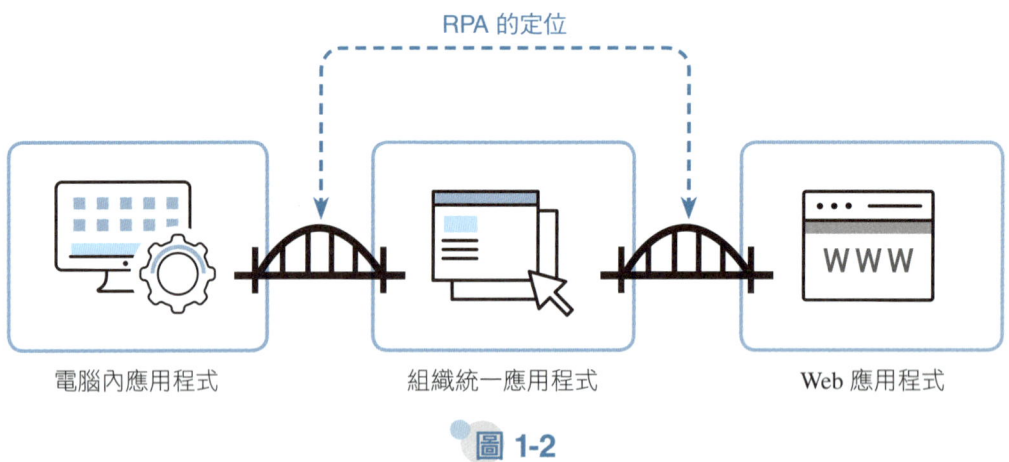

圖 1-2

而 RPA 是怎麼辦到的呢？RPA 是針對應用程式的圖形用戶界面 (GUI) 進行工作，也就是人類操作軟體的表層介面 (Presentation Layer)，像是對某個按鈕進行點擊、選取下拉式選單，這些很具體且明確的動作便可由 RPA 來執行。因為 RPA 只需對軟體的表層進行操作，不需要改變現有軟體系統的架構，也不需要進入軟體底層與其程式碼介接，便能快速串聯各種不同的應用程式。

RPA 開發工具設計以操作簡單容易為出發點，使沒有程式語言背景的使用者，透過功能模組拖拉和選取的方式，省去撰寫複雜的程式語法，

認識 RPA　Chapter 01

讓素人開發者能在短時間內設計出一套自動化流程。

1.2　設計機器人的觀念

在開始設計一隻機器人之前，我們要先來討論 Process（流程）的重要觀念「IPO」。IPO 是 Input（輸入）、Process（處理）與 Output（輸出）的縮寫結合，這個觀念其實不僅限於自動化流程中，生活中許多事情都是各種 IPO 的展現。例如，你每天出門遇到紅綠燈，當它顯示的是紅燈（這是 Input），你眼睛看到並知道依據交通規則紅燈要停（這是 Process），因而你停在原處等待（這是 Output）。進入 RPA 開發前，你必須要非常了解欲設計流程的 IPO 架構，並判斷這樣的架構是否適合由 RPA 來操作，進而設計最佳的執行方式。

想一想，若你每天前往亞馬遜購物網站，將特定產品的價格記錄在 Excel 中，並進行分析，再將結果夾帶在 Email 中作為附件寄送給使用者，這個流程的 IPO 分別是什麼呢？

IPO	流程動作
Input（輸入）	前往亞馬遜購物網站下載產品價格
Process（處理）	將產品價格寫入 Excel 表進行分析
Output（輸出）	夾帶 Excel 檔案的 Email

那什麼時候會遇到不適合 RPA 的情況呢？再以剛剛紅綠燈為例子，假設燈號顯示是浮動而非固定三種顏色，今天是紅燈、明天變藍燈、後天又變紫燈，這樣你便無法依據交通規則，判斷各種燈號的意義，並正確地做出看到燈號應有的行為。

這個假設舉例,是很常見的 Input 未被規則化情形。RPA 是無法處理未經規則化、標準化的任務流程,它並沒有人類自發性的判斷能力,僅會遵循使用者預先規劃好的指令,老老實實的執行每一個動作,只要 Input 正確無誤、Process 的處理邏輯正確,Output 便會如你所期待的出現。但若遇到未經設計的突發狀況,可能就會導致整個流程執行失敗。因此,運用 RPA 前,必須深度審視與分析流程的 IPO 架構,確認其標準化程度與既有邏輯架構,必要時,調整流程操作步驟的順序來符合機器人執行邏輯。此外,需要留意 Input 的來源是否具一定的規則化程度,若無,則可能需要調整現行流程,而這一系列的步驟,便稱為流程梳理。

1.3　流程梳理的重要性

為了讓 RPA 穩定且有效的運行,流程梳理是展開 RPA 專案前的必要步驟,主要目的是對現行流程進行規則化與標準化。這個過程可以簡單的分為三個概念:分類→定義→制定,先對流程的各個環節進行盤點與整理,歸類不同邏輯的資料,理解流程架構的全貌後,對其進行定義,有定義才會有規則,有規則後也才能制定出標準的執行流程和動作。

藉由流程梳理,我們也能在考量風險的前提下,設計最合適方式來運行 RPA。像是規劃人類與機器人共同工作的情境,在流程中設計必要的控制點,讓人類在流程運行時,適時介入進行審核,機器人獲得許可後再繼續進行工作,以降低自動化帶來的風險。舉例來說,企業使用機器人整理龐大的資料,將最後結果發佈於公開的網站上,而在最後要按下發佈按鈕的前一刻,可以設計先將結果寄送給使用者核閱,以回信的方式給予機器人許可,再進行發佈。這樣的流程類型,我們稱之為人機協作。

那該怎麼執行流程梳理呢?首先,你會需要一張流程圖。透過繪製流程圖,幫助你在進行流程梳理時,以視覺化的方式一覽流程的整體樣貌,實務上,我們會稱原有的流程為 AS-IS,在經梳理後,變為 TO-BE 流程,也就是後續設計機器人執行流程方式的重要來源。

1.4　RPA 與 AI

AI 被視為是模仿人類智能的一種技術，而同樣也是在模仿人類行為的 RPA 又與它有何不同呢？

AI（Artificial Intelligence，人工智慧），是為了讓電腦具有人類思考的能力與判斷決策力的一種技術，而為了要達成這個目標，藉由機器學習 (Machine Learning) 是常見的手段。我們可以簡單理解，機器學習是將大量的資料輸入進電腦，透過演算法的設計和運行，讓電腦在龐大的資料庫中找尋判斷的規則與條件。經由反覆的訓練，電腦會逐漸像人類思考後執行動作，並隨著資料的持續增加和演算法調整，使結果越來越準確。舉例來說，我們不停地給電腦各種貓咪的圖片，並告訴牠，當看到兩個眼睛、尖尖耳朵、有六根鬍鬚等特徵，就可以判定這是一隻貓；訓練的過程中，你可以穿插一些土撥鼠的照片，然後教導電腦這並不是貓咪。反覆幾次後，模型逐漸完善，電腦便可以自動幫你判斷這張圖片中是否為貓咪。

上述的例子對電腦而言，是一種將模糊不定的資料賦予特定意義的過程，而 RPA 便能針對被定義過的特定資料進行工作。AI 與 RPA 可以是一個具有執行順序的協作關係，藉由 AI 技術，提供具有規則化的 Input 給 RPA，讓 RPA 接續進行標準化的任務。

Chapter 02
StudioX 的基礎知識

　　StudioX 是為了幾乎零程式語言基礎的使用者所設計，可透過組合拖拉式模組功能來完成一個自動化流程。本章節除了介紹 StudioX 的使用方式與功能，也將針對設計 RPA 應具備的基礎觀念進行說明。

2.1　RPA 的設計邏輯

　　RPA 所設計的流程主要有三個層次，分別是 Step、Task、Process，你必須理解你正在設計的流程是位於哪個層級，具備了自動化流程設計的正確觀念，將有利往後的拓展與管理。

Step
每個具有明確目的之行為和動作，例如，在 Excel 裡新增一個分頁。

Task
由各種 Steps 所組成，例如，在 Excel 裡新增一個分頁後，將檔案儲存至本地資料夾中。

Process
由多個 Tasks 集合而成，且是使用不同應用程式的 Tasks 組成，甚至人類可能會搭配機器人共同完成一個 Process。例如，延續上述的 Task，接著我們希望機器人從本地資料夾中，將 Excel 作為夾帶在 Email 中的附件檔案；但是在這邊，我們可能會為了避免出錯，先將信件儲存為草稿，讓人類介入後再按下信件發送按鈕，完成後，這個 Process 才算是執行完畢。

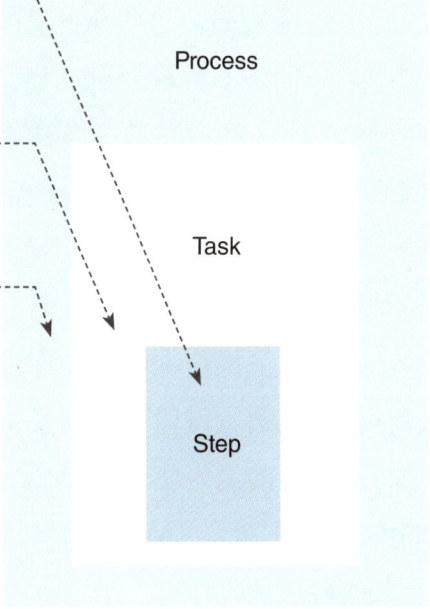

圖 2-1

007

2.2　StudioX 的設計邏輯

StudioX 主要是用於設計 Task 層級，適合用來設計個人工作任務或流程的工具，因為其 No-Code（零語法）的優勢，讓商務使用者能快速上手。我們將使用Activities Panel（設計面板）中，各種不同的功能模組來設計機器人，透過下表 RPA 設計邏輯層級和 StudioX 中的名詞對應，協助你理解 StudioX 的設計結構。

層級	StudioX
Step	Activity
Task	由多個 Activities 所組成

2.3　什麼是 Activity？

Activity 就像是自動化流程設計中基礎的積木，一套自動化腳本的設計便是透過組合這些 Activities 而成。在 StudioX 中，Activity 有兩個類型，分別是 Resources（應用程式）和 Actions（功能模組）。每一個 Resources，都會有各式各樣屬於這個應用程式的 Actions。透過下面的例子來說明這兩個類型的層級關係：

▶ 在 Excel 寫入一段內容

一般人為操作的情況，你會先打開 Excel 這個應用程式，點選某一個儲存格，再透過鍵盤輸入內容；對機器人而言，我們會需要先告訴它，要進行此動作前需先使用的 Resources 是 Excel，然後再使用 Resources 中的 Actions，像是【Write Cell】或【Write Range】，來完成在 Excel 寫入一段內容這個動作。

StudioX 的基礎知識　Chapter 02

▶ 打開網頁搜尋美金匯率

你會使用熟悉的瀏覽器（Chrome 或 Edge）前往 Google 首頁，再搜尋欄位中，輸入美金匯率並按下搜尋按鈕。此處，瀏覽器就是要被使用的 Resources，而【Type Into】美金匯率和【Click】搜尋按鈕，則為其使用的 Actions。

2.4　Resources（應用資源）

StudioX 中的基本 Resources 有 Excel、Word、PowerPoint、應用程式／瀏覽器、Outlook/Gmail 等，都是在 Office 作業環境中經常使用的程式軟體，若需要使用到特定的應用程式，像是記事簿、計算機，或是 SAP 等 ERP 系統，透過處理通用類型的 Use Application 也可以啟用運作。

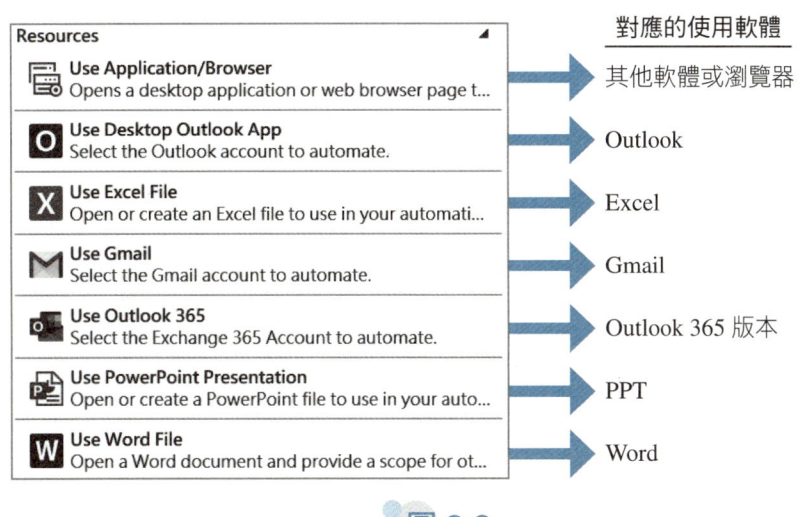

圖 2-2

2.5 Actions（功能模組）

StudioX 中大部分的 Actions 其實都是在模擬人類在電腦上會執行的動作，像是 Excel 的篩選功能、儲存信件的附加檔案，或是在 PPT 中刪除投影片。使用 Actions 時必須要搭配 Resources，就像你要先開啟瀏覽器，才能前往想要去的網站；針對不同的應用程式，使用不同的 Resources，便是在告訴機器人要對哪個應用程式執行 Actions。

你有發現嗎？Actions 的名稱幾乎都是在形容某一種具體的動作，像是 Change、Check、Click……

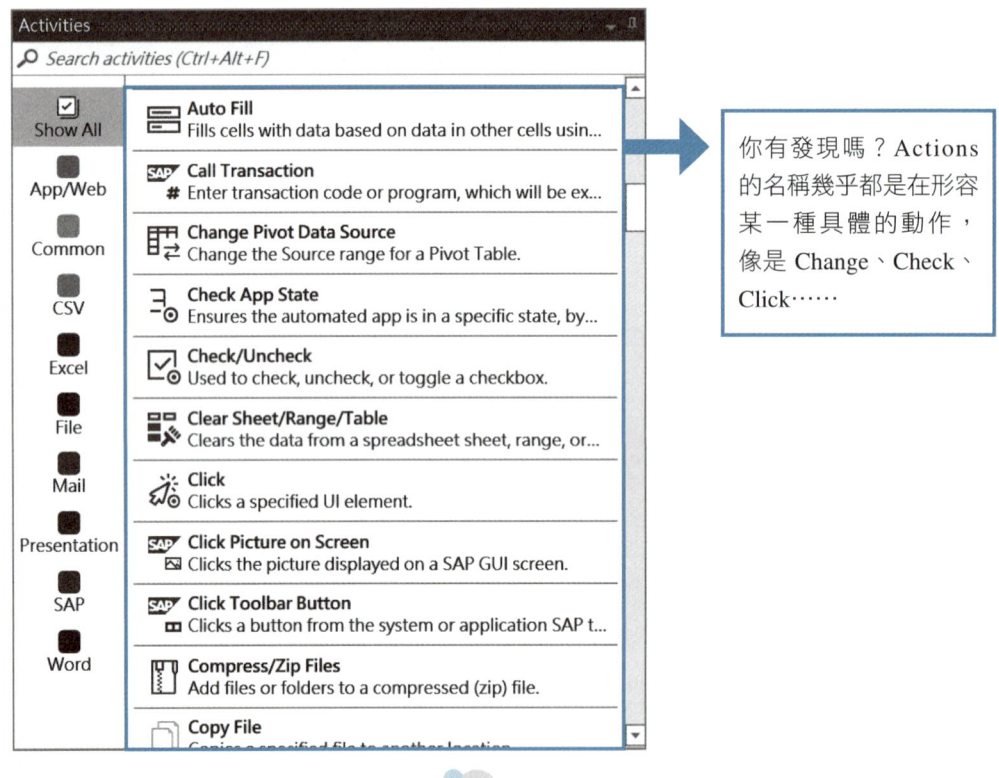

圖 2-3

多數的 Actions 只能在特定的 Resources 中使用，像是 Excel 相關的 Actions 不能使用在 PPT 的 Resources 中。若不小心用錯了怎麼辦？UiPath 會自動跳出警示訊息，你可以將游標指向該 Actions 右上方的提醒驚嘆號（如圖 2-4 所示），來了解是否有遺漏使用 Resources，或是使用錯誤等問題。

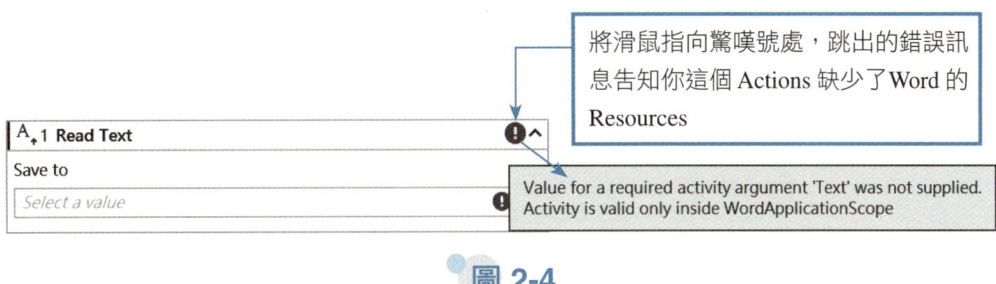

圖 2-4

但也有一些例外情形，例如，File 類型的 Actions 便可獨立運作，不需要 Resources。

2.6 去探索更多 Activity 吧！

對於千變萬化的業務流程來說，這些基礎的 Actions 功能肯定不夠使用，所以 UiPath 提供了開放式的資源平台，你可以點擊上方工具列的 Manage Packages，獲得更多其他功能的 Packages。

圖 2-5

在 Manage Packages 畫面中，All Packages 下方顯示的項目是你所訂閱的來源；Search Bar 下方即是來自此訂閱源 Activities，選取該 Activity 後，右手邊區域會顯示它的版本、發佈者等的資訊，你需要點選 Install 後並儲存，便可以安裝此Activity 於你電腦中的 StudioX 內。

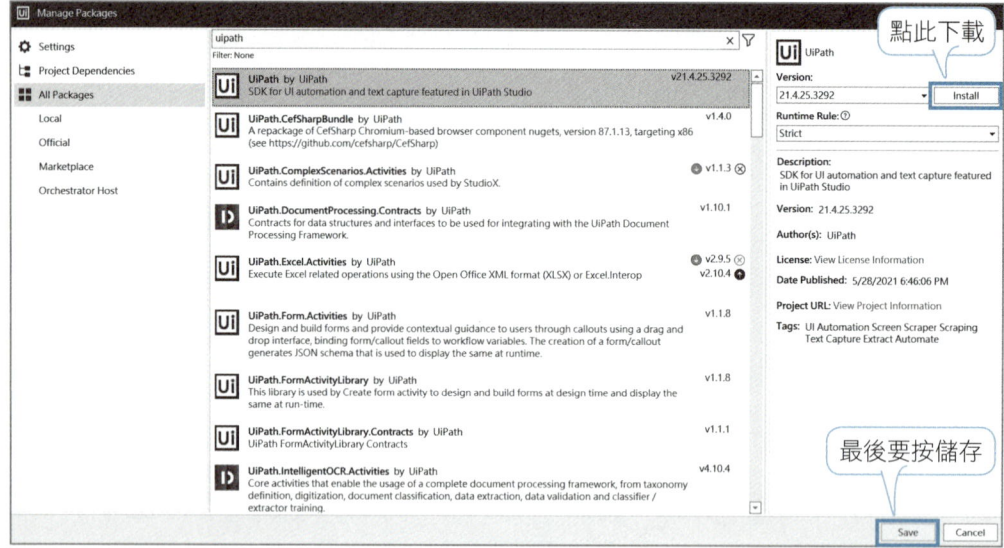

圖 2-6

　　你可以從以下三種主要來源獲取不斷更新與升級的 Activity Packages：

1. Official：由 UiPath 官方發佈的。

2. Marketplace：由來自全世界使用者所製作的。

3. Orchestrator Host：你個人或是你所屬組織所發佈的。

StudioX 的基礎知識　Chapter 02

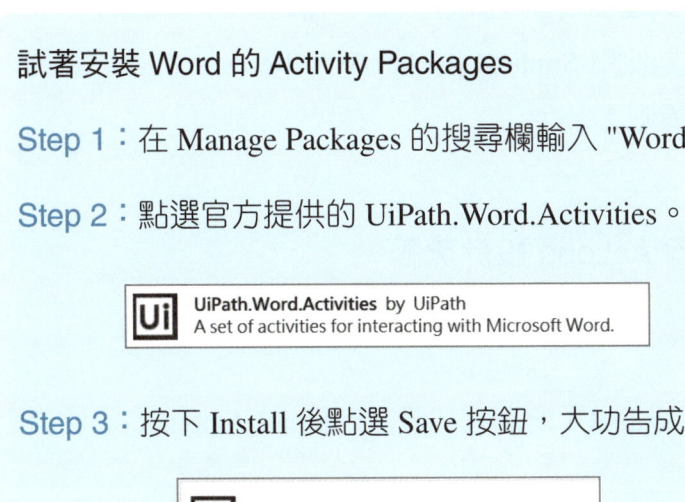

試著安裝 Word 的 Activity Packages

Step 1：在 Manage Packages 的搜尋欄輸入 "Word"。

Step 2：點選官方提供的 UiPath.Word.Activities。

Step 3：按下 Install 後點選 Save 按鈕，大功告成！

2.7　著手設計第一隻機器人

　　在開始設計你的第一隻機器人前，介紹幾個方便於你在開發過程中使用的小技巧。

- 對機器人來說，「這句話」和「　這句話」是不一樣的！看得出來嗎？第二個多了一個空格。因此，強烈建議你在設計的過程中，若有使用資料、檔案名稱路徑、日期、數字等內容時，請使用鍵盤快捷鍵 Ctrl+A 全選後再複製貼上，以免發生肉眼未見而遺漏內容的情況，這種錯誤很可能會使你要花上一整天的時間來解決。

- StudioX/Studio 的介面中並沒有復原的功能鍵，請使用 Windows 內建的鍵盤快捷鍵 Ctrl+Z，讓你有重來的機會。

- 在設計面板中按住 Ctrl 並滾動滑鼠滾輪，可放大縮小畫面。

接下來，我們開始來設計你的第一隻機器人吧！

013

你可以透過兩種方式建立自動化流程，第一種是使用 Actions 一步一步設計，而第二種方式是使用 StudioX 的 App/Web Recoder 的錄製功能。跟著案例 2-1 動手試試看吧！

案例 2-1　使用 Actions 設計流程

● 目的

使用 Actions，對 DoubleUI 應用程式設計一個 UI Automation 的自動化流程。

● 資源

請前往東華書局官方網站 (https://www.tunghua.com.tw/)，本書頁面的資源下載處，下載案例資源包至個人電腦中。點選「案例 2-1」資料夾，下載「Case 資源」中的「DoubleUI-exe.zip」。

● Try and Do It

Step 1： 開啟下載的 DoubleUI 軟體。

Step 2： 使用【Use Application/Browser Resource】的 Indicate application to automation，點選 DoubleUI 整個程式的畫面。

Step 3： 使用【Type Into】，點擊 DoubleUI 中的「Cash In」右方輸入欄位後，點選打勾或 Confirm 按鈕。

　　　◎ 代表你所選定的元素（綠色）、⚓ 這個圖示所選取的區域，是 UiPath 自動幫你生成的錨點，讓機器人知道要輸入內容的地方在 Cash In 右邊。

014

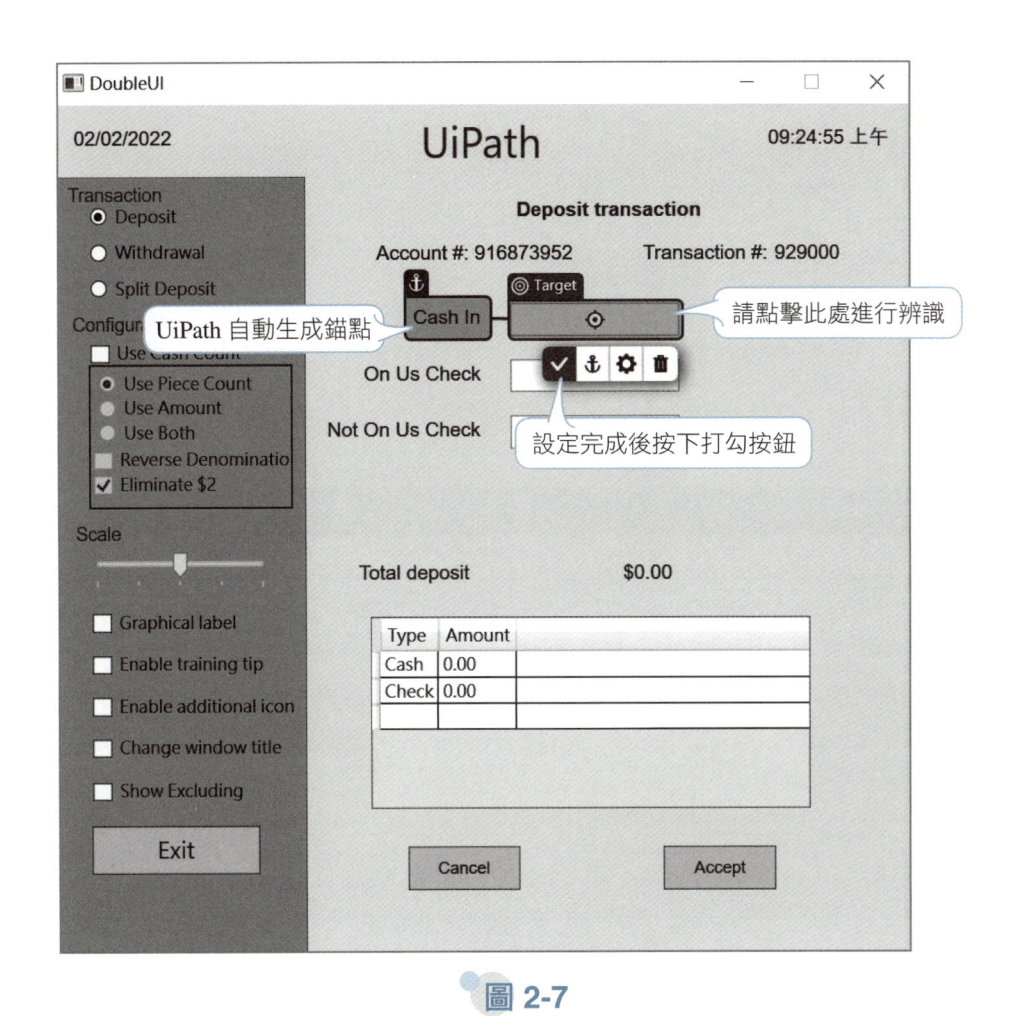

StudioX 的基礎知識　Chapter 02

圖 2-7

Step 4： 回到 StudioX，點選在 Type this 輸入框右方的 ⊕ 叫出功能列表，點選 Text，輸入值「1000」。

015

图 2-8

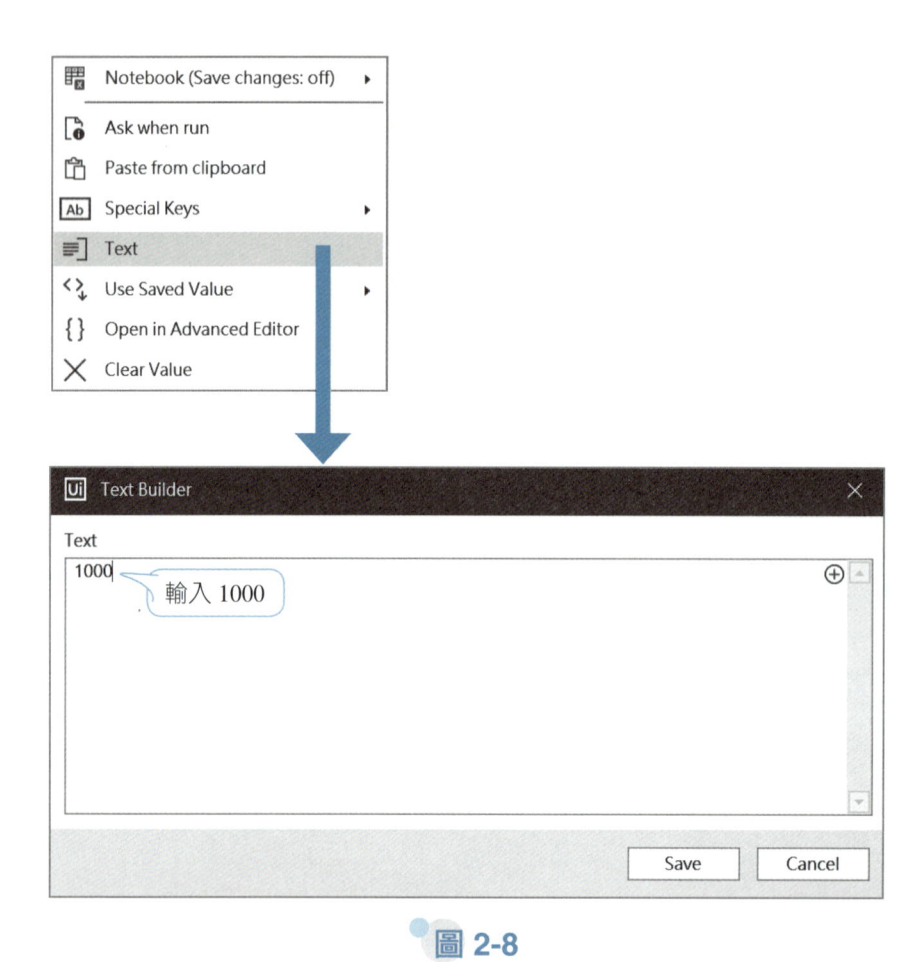

Step 5：再接著使用一個【Type Into】，同上一步驟，在「On Us Check」欄位輸入值「300」。

Step 6：使用【Click】，點選「Accept」按鈕。

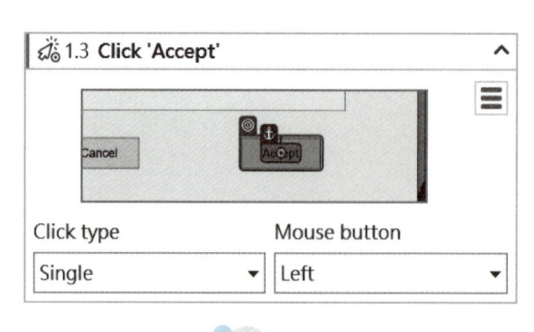

图 2-9

Step 7： 使用【Get Text】，取得「Transaction #」右邊的數字，並選擇功能列中的 Saved for Later Use，將其命名為變數 *TransactionNumber*。

圖 2-10

Step 8： 最後，使用【Message Box】，點選功能列中的 Use Saved Value，並選擇剛剛命名的變數 *TransactionNumber* 當作值。

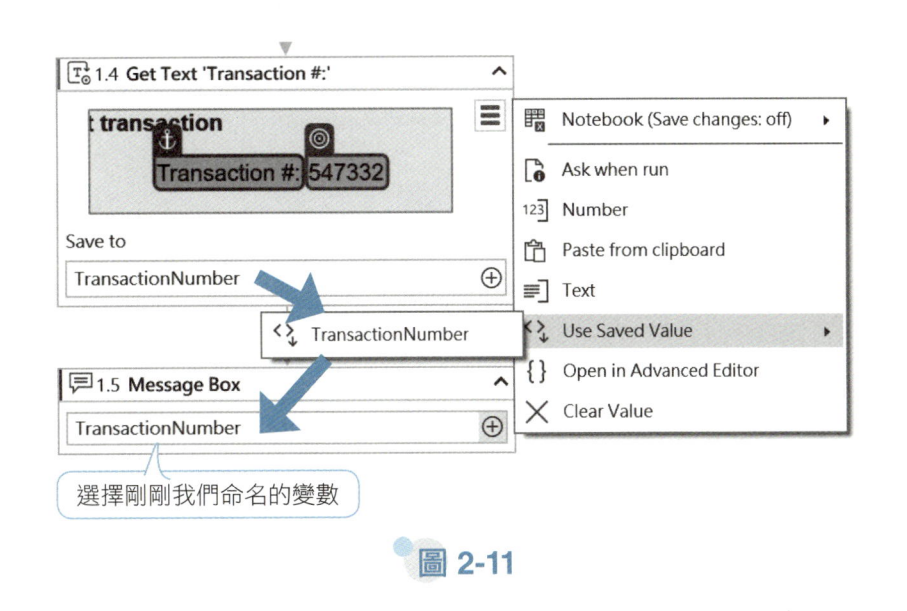

圖 2-11

接著，我們改用 App/Web Recorder 來錄製剛剛的流程。

案例 2-2　使用 Recorder 設計流程

● 目的

學習使用 Recorder 對 DoubleUI 應用程式設計自動化流程。

● 資源

至「案例 2-1」資料夾，下載「Case 資源」中的「DoubleUI-exe.zip」。

● Try and Do It

Step 1： 點選 StudioX 上方功能列表的 App/Web Recorder。

Step 2： 點選開始錄製。

圖 2-12

Step 3： 模仿案例 2-1 的步驟，鎖定元素，下方會出現符號 ⊕，可以用來轉換要使用的功能，你可以透過這些功能一路錄製到【Get Text】，並將其保存成變數。

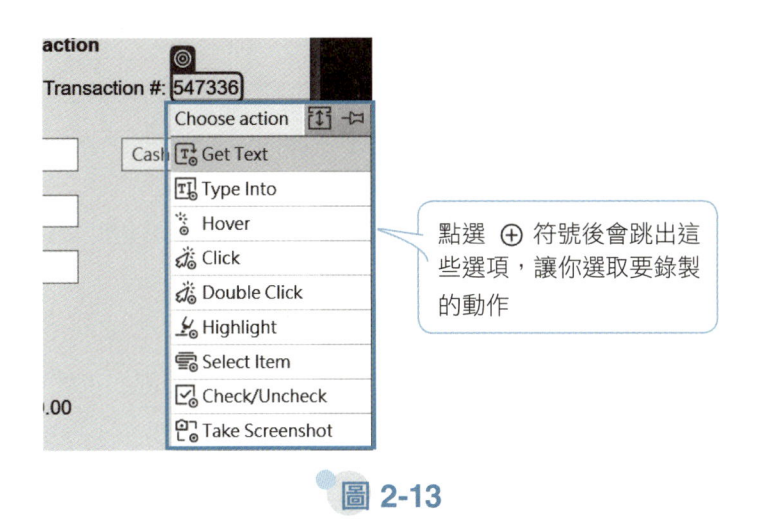

StudioX 的基礎知識　Chapter 02

▲ 圖 2-13

點選 ⊕ 符號後會跳出這些選項，讓你選取要錄製的動作

Step 4：最後，再手動加入【Message Box】，大功告成。

2.8　如何測試你設計的機器人

設計完一個自動化的任務，點擊上方功能列的綠色箭頭，即可啟用機器人運行；倘若，你臨時在設計腳本中做了一些更動，而你只想對更動的部分進行測試，該如何做呢？

2.8.1　使用功能列選單

UiPath 提供幾種方式便於你進行測試。在設計面板中，對 Activity 按右鍵叫出功能列，可以使用以下三種方法：

019

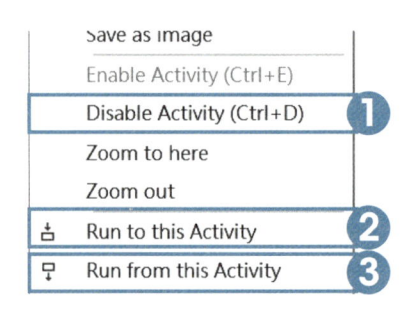

圖 2-14

❶ Disable Activity

暫時停止使用這個 Activity。若要重新啟用，請再度點選右鍵叫出功能列後選擇 Enable Activity。

❷ Run to this Activity

重頭開始運行到你所指定的 Activity 執行前停住。這個功能適合在你要測試的 Activity 前，有必要的步驟需先執行完畢，然後才在要測試的 Activity 上暫停，直到你再度使其運行。例如，你打算在 Excel 插入新分頁後，用【Write Cell】把指定的內容寫入其中，若你想確認內容是否有被成功寫入，那你就可以在【Write Cell】設定 Run to this Activity。

❸ Run from this Activity

從你指定的 Activity 開始運行。適合可獨立運作，沒有前置設定的必要的 Activity。例如，透過瀏覽器登入某一個系統，會需要測試所使用的帳密是否能成功登入，而就算你前面執行了許多 Activities，但都跟此步驟無關，所以你可以直接從開啟瀏覽器的 Activity 開始測試。

2.8.2 使用特定的 Actions

▶ 【Write Line】

便於使用者於設計面板的 Output 區塊確認產生結果之功能。

圖 2-15

▶ 【Message Box】

Message Box 與 Write Line 的差異是，它會使電腦畫面上跳出一個小視窗，顯示你預期看的結果值，然後當你按下確認後才會關閉。因為 Message Box 跳出後，必須要有人類介入動作後才會解除，故也可設計為用來提醒使用者的方法之一。

圖 2-16

> 除了因為必要而在流程中設計 Message Box，其餘的測試用功能與 Actions 請於正式使用流程前移除。

2.9 遇到問題怎麼辦？

在設計流程的過程中，你可能會遇到一些困難（也許不只「一

些」）。比如，每個 Activies 都有不同的欄位選項需要填寫，該怎麼填寫或需要填寫什麼，有時候可能會讓你感到害怕。StudioX 提供了友善的功能可以降低你的焦慮，點擊 ⊕，選取 Ask when run，然後按下 Run；機器人會在執行的過程中停下來告訴你這裡需要輸入，且直接呈現輸入後的結果。

圖 2-17

但也並非每一個 Activiy 都有此功能，因此，還有三個你必須知道的可以尋求解答的地方。

1 右鍵點擊 Activiy，功能列最後一個 Help 會超連結至 UiPath Documentation，裡面提供了各種關於 UiPath 功能的說明，就像是一本使用手冊。

2 前往 Uipath Fourm 論壇找找別人有沒有相同的問題，或是你也可以自行發問，通常用英文提問會較快速獲得解答。

3 善用 Google 或 YouTube。使用中、英文搜尋你的問題，你可能會發現，原來在這世界上，大家遇到的使用問題其實都大同小異。

Chapter 03
StudioX 操作案例

本章節我們將用幾個案例，以實作的方式讓你快速了解 StudioX 是如何運作的。

3.1　用 Excel 來彙整資料

在開始之前，我們先確認 StudioX 能否與你電腦中的 Excel 互動？前往 Home 設定欄位中的 Tools 選單，確認 Excel Add-in 被成功安裝。

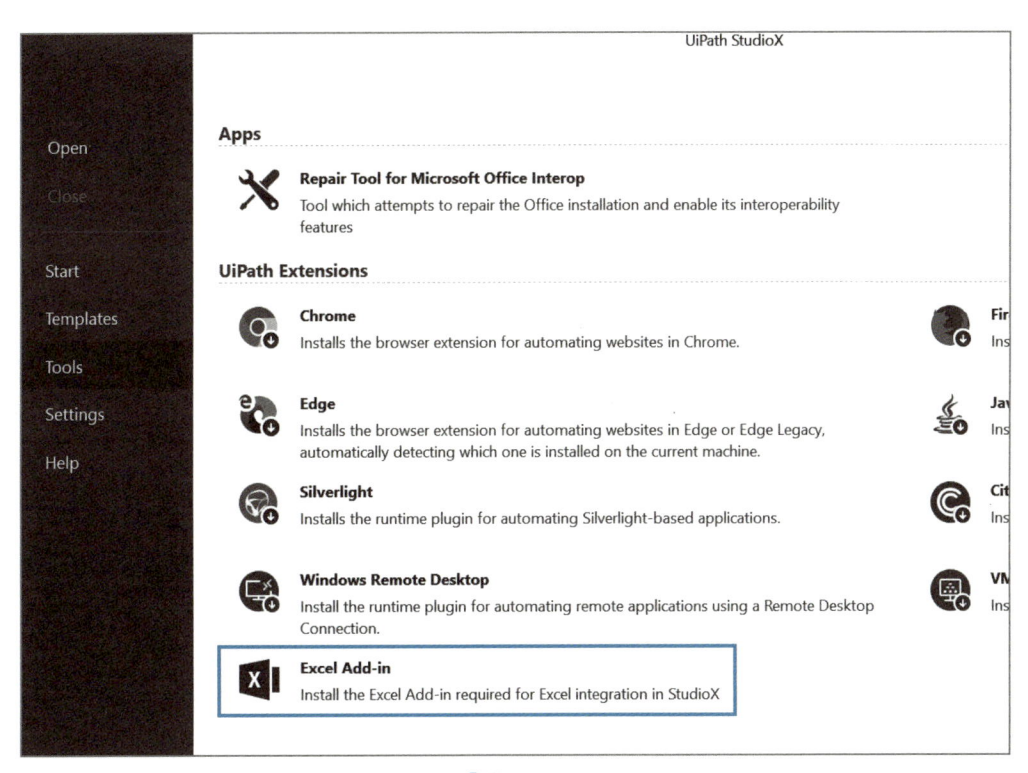

圖 3-1

023

現在，我們來看看在 StudioX 中常用的 Excel 功能：

▶ Insert/Delete Sheet、Column or Rows

大多數情況下，當我們將資料更新到 Excel 檔案中時，可能會需要增加一張新的工作分頁，或是增加列與行；相反的，我們也可能刪除。StudioX 提供了六個相關的 Activities，它們的功能就和你在 Excel 中所執行的一樣。讓我們看看每個動作的作用：

○ Insert/Delete Sheet

在 Excel 中插入一個新的分頁或刪除既有的指定分頁。

○ Insert/Delete Column

在指定分頁或範圍內插入新的欄位，或是刪除。

○ Insert/Delete Rows

在指定分頁或範圍，插入指定數量的列，也可以刪除特定的列。

○ Copy Paste Range

將 A Excel 檔中的工作表 1 內容複製到 B Excel 檔中的工作表 2 中，請留意因為使用檔案主體不同，故需要使用兩個不同的 Resources，來對不同的 Excel 檔互動，且需將【Copy Paste Range】放置於第二個 Excel Resources 中（如圖 3-2 所示）。

○ Sort Range and Filter

如同 Excel 中的功能，對資料進行排序或篩選。

○ VLookUp

與 Excel 中的 VLookUp 公式功能相同。

StudioX 操作案例　Chapter 03

1 Use Excel File

Excel file
Excel A

Reference as
ExcelA

☑ Save changes　☑ Create if not exists
☐ Template file

→ 先開啟 Excel A 檔案

1.1 Use Excel File

Excel file
Excel B

Reference as
ExcelB

☑ Save changes　☑ Create if not exists
☐ Template file

→ 再開啟 Excel B 檔案

1.1.1 Copy Range

Source
[ExcelA] Sheet1

Destination
[ExcelB] Sheet1

→ 把 A 檔案中的內容貼到 B 檔案

What to copy
All

☐ Transpose

圖 3-2

025

圖 3-3

除了各式各樣與 Excel 中相似的功能外，還有一些輔助互動功能，像是：

● For Each Excel Sheet/Row

告訴機器人要對每一張工作表是列重複執行某個 Activity。

● Run Macro

如果你會運用 Excel 巨集的功能，使用 Run Macro 讓機器人幫你啟動；你也可以傳送 Argument 讓 StudioX 的流程與 Macro 做一個完美的搭配。

案例 3-1　合併不同 Excel 的內容

● 目的

案例中將會使用兩份 Excel 檔案，分別是四月份各員工的費用清單（檔名為April_Expenses.xlsx），和當年度費用清單彙整檔（檔名為Annual_Report.xlsx）。我們的主要任務是將四月份費用清單裡的金額，依據員工姓名，逐一回寫於彙整檔中的費用欄位。

● 資源

至「案例 3-1」資料夾，進入「Case 資源」中的「StudioX Excel Case」資料夾，將裡面的兩份 Excel 存至電腦中。

● Try and Do It

Step 1： 先觀察兩份檔案的欄位差異，你會發現彙整檔的員工姓名是合在一起的，但四月份費用清單中，員工姓名卻分拆為姓氏和名字兩個不同欄位，所以我們要先對此情況做一些處理。

使用【Use Excel File】，選擇「April_Expenses」檔案，並在 Reference as 下方欄位，將預設值改寫為 *April_Expenses* 作為這份 Excel 在 StudioX 中的代號。

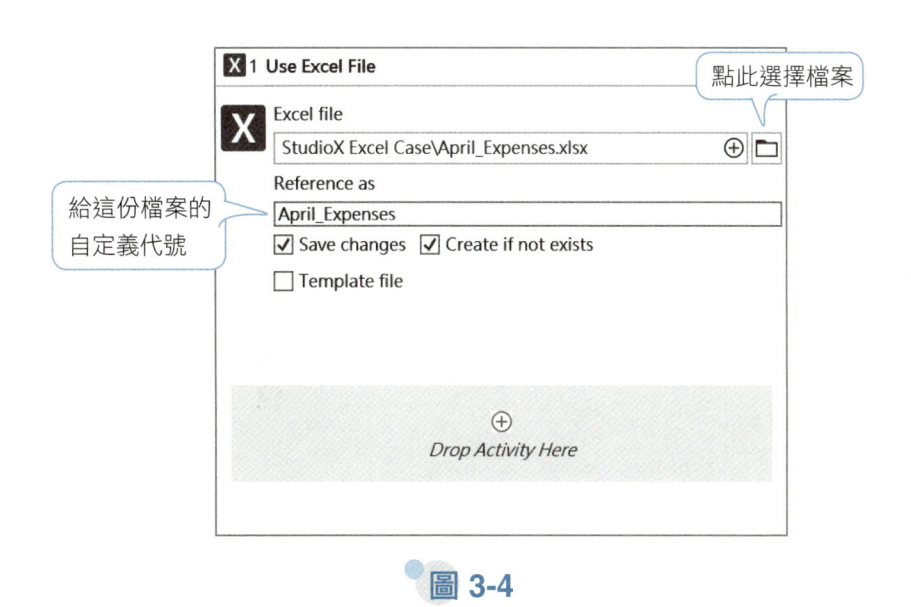

圖 3-4

Step 2： 接著，因為我們需要將合併後的姓名寫到一個新欄位中，故在 Drop Activity Here 區域使用一個【Insert Column】，Range 點選「April_Expenses[Sheet]」表示要在這個分頁執行插入欄位的

動作；要在哪裡插入呢？在 Relative to column 輸入框中，點擊右方的 ⊕，選擇在表頭名稱為 Expense 的欄位前面插入一欄，並命名表頭為 Full Name（如圖 3-5）。

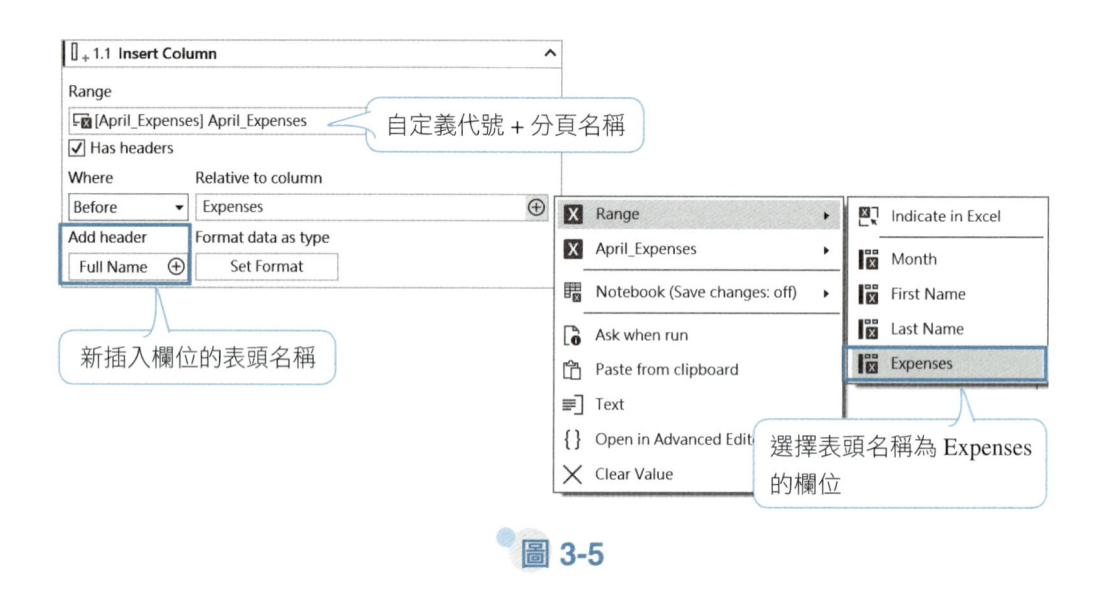

圖 3-5

到這邊，先點擊 Run 測試看看！你的 Excel 會出現名為 Full Name 的欄位，如圖 3-6。

圖 3-6

Step 3： 接著，使用【For Each Excel Row】，在 In range 選擇「April_Expenses 檔案中的 April_Expenses 分頁」，勾選 Has Headers；並在【For Each Excel Row】其中使用【Write Cell】，點選功能列的 Text，同時選擇姓氏與名字（如圖 3-7），並將結果寫回「Full Name」欄位（如圖 3-8）。

圖 3-7

圖 3-8

Step 4： 接下來，我們要使用「Annual_Report」檔案中的 Template 分頁，來建立一個名為 April 的新分頁。

因為要對不同的 Excel 檔案工作，使用另一個【Use Excel File】開啟「Annual_Report.xlsx」檔案，並將 Reference as 命名為 *AnnualReport*；再使用【Duplicate Sheet】，選擇「Annual_Report.xlsx」中的 Template 分頁當作複製對象，並指定儲存格 A2 內容來作為新工作表的名稱。

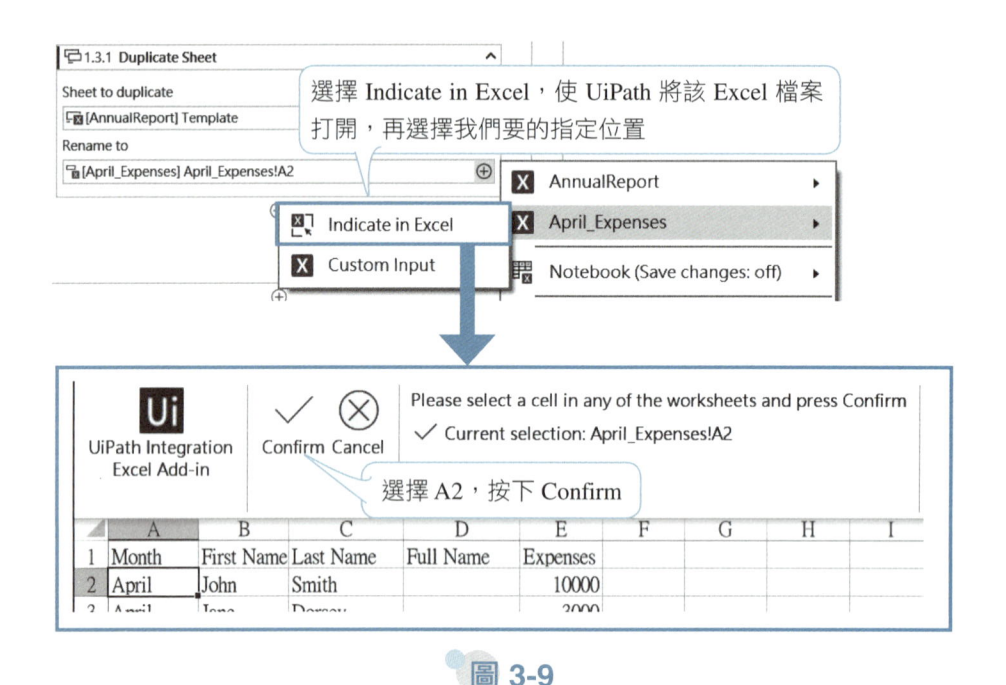

圖 3-9

我們當然也可以直接寫入文字 April 來當作新工作表的名稱，但是若我們想要處理其他月份的資料時，這個做法就不合用了。而要如何才能讓月份可以隨著檔案彈性調整呢？我們發現「April_Expenses」檔案中，A 欄位會標示該檔案的月份，所以讓機器人讀取儲存格 A2 內容來作為名稱，以保有流程的彈性。

Step 5： 右鍵點選上步驟的【Use Excel File】，選擇 Run from this Activity 來測試一下。

圖 3-10

Step 6： 在【Duplicate Sheet】下方使用【For Each Excel Row】，選擇對「Annual_Report」檔案中的 April 分頁的每一行執行；再使用【VLookup】以 Employee 作為查找值、「April_Expenses」檔案中的 D:E 欄作為範圍，將各員工的 Expenses 回寫於「Annual_Report」檔案中。

圖 3-11

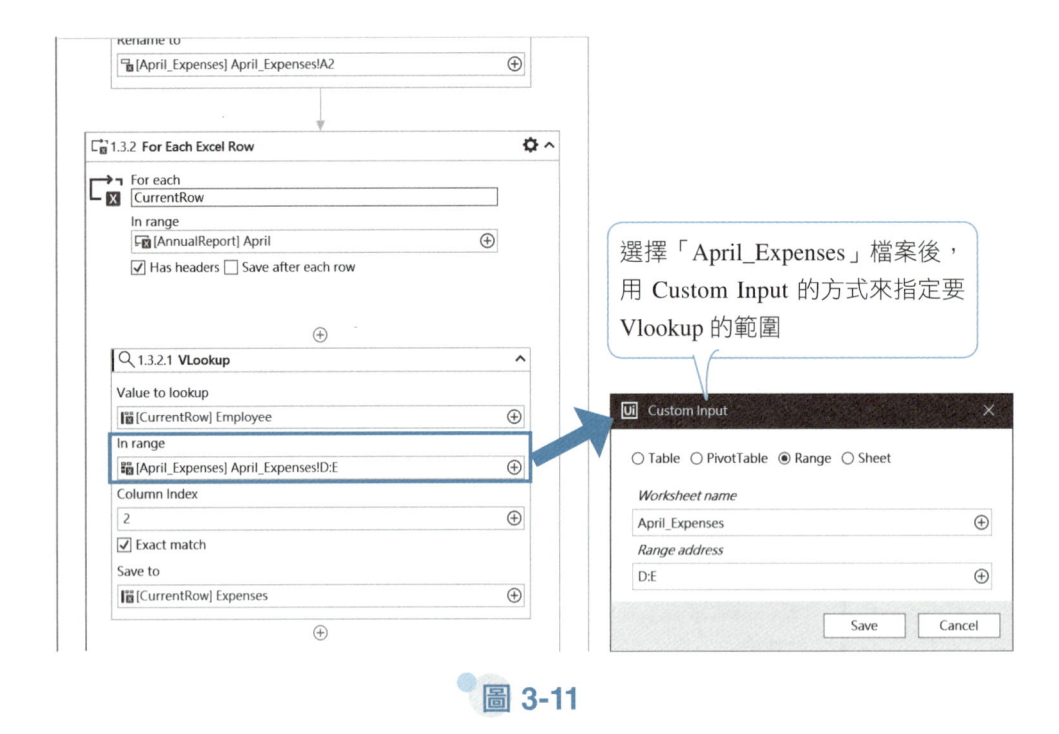

選擇「April_Expenses」檔案後，用 Custom Input 的方式來指定要 Vlookup 的範圍

Step 7： 最後，嘗試運行前，我們先將兩份檔案復原成最初的樣子，沒有 Full Name 欄位，也沒有 April 分頁，按下 Run 確認你的設計成果吧！

3.2 用 Table Extraction 抓取網頁資訊

什麼是 Table Extraction（表格抓取）？它也可稱為數據抓取，是一種從指定網頁或應用程式中獲取資料數據的方法。你可以使用此 Activity 蒐集具有表格內容的網頁資訊，並將結果保存在 Excel 或其他指定位置。

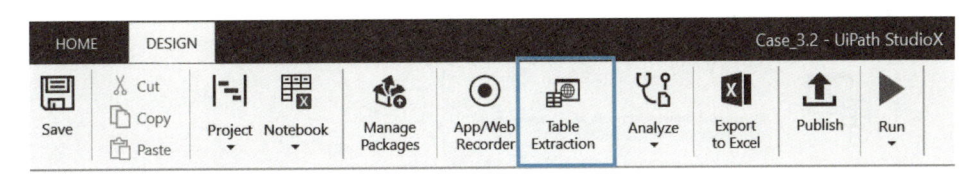

StudioX 操作案例　Chapter 03

▶ 圖 3-12

案例 3-2　網頁資訊擷取

● **目的**

　　我們將前往一個名言錄的網站，將其中各種名言和作者的資訊擷取下來放置於 Excel 檔中。

● **資源**

　　前往網站：quotes.toscrape.com。

● **Try and Do It**

Step 1： 開啟資源指定的網址後，回到 StudioX 中，按下上方功能列 Table Extraction，畫面會跳出如圖 3-13 之視窗，如其內容指引，點選 Next 進行第一次位置的辨識。首先我們先辨認引言內容的地方，確認滑鼠游標選取引言的位置，單擊一下。

033

圖 3-13

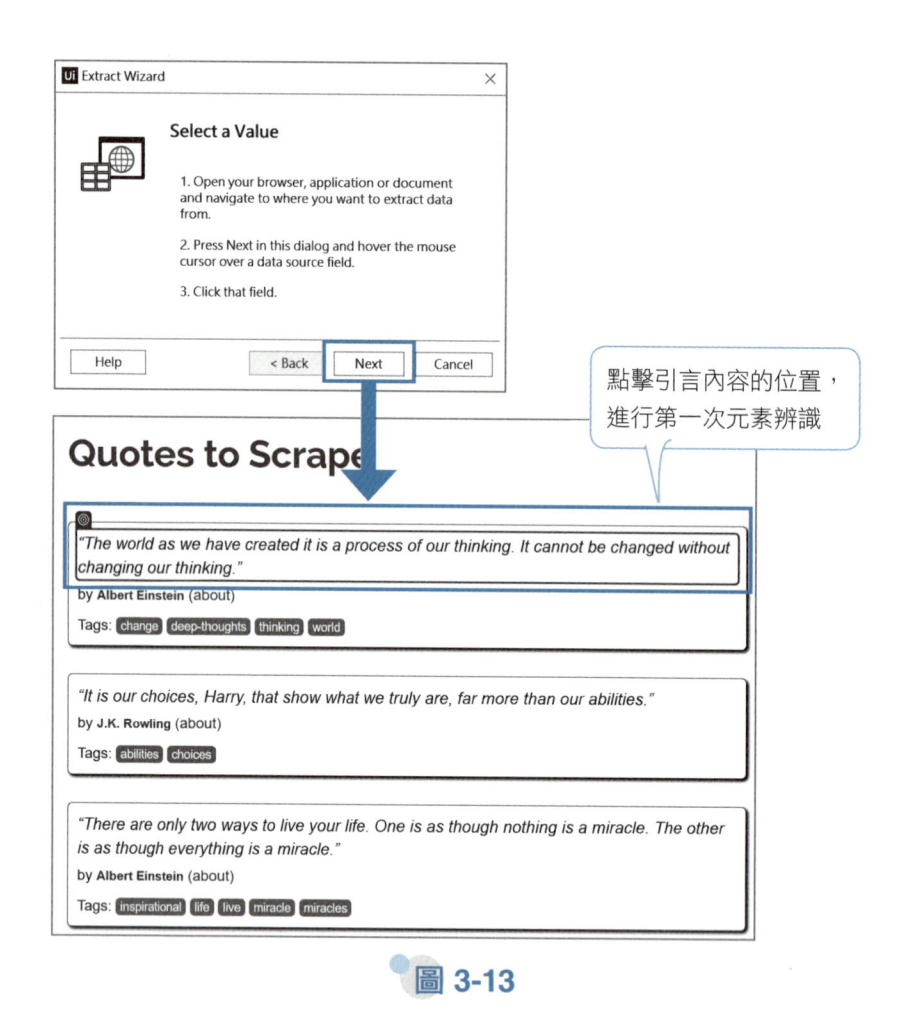

Step 2： 辨識完第一次後，依照再度跳出的視窗，準備進行第二次辨識。這次我們要告訴機器人另一個和 Step 1 相同類型的元素在何處。

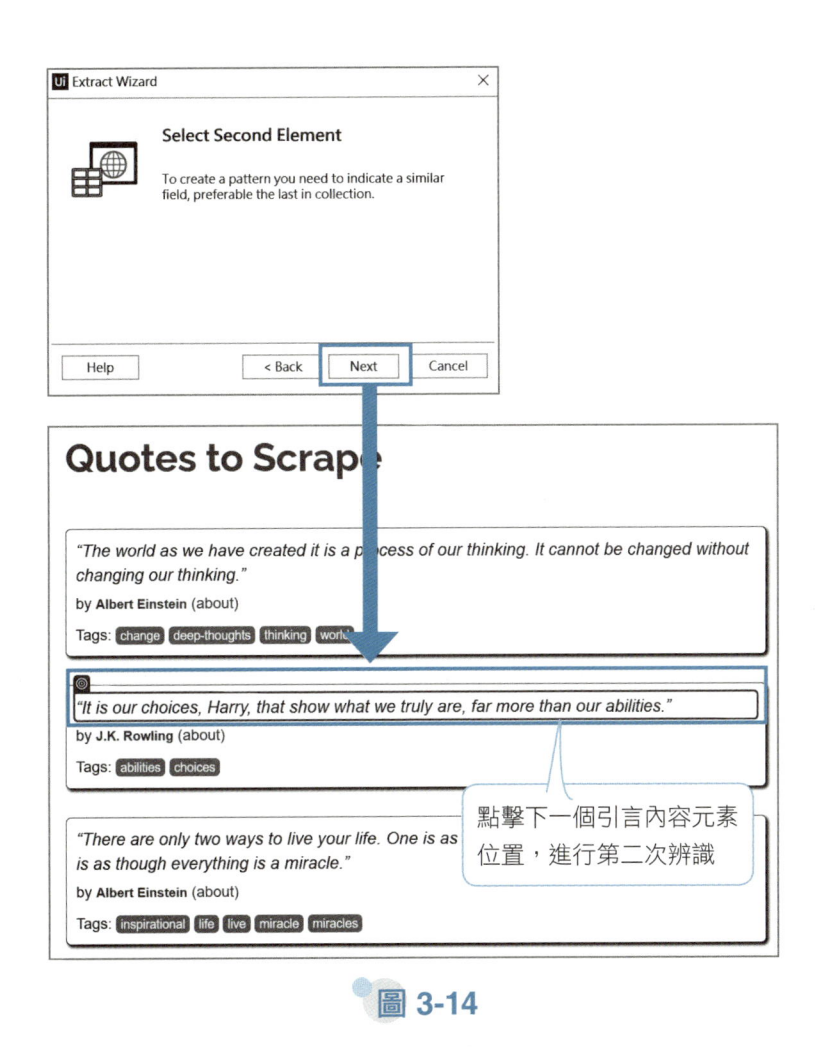

StudioX 操作案例　Chapter 03

圖 3-14

點擊下一個引言內容元素位置，進行第二次辨識

Step 3： 接著你會發現，機器人自動辨識出了所有網頁上引言內容元素所處的位置，並跳出視窗請你為其資料的表頭命名；

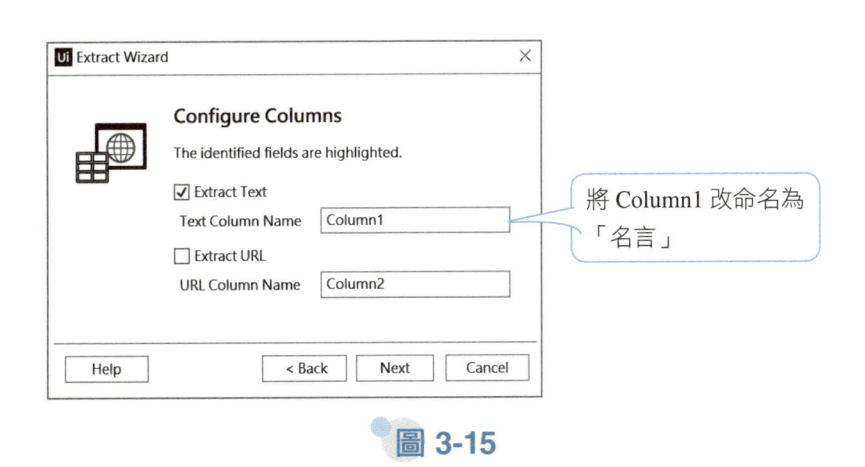

將 Column1 改命名為「名言」

圖 3-15

035

Step 4： 命名後，在該頁面上所抓取的結果會全部被列示，點擊 Extract Correlated Data 繼續進行下一種資料的辨識。

圖 3-16

Step 5： 接著，再用相同的方式，辨識作者名稱，並將表頭名稱命名為「作家」。

StudioX 操作案例　Chapter 03

Quotes to Scrape

"The world as we have created it is a process of our thinking. It cannot be changed without changing our thinking."
by **Albert Einstein** (about)　← 第一次辨識作者名稱

Tags: change deep-thoughts thinking world

"It is our choices, Harry, that show what we truly are, far more than our abilities."
by **J.K. Rowling** (about)

Tags: abilities choices

"There are only two ways to live your life. One is as though nothing is a miracle. The other is as though everything is a miracle."
by **Albert Einstein** (about)

Tags: inspirational life live miracle miracles

↓

Quotes to Scrape

"The world as we have created it is a process of our thinking. It cannot be changed without changing our thinking."
by **Albert Einstein** (about)

Tags: change deep-thoughts thinking world

"It is our choices, Harry, that show what we truly are, far more than our abilities."
by **J.K. Rowling** (about)　← 第二次辨識作者名稱

Tags: abilities choices

"There are only two ways to live your life. One is as though nothing is a miracle. The other is as though everything is a miracle."
by **Albert Einstein** (about)

Tags: inspirational life live miracle miracles

圖 3-17

037

Step 6： 點擊 Finish 後，會跳出詢問視窗，確認該網頁是否有「下一頁」？在這個案例中，答案是有的，所以點選 Yes 準備進行下一頁按鈕的辨識。

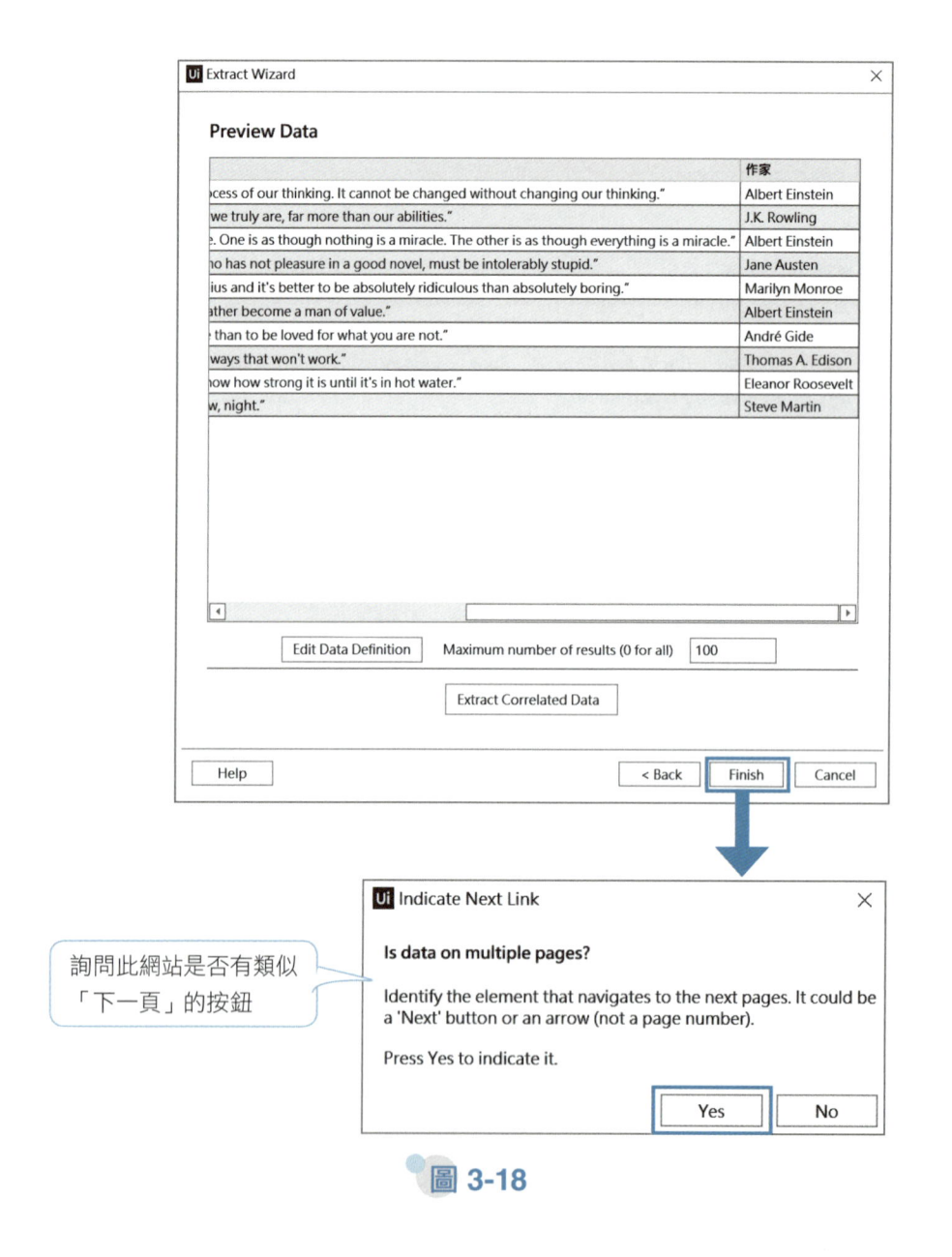

詢問此網站是否有類似「下一頁」的按鈕

圖 3-18

Step 7： 但這時你會發現畫面被鎖死，無法用滑鼠滾輪移動到網站頁面的底部去辨識「下一頁」。按下螢幕上方的小功能視窗 F2，讓

StudioX 操作案例　Chapter 03

鎖定介面暫停 5 秒鐘，暫停期間便可以重獲滑鼠控制權，將頁面移動至下方。

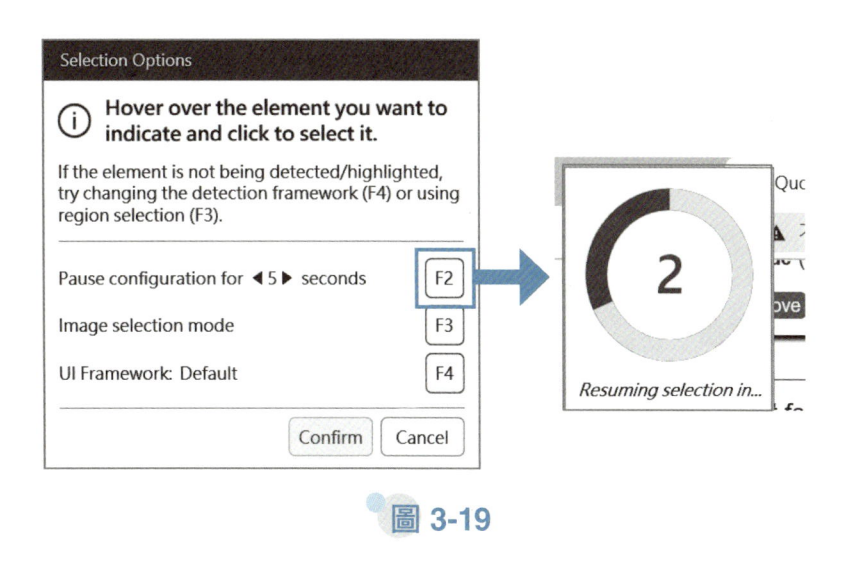

圖 3-19

Step 8： 辨識前往下一頁的 Next 元素。

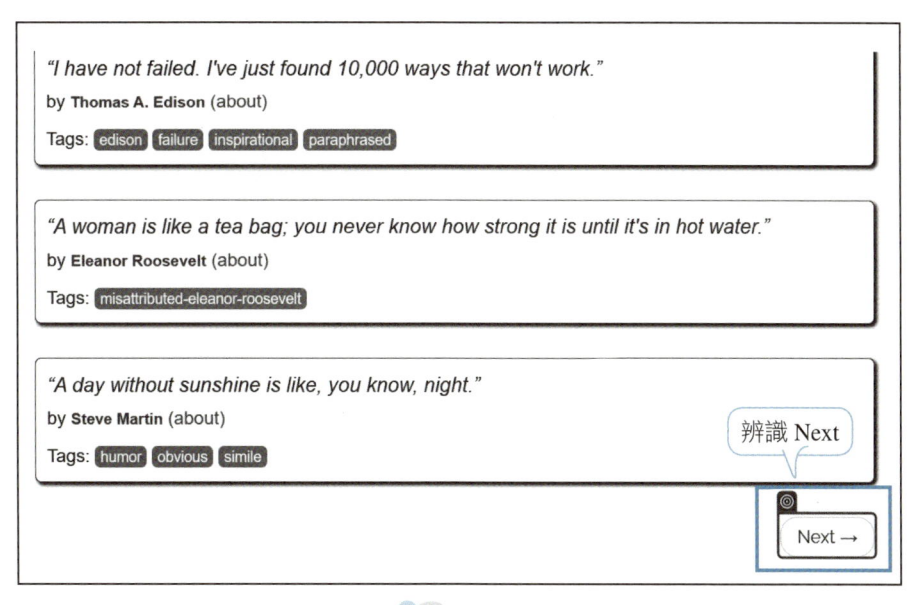

圖 3-20

039

Step 9： 畫面會自動返回 SudioX，只差最後一個步驟了。我們需要將剛剛辨識的資料找一個地方放。使用一個【Use Excel File】，寫入指定資料夾位置和檔名，讓機器人自動建立一個名稱為「名言錄」的 Excel 檔案。

圖 3-21

Step 10： 最後，調整【Extract Table Data】的 Extract to 如圖 3-22 所示。

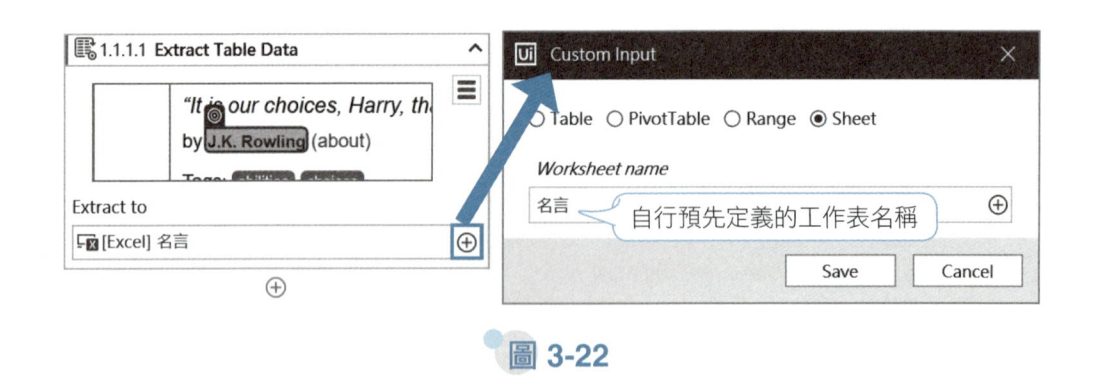

圖 3-22

Step 11： 查看你的指定路徑有出現名為「名言錄」的 Excel 檔案，其中「名言」分頁中的內容應與圖 3-23 相同！

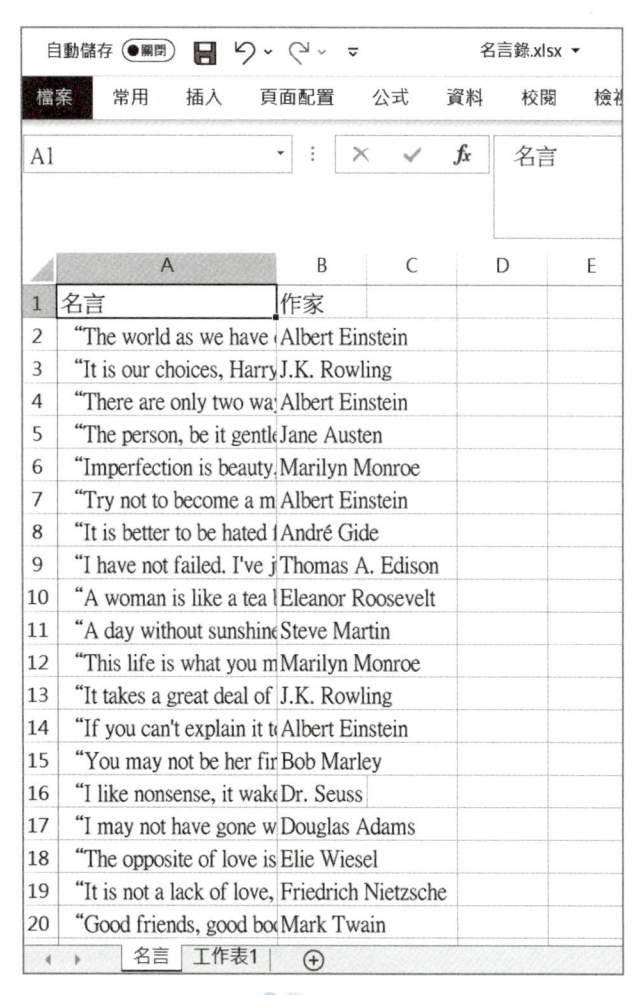

圖 3-23

接下來的章節，我們將學習使用 UiPath Studio。

前往 Home 頁面，選取 Settings → License and Profile → View or Change Proflie，切換至 UiPath Studio。

Chapter 04 開發 RPA 的基礎知識

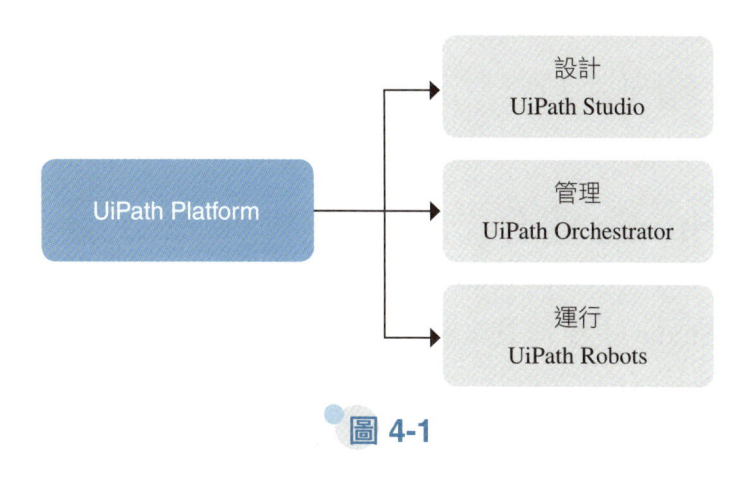

```
                    ┌──→  設計
                    │     UiPath Studio
                    │
   UiPath Platform ─┼──→  管理
                    │     UiPath Orchestrator
                    │
                    └──→  運行
                          UiPath Robots
```

▲ 圖 4-1

大多數的 RPA 工具都由三個主要功能組成，分別是「設計、管理、運行」。UiPath 也不例外，它的三大主要功能之產品名稱分別如下：

▶ 用來設計的 Studio

UiPath Studio 和 StudioX 是由 Visual Basic（簡稱為 VB）程式語言所建構，所以除了可以在 Studio 中藉由拖拉 Activities 設計流程，也可以運用 VB 語法來編寫設計。

▶ 用來管理的 Orchestrator

Orchestrator 是一個龐大且完整的管理平台，除了可以管理設計完的自動化流程和運行的機器人，還可以針對帳號密碼、設定權限進行管理，我們會在之後的章節做更詳細的介紹。

▶ 用來運行流程的 Robots

UiPath 的機器人分為兩種類型，分別為 Attended Robots 和 Unattended Robots，在展開設計時，須設想清楚此流程要給什麼樣的機器人執行，以確保最佳設計。

1 Attended Robots：必須由使用者觸發後，機器人才會啟動執行流程。

2 Unattended Robots：機器人可以自行登入電腦，依據 Orchestrator 發出的指令與安排執行任務。

4.1 Studio 簡介

UiPath Studio 主要有 Home、Design、Debug 三大介面，下面將介紹這些介面主要且常用的功能。

4.1.1 Home

▶ 在 Start 開啟新的 Project

圖 4-2

▶ 在 Team 進行團隊合作與版本控管

當自動化流程的規模逐漸擴大，開始需要除了一位以上的開發者同時進行設計時，流程腳本的版本管理便成為重要的議題。UiPath 支持了 GIT、TFS、SVN 這三種不同的版本控制系統，透過相關的管理功能，讓團隊合作更加便利。

> GIT 是最常使用的一種版本管理工具，可以將每次的異動軌跡保存下來，讓使用者查看各版本間的差異之處。

圖 4-3

▶ 在 Tool 下載擴增功能

在這個功能頁中（圖 4-4），你可以下載各種其他應用程式的擴充功能，目的是為了要讓 UiPath 可以與其互動。

圖 4-4

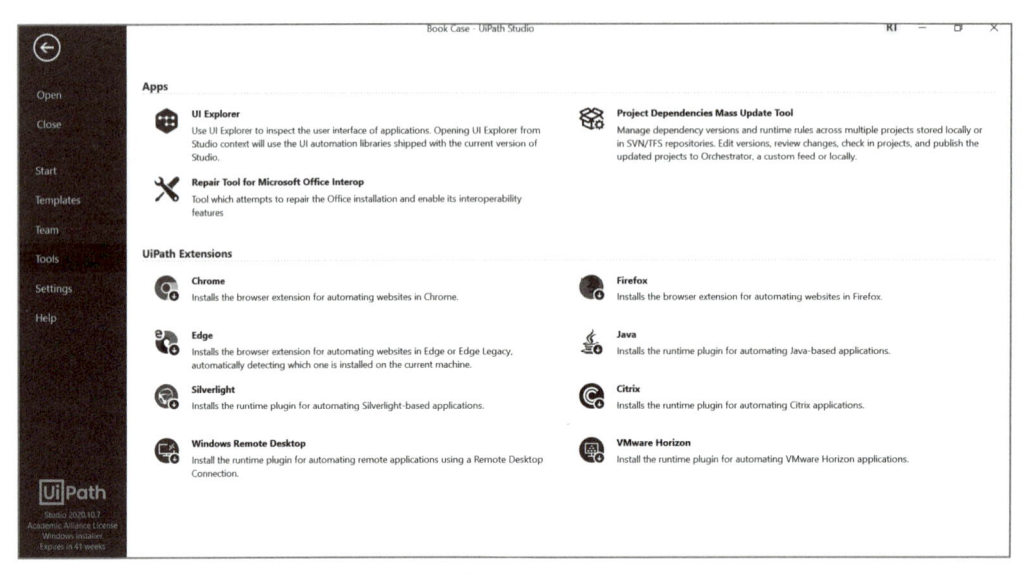

▶ 在 Setting 進行各種設定

你可以在 General 調整 Studio 呈現的語言；在 Location 調整 Project 儲存的預設路徑；在 License and Profile 管理所使用的 License，並切換至 StudioX 模式。

4.1.2　Design

Design 是用來設計流程腳本的地方，跟著以下幾個問題，可協助你快速的熟悉其介面。

開發 RPA 的基礎知識　Chapter 04

▶ 開啟全新 Project 後的第一件事？

圖 4-5

▶ 如何使用 Activities？

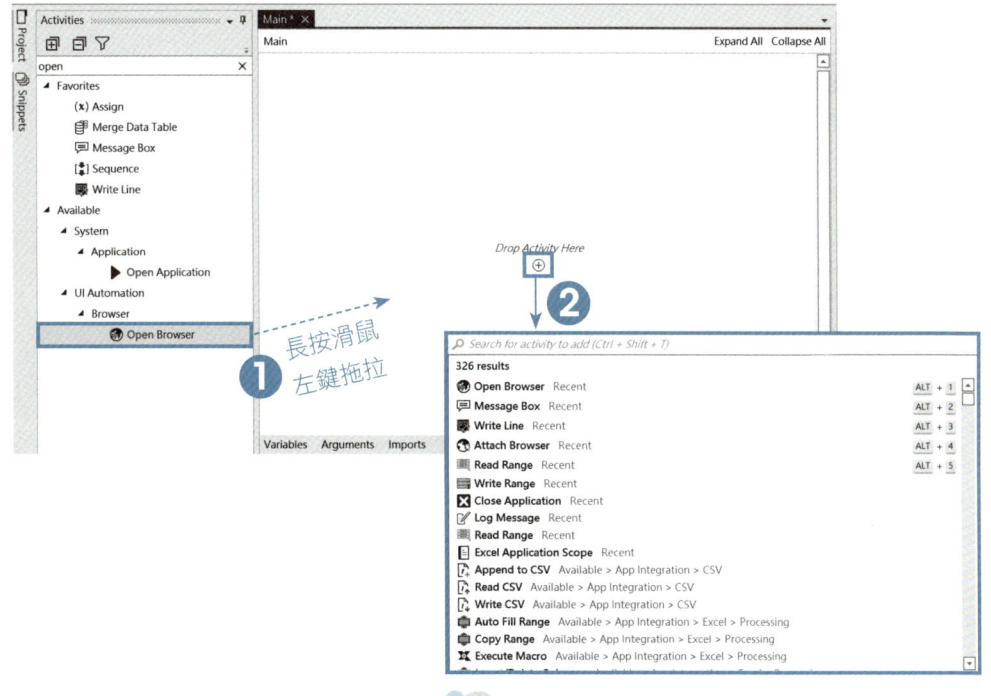

圖 4-6

047

▶ 一個 Project 只能有一個 Main 檔嗎？

每一個 Project 都會有一個主檔「Main」，我們可以依據需求，以像是新增分頁的方式，增加其他不同模板 (Sequence、FlowChart、State Machine) 的腳本。點選 New 來新增不同的模板流程腳本。

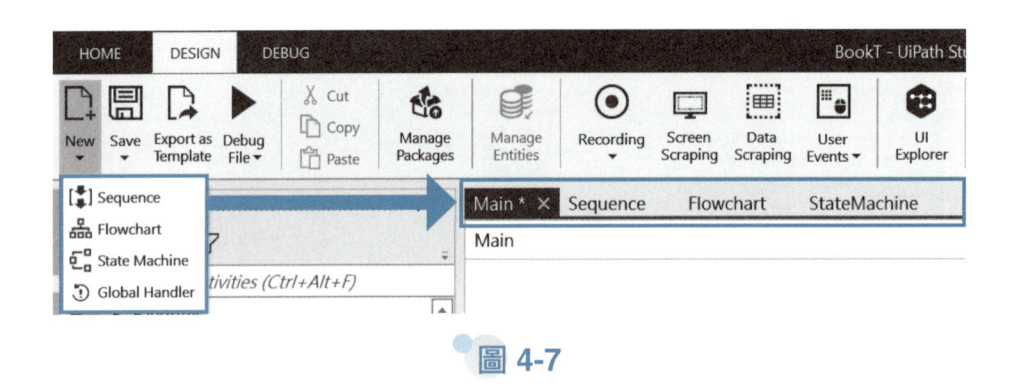

圖 4-7

當有新的腳本頁面增加後，你可以到 Project 面板中，對這個 Project 所含有的腳本進行更多的選項設定與管理。

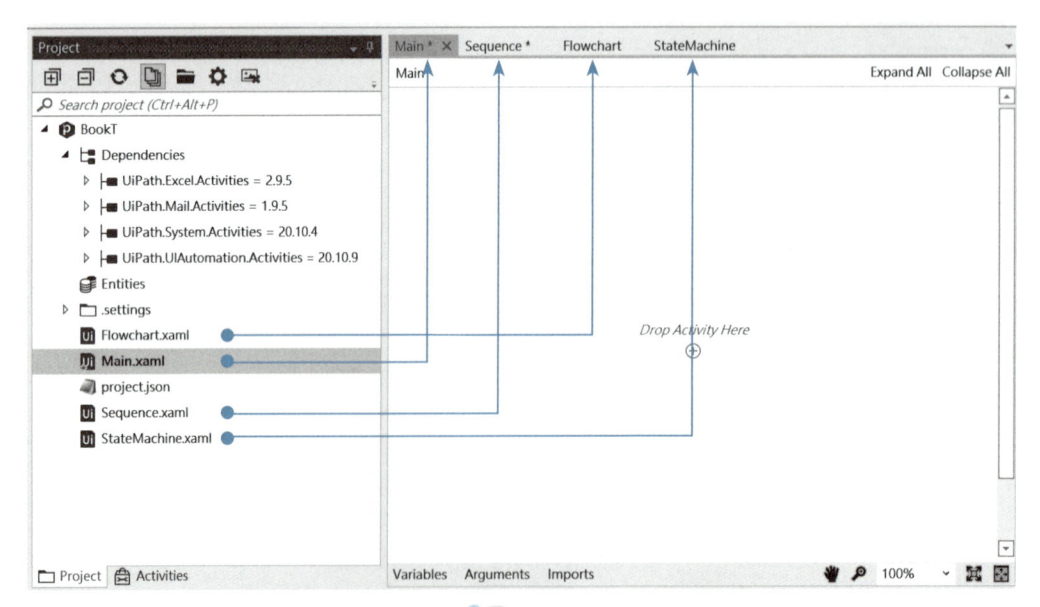

圖 4-8

開發 RPA 的基礎知識　Chapter 04

▶ 沒有藍色驚嘆號的流程才能被執行

當 Activity 右上角有藍色驚嘆號的符號時，表示此 Activity 有未被正確設置的錯誤，你可以將游標移至符號上，獲取錯誤訊息；當整個腳本中都沒有藍色驚嘆號時，機器人才能運行。

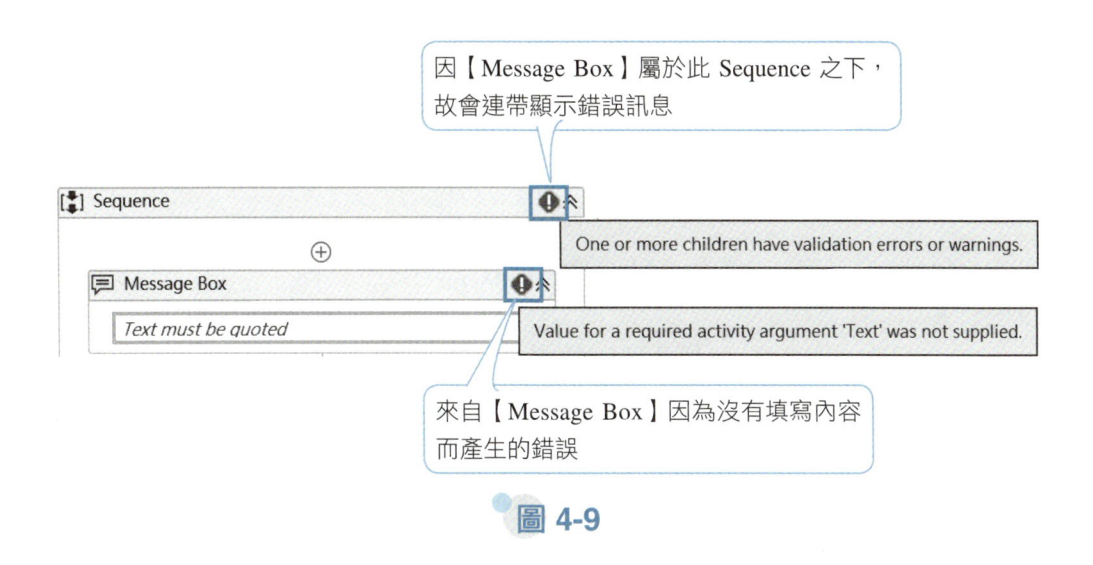

因【Message Box】屬於此 Sequence 之下，故會連帶顯示錯誤訊息

One or more children have validation errors or warnings.

Value for a required activity argument 'Text' was not supplied.

來自【Message Box】因為沒有填寫內容而產生的錯誤

圖 4-9

▶ 如何運行機器人？

機器人有兩種不同的運行方式：

1 Run：直接執行整個腳本流程。

2 Debug：一步一步執行，若執行發生錯誤，機器人便會在錯誤的 Activity 停下來，此種運行方式稱為除錯運行模式，可以協助我們進行測試。

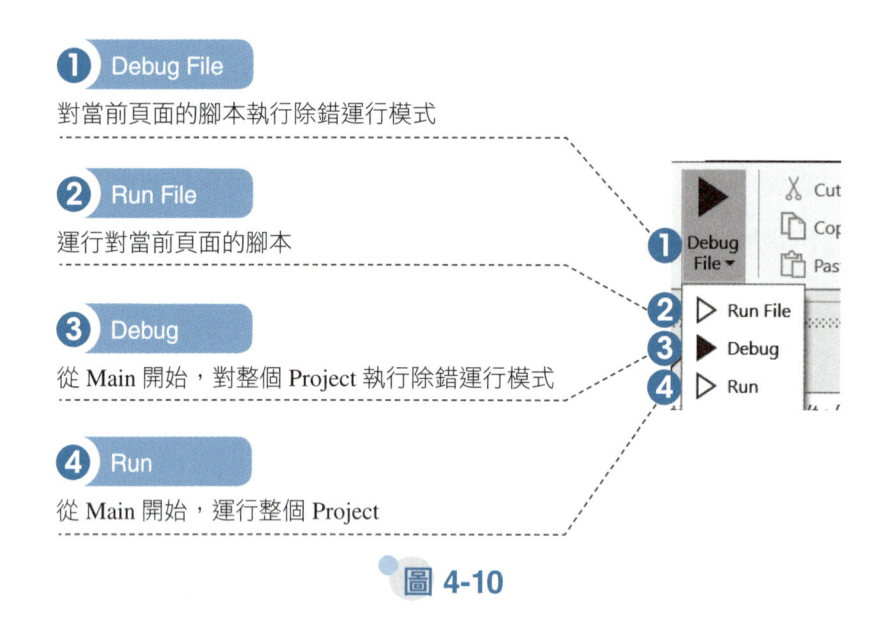

① **Debug File**
對當前頁面的腳本執行除錯運行模式

② **Run File**
運行對當前頁面的腳本

③ **Debug**
從 Main 開始，對整個 Project 執行除錯運行模式

④ **Run**
從 Main 開始，運行整個 Project

圖 4-10

　　File 的意思則是指執行當前的分頁；當有多個分頁時，選擇沒有 File 的運行選項，便可以執行整個 Project，也就是所有的分頁。

▶ 儲存設計的腳本有快捷鍵嗎？

　　按下 Ctrl+S 來儲存個別的腳本分頁。當分頁右上方出現米字號「*」時，代表該檔案有異動且尚未儲存。

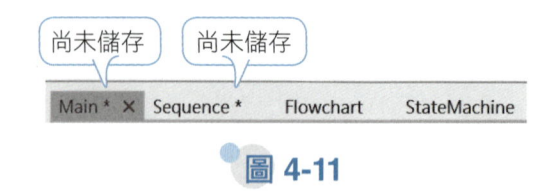

圖 4-11

4.1.3　Debug

　　設計的過程中你會需要不停地檢查、測試並修改，以確保機器人真的能順利執行，這時，使用 Debug 面板中的功能，可以幫助你進行這些工作。

▶ 流程中使用了很多 Activities，我可以一步一步執行檢查嗎？

當然可以！Studio 共有三種測試的運行模式，分別為 Step Into、Step Over 與 Step Out，請見圖 4-12 說明。

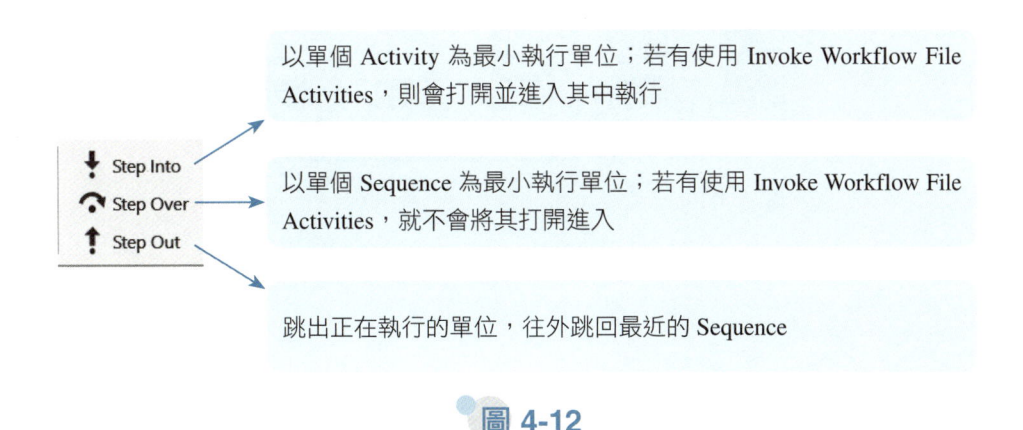

Step Into → 以單個 Activity 為最小執行單位；若有使用 Invoke Workflow File Activities，則會打開並進入其中執行

Step Over → 以單個 Sequence 為最小執行單位；若有使用 Invoke Workflow File Activities，就不會將其打開進入

Step Out → 跳出正在執行的單位，往外跳回最近的 Sequence

圖 4-12

▶ 用 Breakpoints 讓機器人暫停在指定位置

在指定的 Activity 上，點擊上方功能列的 Breakpoints，使機器人跑到這個 Activity 時便暫停（還尚未執行），需要由使用者點擊 Run 後方能繼續進行；再點擊一次 Breakpoints，可暫時不啟用此功能；點擊第三下則可以取消設置。

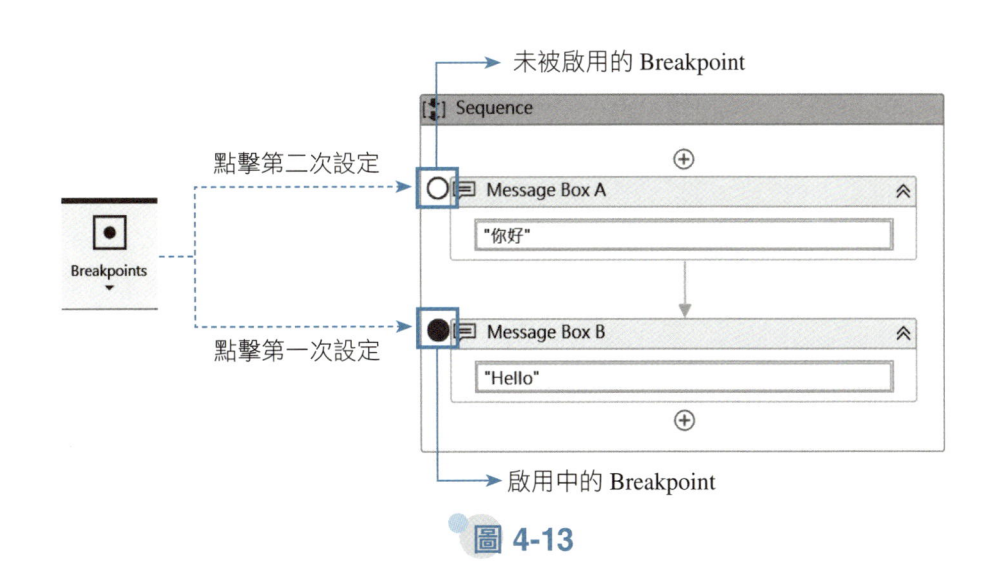

Breakpoints

點擊第二次設定 → 未被啟用的 Breakpoint
　　　　　　　　 Sequence
　　　　　　　　 ○ Message Box A
　　　　　　　　 "你好"

點擊第一次設定 → ● Message Box B
　　　　　　　　 "Hello"
　　　　　　　　 → 啟用中的 Breakpoint

圖 4-13

051

▶ 機器人可以跑慢一點嗎？

透過重複點擊 Slow Step 來調整機器人運行的速度。

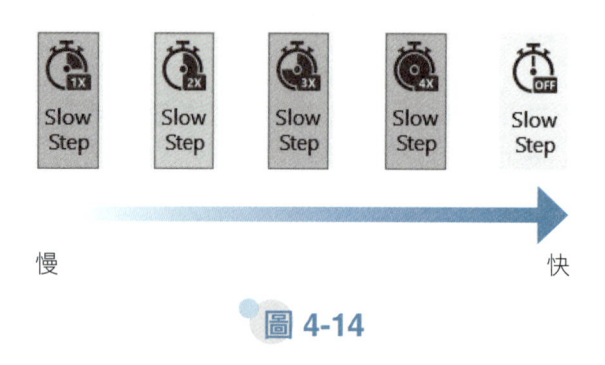

慢　　　　　　　　　　　　　　　　快

圖 4-14

4.2　Project 介紹

開啟 Studio 介面時，你可以選擇建立不同類型的 Project，分別是 Process 和 Library，而你該如何選擇呢？我們需先理解這兩個類型本質上的差別。

New Project

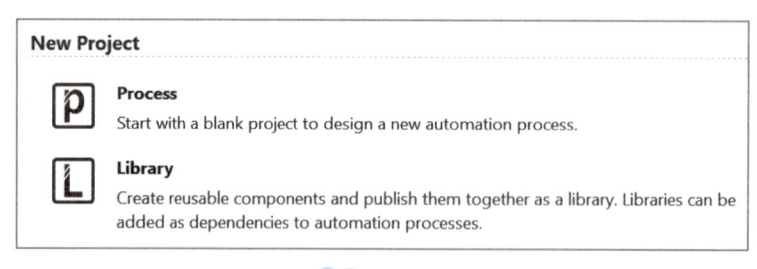

Process
Start with a blank project to design a new automation process.

Library
Create reusable components and publish them together as a library. Libraries can be added as dependencies to automation processes.

圖 4-15

4.2.1 Library

A Library is a package which contains multiple reusable components.

UiPath 定義的 Library 是由多種可被重複使用的組件所組成，這些可重複使用的組件會以「.nupkg」的類型儲存為 Packages，藉由發佈至 Orchestrator 後，透過 Package Manager 下載下來，當作 Activities 給其他流程使用。

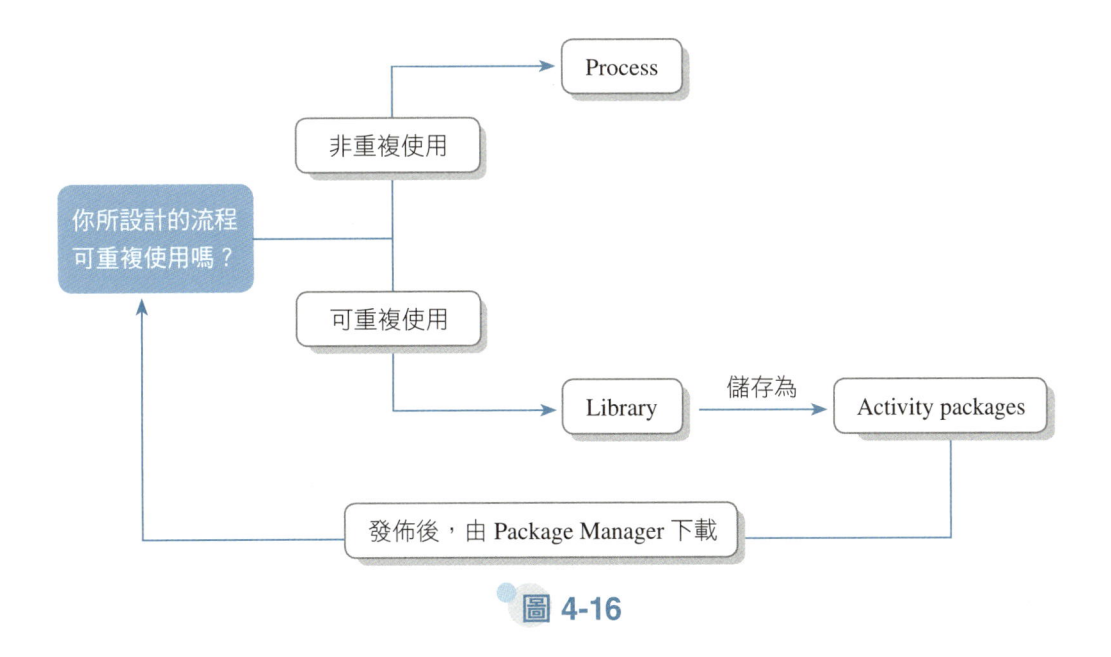

圖 4-16

4.2.2 Process

UiPath 提供了三種不同類型的 Process，你可以依據不同的功能目的，選擇最適合的類型來進行設計。

1 Sequence（序列）

Sequence 是 UiPath 流程中的最小單位，適合用於設計較單純的線性（linear）流程，在 Sequence 的架構下，Activity 與 Activity 之間是接續且連貫組成，你也可以用 Sequence 的架構設計一連串的 Activities後，再把這個 Sequence 當作單個 Activity，使其在其他流程中被重複運用。

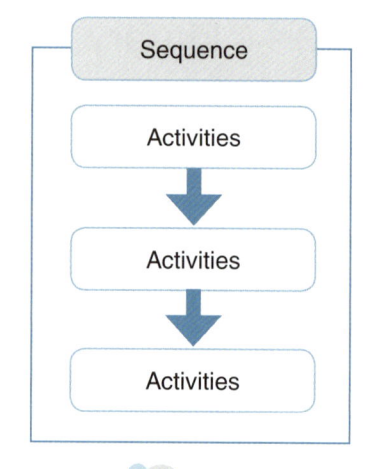

圖 4-17

2 FlowChart（流程圖）

FlowChart 適合用於設計複雜、龐大且具有多種邏輯決定的流程，透過流程圖的呈現方式，可以更清楚的理解該流程的運行架構。

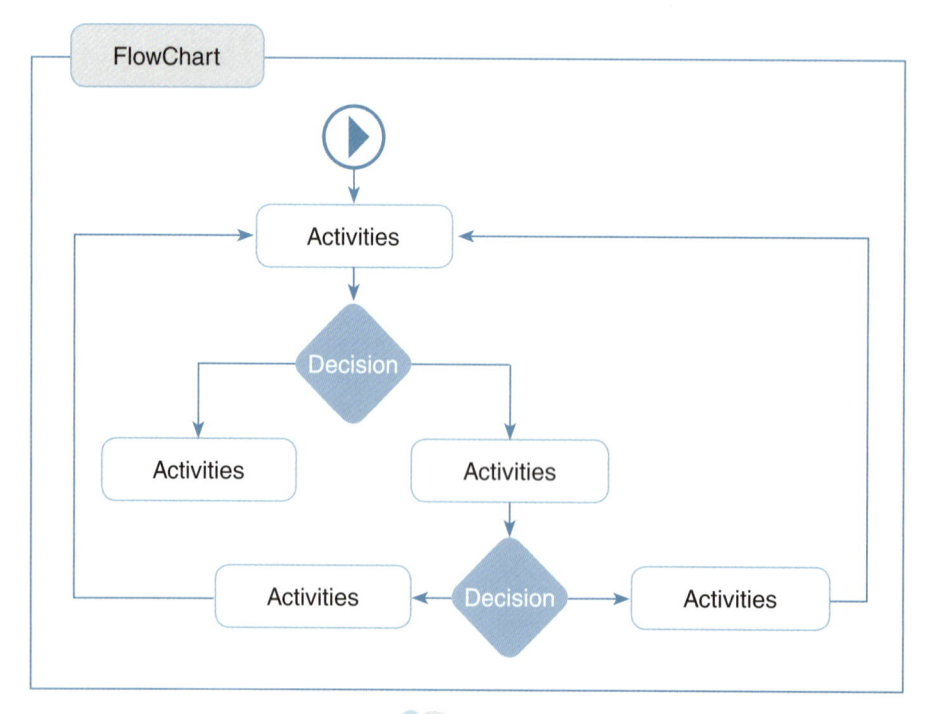

圖 4-18

3 State Machines

State Machines 是一種自動化類型，在執行過程中使用有限數量的狀態，當某個活動被觸發時，State Machines 即進入預設的狀態中；而當另一個活動被觸發時，就會退出該狀態。因此，State Machines 最重要的功能便是可處理狀態條件的 Transition（轉換）流程。

習題

Q1 Which project type is recommended for simple, linear workflows without multiple decision nodes?

A. FlowChart

B. State Machines

C. Sequence

Q2 Which of the following tasks can be taken over by RPA robots? (1) Start applications; (2) Make decisions based on predefined rules; (3) Capture data from text fields.

A. (1)(3)

B. (3)

C. (1)(2)(3)

Q3 Which of the following factors won't increase the complexity of a potential automation?

A. Having clear rules for each step.

B. Inputs that cannot be standardized.

C. Legacy applications.

D. The number of decision points in the business logic.

Q4 We want to create a robot that searches for weather information daily and then creates a report based on it. What is the best type of workflow to use?

A. FlowChart

B. State Machines

C. Sequence

Q5 Where can you find the Run from this Activity, Run to this Activity and Test Activity actions?

A. In the Locals panel.

B. In the Properties panel.

C. In the activity contextual menu in the Designer panel.

D. In the activity contextual menu in the Activities panel.

Q6 What is the default action of the Play button in the Ribbon?

A. Run Project

B. Run Current File

C. Debug Project

D. Debug Current File

答案：C　C　A　C　C　D

Chapter 05
變數與參數

變數是每一個程式語言的最基本要素,當你有機會學習更多的程式語言,例如 VB、Python、JavaScrip、C#,變數的宣告與運用必然是第一堂課會學習的起手式。而 Studio 與 StudioX 其中一項主要的差別,即是在變數與參數的運用程度。在 Studio 中,透過更靈活的方式來使用變數與參數,能讓你設計出更多複雜且穩定的自動化流程。

5.1　Variables（變數）

- 變數是一個用來儲存各式各樣東西的盒子,而我們稱這些東西為 Value。

- 盒子內的東西都是臨時存放的,它們會不停變動。

- 我們會給變數一個名字,就像是在盒子外面貼上一張獨特的標籤。

- 在同一個流程中,變數的名稱是不可以重複的。

- 變數可以幫我們把資料或數值從一個 Activity 傳送到另一個 Activity。

　　讓我們直接用一個例子來理解什麼是變數吧!

案例 5-1　變數的運作方式

● 目的

感受一下變數是怎麼運用的。我們將設計一個小流程，讓你在【Input Dialog】輸入內容後，藉由變數將內容傳送到【Message Box】中。

● 資源

無。

● Try and Do It

Step 1： 使用一個【Input Dialog】，選取設計面板下方的 Variables 頁籤，點選 Creat Variable，預設名稱為 *variable1* 的變數會自動生成。

Name	Variable type	Scope	Default
variable1	String	Sequence	Enter a VB expression
Create Variable			

Variables　Arguments　Imports

圖 5-1

Step 2： 回到【Input Dialog】，填寫對話框的主標題 Dialog Title 為："今天是星期幾" 和次標 Input Label："請輸入西元年月日與星期數"，記得文字內容都需要加上雙引號。

接著到屬性 Output→Result 的輸入格中按一下鍵盤空白鍵，叫出功能與變數選單，**雙擊**選取剛剛設置的變數 *variable1*，選取完後可按一下 Enter 或點擊任意空白處，確認設置成功。

變數與參數　Chapter 05

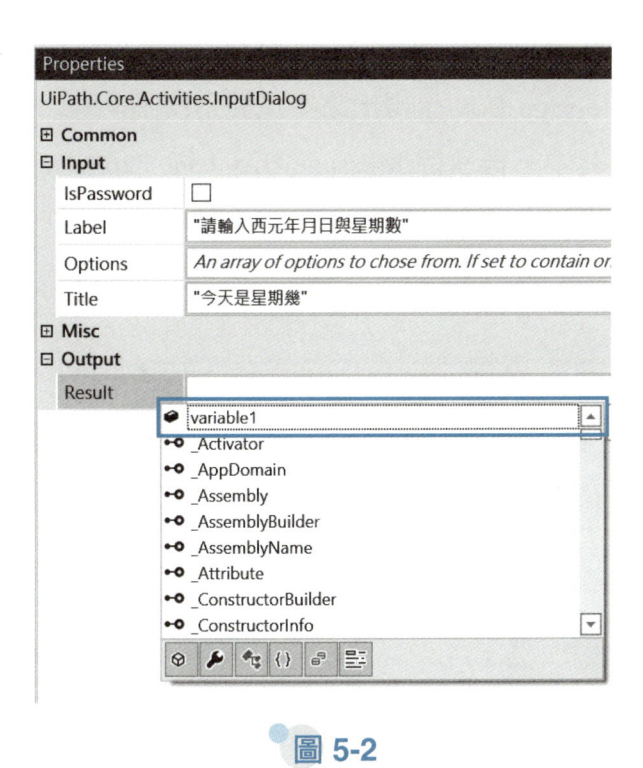

圖 5-2

Step 3： 使用【Message Box】，如上述選擇變數的方式，在輸入框中選用變數 *variable1*；此時的 Studio 畫面如下所示：

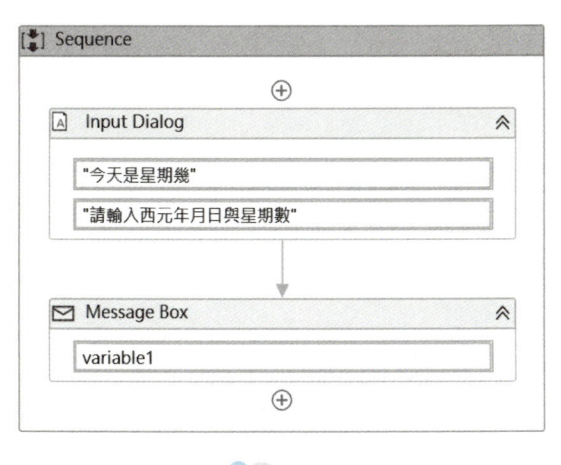

圖 5-3

按下 Run，螢幕上會先跳出 Input Dialog 讓你輸入內容，然後將你輸入的內容由 Message Box 呈現出來；這便是藉由 *variable1* 變數，把輸入的內容存放於其中，再執行 Message Box，從 *variable1* 變數中取用出來。

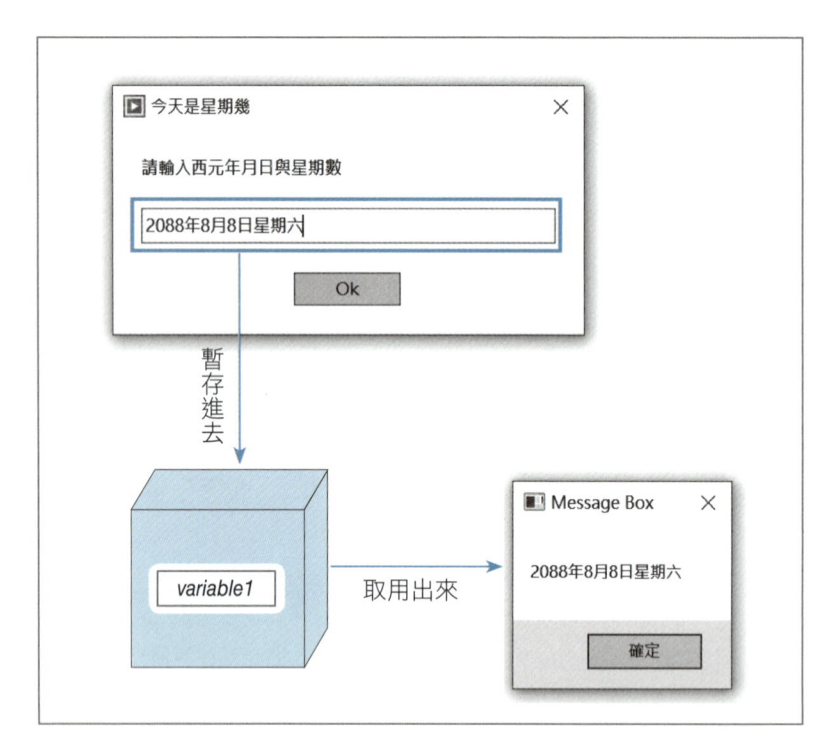

圖 5-4

5.1.1 Variables 的基礎知識

在 Studio 中，你可以在 Variables 面板設置變數與其相關屬性，必要的屬性包括：

▶ Name（名稱）

變數的名稱要盡可能的簡單明瞭，方便其他開發者理解你的變數意義（也方便數個月後的你能快速回憶自己當初在寫什麼）。

▶ Variables Type（變數類型）

在面板創建變數時，就必須要宣告它的類型，變數的類型千千萬萬種，最基本的有數字、字串、日期時間，選用正確的類型是十分重要的，更多的類型說明我們會在之後章節進行介紹。

▶ Scope（使用範圍）

是指變數可以被使用的範圍。實際自動化場景中會使用許多變數，妥善設定變數的使用範圍，能避免不必要的混淆。但也要小心，有時因為變數設置範圍過小，可能會使你無法取用。

▶ Default（初始值）

Default（初始值）是選用的。有些變數可能會有初始值，但流程開始運行後，變數的初始值就會被改變。若此處留空，UiPath 則會自動依據變數類型的默認值作為初始值，例如：變數類型若為 Int32（數字整數的意思），其初始值為 0。

5.1.2　如何創建 Variables

一個流程中的變數名稱是不可以重複的，且當設計面板中需包含至少一個 Activity 時，你才能創建變數，以下共有三種創建變數的方法。

1. 在 Activity 本身設置

在 Activity 特定的輸入框中，單擊右鍵點選 Create Variable（設置變數），或使用快捷鍵 Ctrl+K。輸入自定義的變數名稱後，按下 Enter 鍵，此變數立即生成，它也會自動同時出現在 Variables 面板中。基本上，UiPath 會自動依據該 Activity 的 Output 屬性自動設置其類型，例如：Message Box 的變數類型便會是 String（字符串），但你仍可依據需求至 Variables 面板中自行調整修改。

圖 5-5

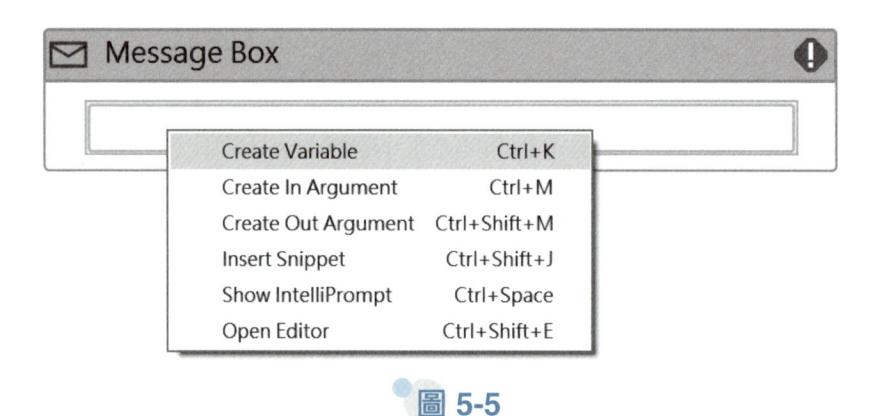

2. 屬性面板 (Properties Panel) 設置

從每個 Activity 顯示於右手邊的屬性面板創建變數。在合適的屬性項目輸入框中，右鍵點選 <u>Create Variable</u>，或使用快捷鍵 Ctrl+K 創建變數。

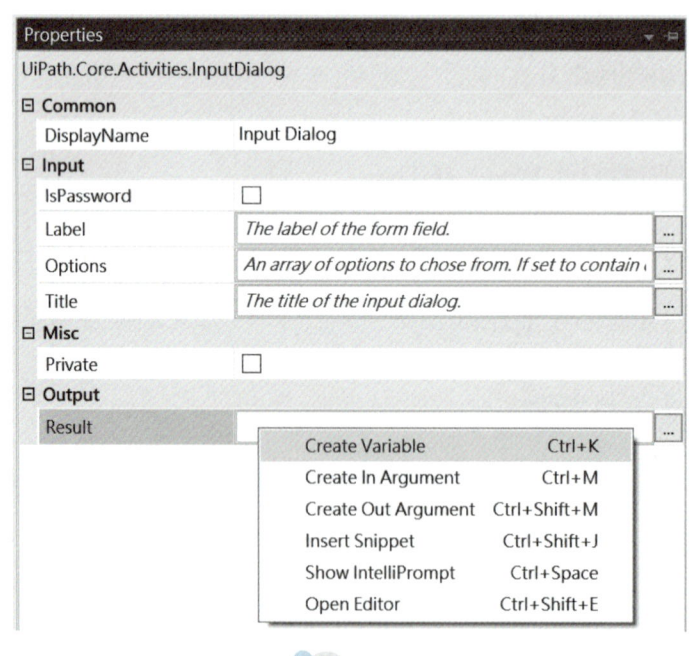

圖 5-6

變數與參數　Chapter 05

上述兩種方式創建的變數，UiPath 會根據 Activity 的類別，自動宣告其產生變數的類型。例如：在【Write Range】的 Data Table 欄位中創建變數，其類型會自動為 Data Table；若在【Write Line】的 Text 欄位創建，類型則是 String（字符串）。

3. 在變數面板 (Variables Panel) 中設置

在變數面板直接創建一個變數，以此方式創建的變數類型，會默認是 String（字符串），你需再依據需求自行調整。更多變數類型的介紹將在之後說明。

5.1.3　如何取用已創建的 Variables

若你預先在 Variables Panel 中創建變數，有兩種方式可以讓你在之後的 Activity 相關欄位中取用：

1 在所選的輸入框按一下空白鍵，會出現所有已被創建變數的選單，點擊滑鼠兩下選取；

2 點選輸入框按右鍵，點選 Show IntelliPrompt 也會出現已被創建變數的選單。

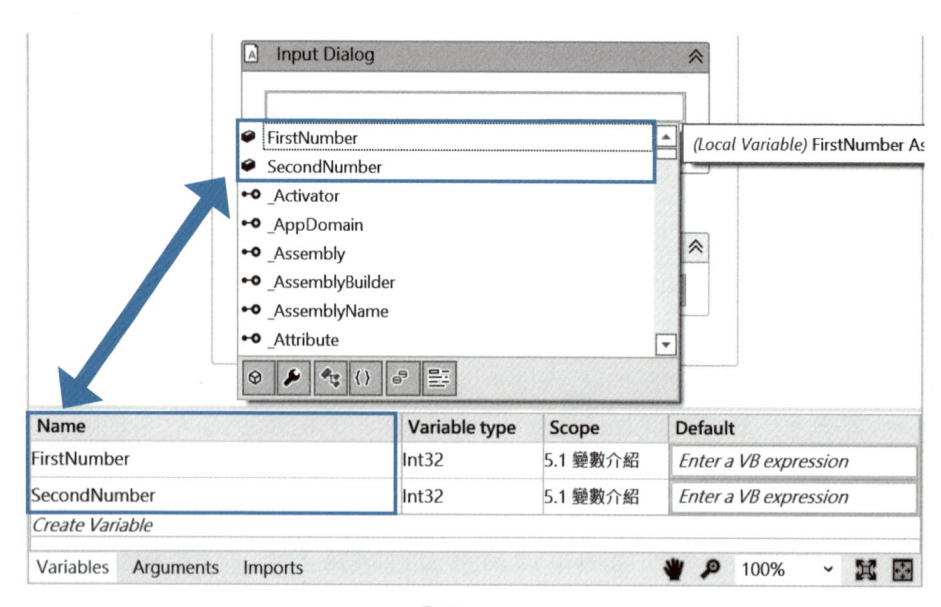

▲ 圖 5-7

5.1.4 如何刪除 Variables

要確實的移除變數，只能到變數面板 (Variables Panel)，對欲刪除的變數單擊右鍵選擇 Delete，或按下鍵盤 Delete 鍵也可刪除。

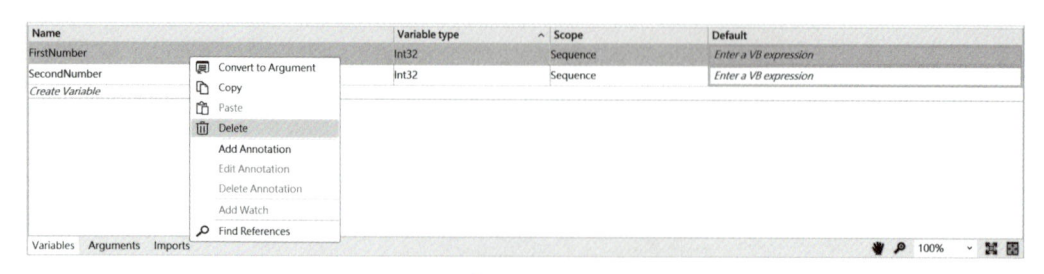

▲ 圖 5-8

為保持整個腳本中變數的易讀性，建議適時整理流程中的變數，你可以透過點選功能列表上的 Remove Unused Variables 來刪除未真正被使用的變數。

圖 5-9

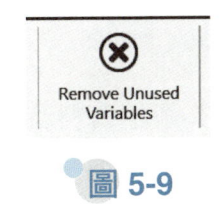

5.1.5　妥善管理 Variables

在變數的管理選單中，你還需要知道以下兩個功能：

▶ Add Annotation

用於說明此變數的用途或細節。

▶ Find References

列出該變數被哪些 Activities 所使用。滑鼠雙擊記錄，便可跳至該 Activity 以便於查閱。

5.2　Arguments（參數）

參數與變數的概念十分相似，可以動態儲存相同類型的資料，最主要的差別有兩處：

1 在 UiPath 中，Arguments 是用於流程與流程間的資料傳遞，這跟僅負責在 Activity 間傳送資料的 Variables 截然不同，也因此特點，我們能透過 Arguments 將不同的流程腳本串聯在一起。

2 Arguments 的使用是具有方向性的，分為 In（輸入）、Out（輸出）或 In/Out（輸入／輸出），你需要正確設計參數使用的方向，才能使流程順利運作。

5.2.1　Invoke Workflow File

使用 Arguments 的目的是為了讓資料流轉於不同的流程中,所以你當然會需要使用兩個以上的流程,並透過 Activity【Invoke Workflow File】來調用不同的流程腳本,以下有兩種使用【Invoke Workflow File】的方法:

1 直接於【Invoke Workflow File】面板中的 🗁 選取要調用的腳本檔案;或是點選 ⋯ 輸入完整的腳本名稱。

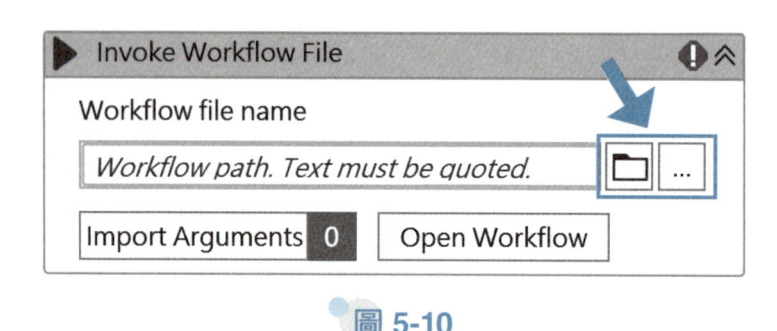

圖 5-10

2 在已完成設計的流程中,右鍵叫出功能列,選取 Extract as Workflow,會直接自動轉成【Invoke Workflow File】。

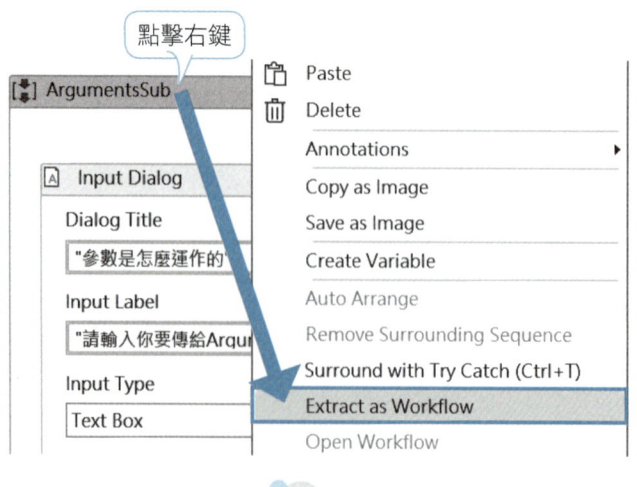

圖 5-11

變數與參數　Chapter 05

在了解【Invoke Workflow File】後，我們藉由案例讓你更快速的理解 Arguments 是怎麼一回事吧！

案例 5-2　參數的運作方式

目的

感受一下 Arguments 是如何運用的。我們將使用 Arguments 將兩個腳本流程串聯起來執行。

資源

無。

Try and Do It

Step 1： 創建一個 Process，命名為 ArgumentsMain；再使用功能列的 New 新增一個 Sequence，命名為 ArgumentsSub。

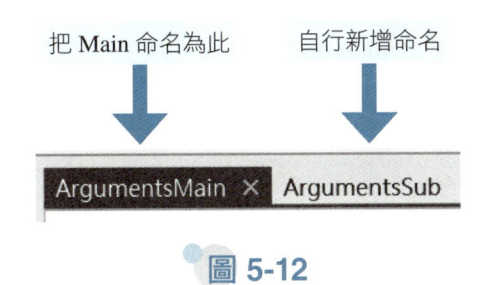

把 Main 命名為此　　自行新增命名

ArgumentsMain ×　ArgumentsSub

圖 5-12

Step 2： 到 ArgumentsSub 中，使用【Input Dialog】，於 Value entered 輸入欄中使用快捷鍵 Ctrl+M，建立一個名為 *Out_Message* 的參數；因為這個參數是要送出去給另一個流程使用，故前往畫面下方的 Arguments 面板中，將 Direction 改為 Out，然後按下儲存，此時的 Studio 畫面如圖 5-13。

069

圖 5-13

Step 3： 回到 ArgumentsMain 頁面，使用【Invoke Workflow File】，點選資料夾選擇 ArgumentsSub 檔案，接著單擊顯示為 0 的 <u>Import Arguments</u> 後彈出 Arguments 清單，清單中會自動帶出剛剛你在 ArgumentsSub 創建的參數。

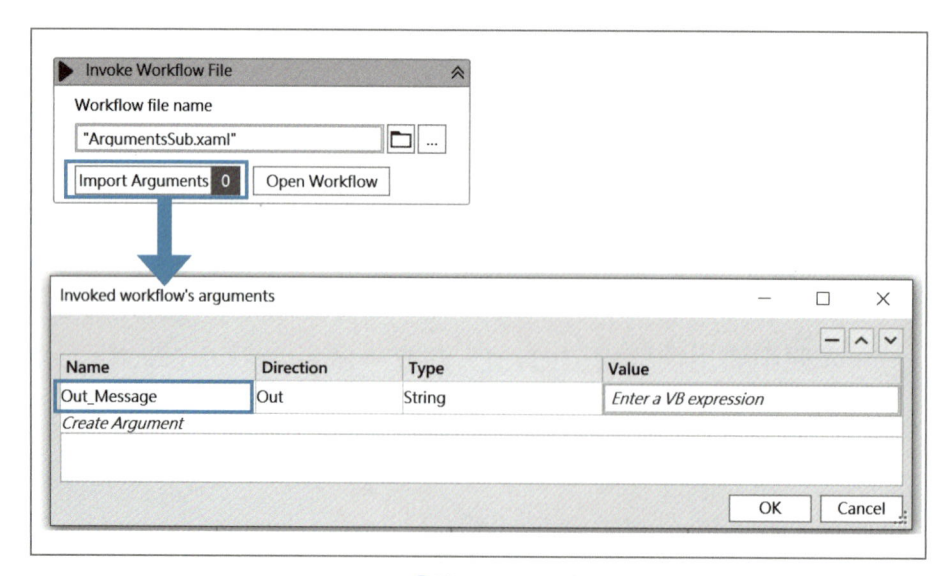

圖 5-14

> Arguments 的來源腳本需要儲存後才會被 Invoke 自動帶出。所以若你沒有出現畫面上的參數，請回到 ArgumentsSub 腳本中先執行儲存。

Step 4： 接著，我們需要將 Invoked workflow's arguments 中的參數放置到變數中供此條流程使用。

在 Value 下的輸入框中，Ctrl+K 建立一個名為 *Message* 的變數，按下 OK 回到主畫面，你會發現 Import Arguments 從 0 變為 1。

圖 5-15

Step 5： 使用【Message Box】，引用變數 *Message* 並在前面加上一小段文字，此時的 Studio 畫面如圖 5-16。

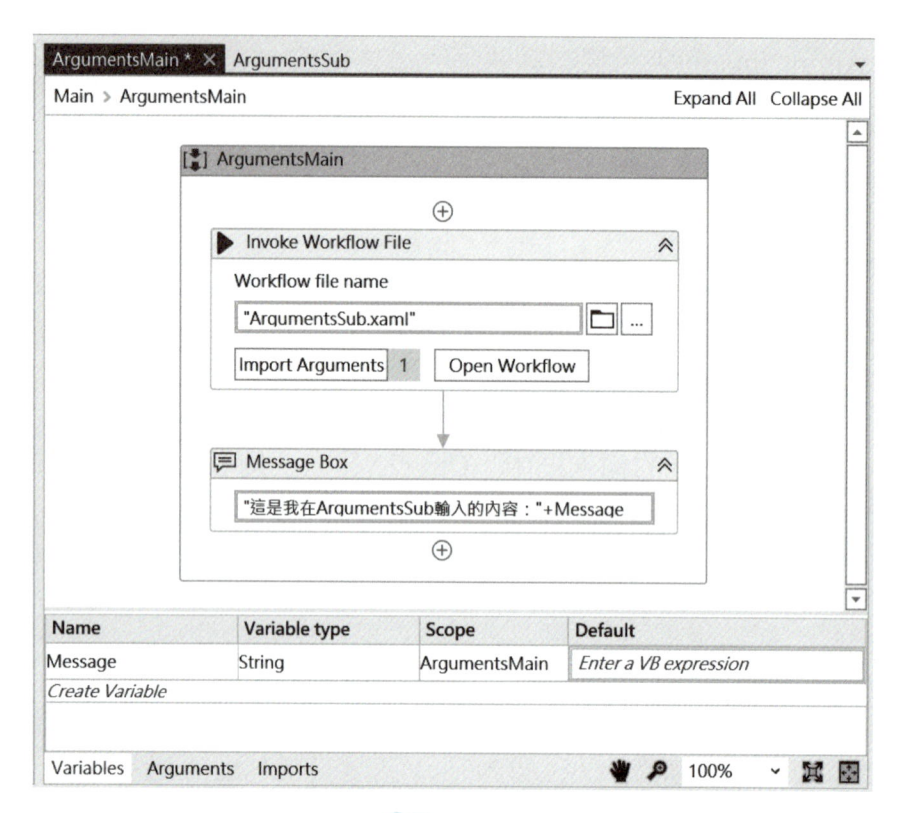

圖 5-16

Step 6：最後，按下 Run，螢幕上會先跳出設計於 ArgumentsSub 腳本中的【Input Dialog】讓你輸入內容；接著，將你輸入的內容儲存於參數中，藉由參數傳送到 ArgumentsMain，再轉存到變數 *Message* 中由 Message Box 取用。

變數與參數　Chapter 05

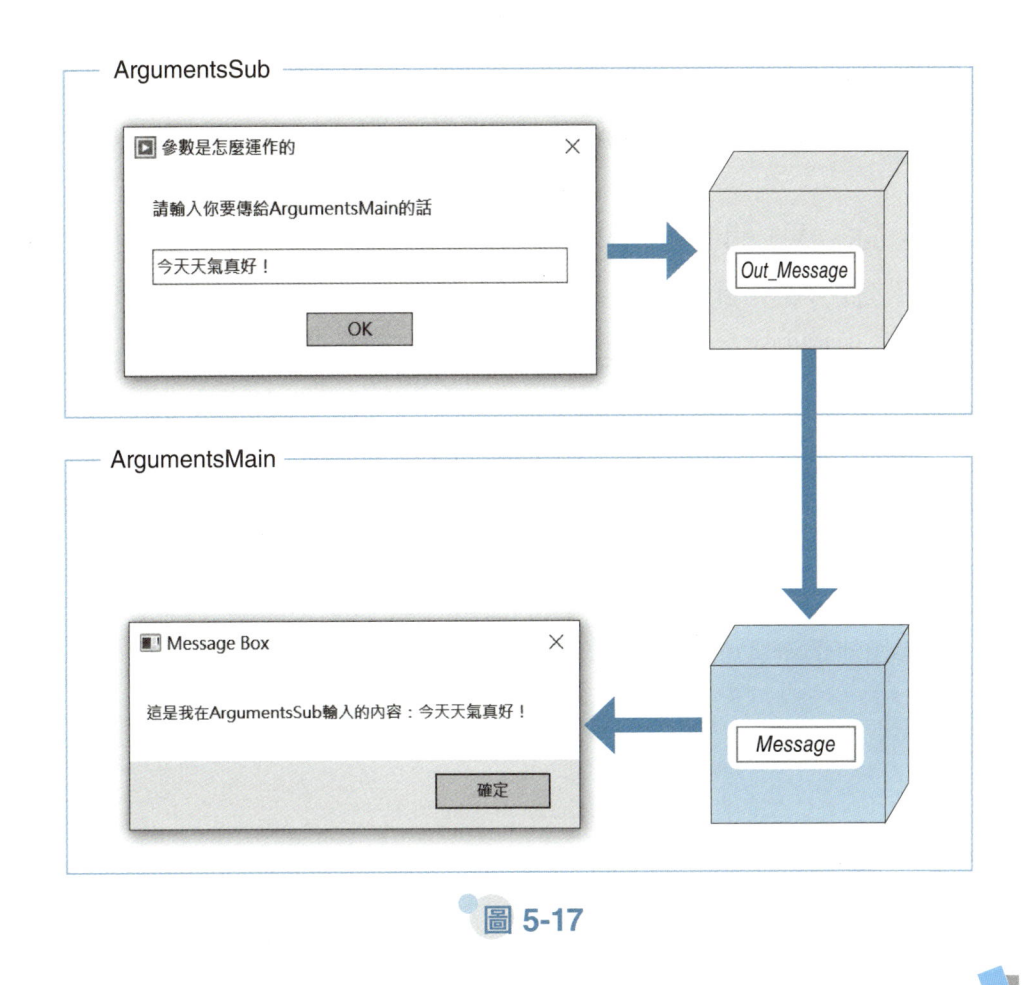

ArgumentsSub

參數是怎麼運作的

請輸入你要傳給ArgumentsMain的話

今天天氣真好！

OK

Out_Message

ArgumentsMain

Message Box

這是我在ArgumentsSub輸入的內容：今天天氣真好！

確定

Message

圖 5-17

5.2.2　如何創建、刪除和管理 Arguments

　　Arguments 的創建、刪除和管理方法皆與 Variables 相同，而它的快捷鍵是 Ctrl+M。

> 注意：不管用何種方式創建的參數，都會被默認為 String 類型，且方向是為 In（輸入），請再依據需求自行調整修改。

073

5.3 學會使用 Assign

在 Studio 中，開發者會大量地使用【Assign】，更多的說明我們會在下一個章節介紹，此時，你只需先知道它最主要的其中一個任務便是替變數賦值。舉個例子讓你快速理解什麼叫做替變數賦值。

案例 5-3　使用 Assign 替變數賦值

● 目的

了解如何透過 Assign 替變數賦值。

● 資源

無。

● Try and Do It

Step 1： 使用【Assign】，在 To 的輸入框按下 Ctrl+K 設置一個名為 A 的變數，然後於右邊的輸入框中賦值為 "Hello!"。

Step 2： 再使用【Assign】設置一個名為 B 的變數，賦值為 "Word!"。

Step 3： 設置第三個【Assign】，設置 C 變數，賦值的地方請將 A 變數和 B 變數用符號 + 結合起來。

Step 4： 最後，使用【Message Box】把 C 列印出來，會跳出 "Hello!Word!" 的結果，此時的 Studio 畫面如圖 5-18。

變數與參數　Chapter 05

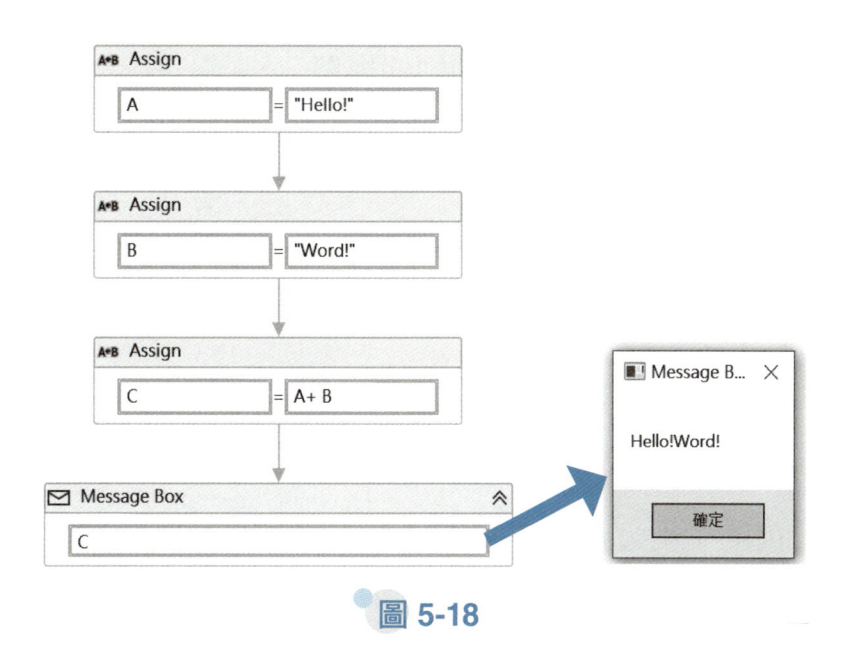

```
A=B Assign
   A        = "Hello!"

A=B Assign
   B        = "Word!"

A=B Assign
   C        = A+ B

✉ Message Box
   C
```

Message Box
Hello!Word!
確定

圖 5-18

5.4　常見的變數類型

　　理解變數的類型是為了讓你能夠正確地對資料進行操作，比如說，你不能使用文字類型的資料，去執行數字類型才能做的加減乘除；不同類型的資料，也可以對其進行特定的操作，例如，若是 Email 類型的資料，你可以從中進一步提取出信件的主旨、寄件人等資訊。

　　UiPath 是由微軟 .NET Framework 為基礎的，故其變數的類型多係根據 .Net 語法，下面將介紹較常見的變數類型。

5.4.1　Int32（整數）

　　在 VB.Net 中稱為 System.Int32，表示正負數的整數，範圍是 -2,147,483,648 至 2,147,483,647。

案例 5-4　運用 Int32 類型的變數

● 目的

透過一個計算年紀的小流程，讓你更加了解 Int32 類型的變數運用。

● 資源

無。

● Try and Do It

Step 1： 創建一個 Sequence。

Step 2： 在 Variables 面板中，分別設置 *BirthYear* 和 *Age* 這兩個 Int32 類型的變數。

Name	Variable type	Scope	Default
BirthYear	Int32	Sequence	Enter a VB expression
Age	Int32	Sequence	Enter a VB expression
Create Variable			

圖 5-19

Step 3： 使用【Input Dialog】，輸入主標題和次標題後，於 Value entered 使用 *BirthYear* 變數。

Step 4： 使用【Assign】，在 To 輸入框中引用 *Age* 變數，然後在 Value 輸入框中寫入 2022- *BirthYear*（BirthYear 是變數喔！）你可以將這個步驟的意思理解為，我們使用 Assign 賦值 2022 年減去使用者輸入的生日年份為 *Age* 變數。

Step 5： 最後，使用【Message Box】將 *Age* 變數列印出來查看計算結果是否正確吧！此時的 Studio 畫面顯示如下。

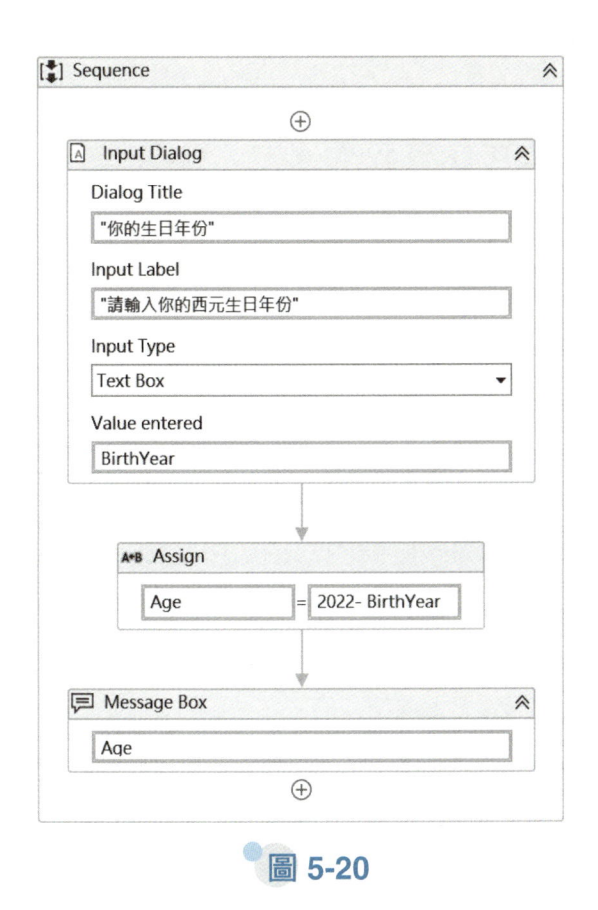

圖 5-20

5.4.2 Double

在 VB.Net 中稱為 System.Double，表示帶小數點的整數，範圍可達 15 位數。

5.4.3 String（字串）

在 VB.Net 中稱為 System.String，表示文字，可以是一個字或是一句話。在 UiPath 中，所有的字符串值必須放在雙引號中，例如："你好"、"哈囉!! "、"How are you? "。

5.4.4　DateTime（日期與時間）

在 VB.Net 中稱為 System.DateTime，為日期時間，表達某一個時間點。其中 DateTime 數值型別代表日期和時間，其值範圍從 0001/01/01 12:00:00AM~9999/12/31 11:59:59PM。

有時，我們會將 DataTime 類型的資料轉用 String（字符串）來表達，比如你獲取今天日期後，會想要加在某個檔案名稱最後面，而這時就需要將 DataTime 轉換成用 String（字串）來表示。

> 因此，你可能會時常使用這個語法：DateTime.ToString("yyyy.MM.dd ")，括號內的語法可依照你的需求調整，例如 yyyy/MM/dd 或是 yyyy-MM-dd。更多的表達方法，請前往 Microsoft Docs 的文件中查詢（你可以直接在 Google 輸入標準日期和時間格式字串，進入到 Microsoft 的文件中）。

DateTime 變數也可支持一系列的特定處理計算方法，像是減去天數、計算與今天相比的剩餘時間等，更多的使用方式，亦可上網參照 Microsoft Docs 的相關文件。

案例 5-5　DateTime 與 String 的轉換

● 目的

了解 DateTime 類型的變數與 String 之間的轉換方式。

● 資源

無。

Try and Do It

Step 1： 使用【Assign】，利用 Ctrl+K 設置名為 *Today* 的變數，賦值 now 語法在右邊輸入欄中；now 語法會自動幫你抓取流程執行當下的電腦時間，呈現形式為 dd/MM/yyyy hh:mm:ss。

Step 2： 使用【Message Box】，印出 *Today* 變數，此時的 Studio 畫面會如圖 5-21，按下 Run，Message Box 跳出形式為 dd/MM/yyyy hh:mm:ss 的執行時間。

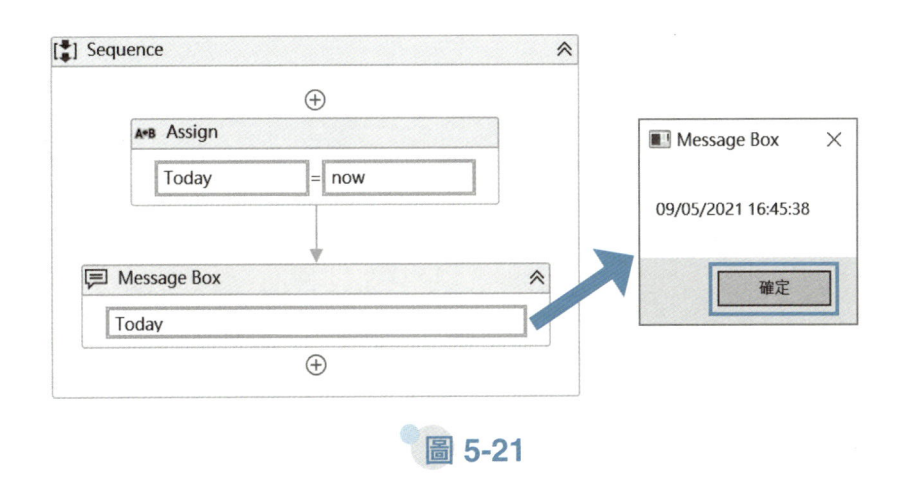

圖 5-21

Step 3： 最後，我們想要轉換時間表達方式為 yyyy/MM/dd，該怎麼處理呢？到【Message Box】的 *Today* 變數後加上 .ToString("yyyy/MM/dd") 再運行一次看看吧！

圖 5-22

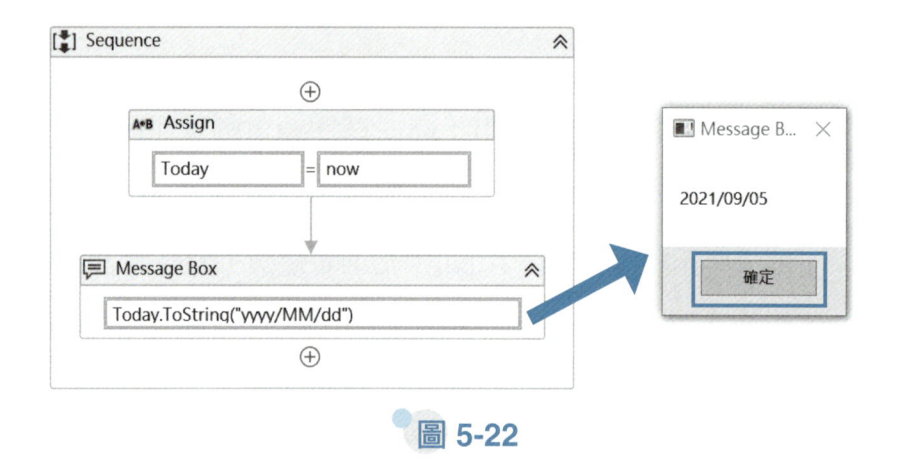

5.4.5　TimeSpan（時間間隔）

在 VB.Net 中稱為 System.TimeSpan，表示時間區間，像是時間間隔或經過時間，可以用特定的天數、時數、分鐘數、秒數和毫秒數表示。而 TimeSpan 用來作為時間區間的最大單位是一天，因為較大時間單位（例如月份和年份）的天數會有所不同。

5.4.6　Boolean（布林值）

在 VB.Net 中稱為 System.Boolean，Boolean 只有兩種值，True 或 False，沒錯，也就是 Yes 或 No。

5.4.7　Array（陣列）

在 VB.Net 中稱為 System.ArrayOf<T> 或 System.DataType[]，代表陣列，用於儲存相同數據類型的多個值。Array 的大小（「大小」的意思是裡面存放的東西數量）會於創建時定義，並使用 *Array*().ToString 的語法取出值。賦值 Array 時，會使用大括號 {} 將值包覆住，若其中放的值類型是 String，也會需要對其使用雙引號。

案例 5-6　運用 Array 類型的變數

● 目的

了解 Array 是什麼。分別從姓名與年紀的兩組 Array 中取出值，組合後用 Message Box 印出。

● 資源

無。

● Try and Do It

Step 1： 使用【Assign】，設置一個名為 *NameArray* 的變數，類型為 System. String[]，賦值輸入 {"小明","小美","老王"}。

Step 2： 再使用【Assign】，設置一個名為 *AgeArray* 的變數，因為年齡是整數，故類型為 System. Int32[]，賦值輸入 {20, 30, 60}，此時的 Studio 畫面如圖 5-23。

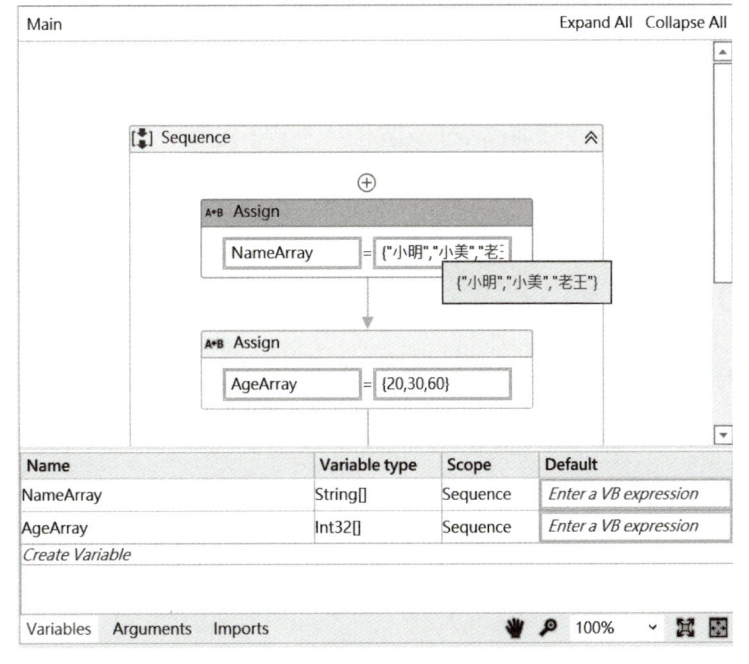

圖 5-23

Step 3： 使用【Message Box】，我們使用取出 Array 值的語法，分別取得兩組 Array 的第一個值，並夾雜一些文字敘述，呈現結果會是「小明的年齡是 20 歲。」

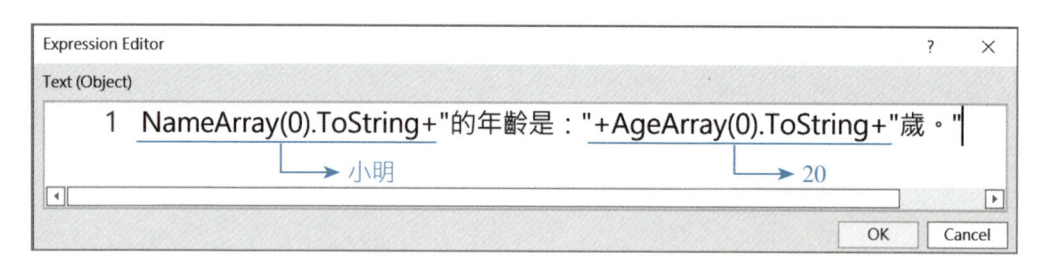

圖 5-24

Step 4： 最後，試試看將兩組 Array 取值的索引由 0 改成 1，結果則會變為「小美的年齡是 30 歲。」有發現嗎？陣列索引是從 0 開始起算喔！

5.4.8 List

在 VB.Net 中稱為 System.Collections.Generic.List<T>，List 與 Array 類似，用於儲存相同數據類型的多個值。但與 Array 不同的是，List 的大小可以動態變化，更多的用法我們將在後面的章節說明。

5.4.9 Dictionary

在 VB.Net 中稱為 System.Collections.Generic.Dictionary<TKey, TValue>。Dictionary 是使用 (key, value) 的方式儲存，其中 key 和 value 可以各自使用不同的數據類型，更多的用法我們將在後面的章節說明。

5.4.10 GenericValue

這是 UiPath 的專有變數類型，可用於儲存任何類型的數據，包括上面剛剛提到的字串、數字、日期和 Collection 等。這種變數主要用於我們不確定將接收哪些類型的數據的活動時，但一般來說，這種類型僅作臨時用途，最好還是定義清楚你的變數類型。

5.5 搜尋其他的變數類型

上方舉出的數據類型是較常見的，但這只是冰山一角。若在特定的情況下，你需要使用其他型態的變數，你可從變數面板中叫出所有類型的選單。查詢 System. 或 System.Collections. 這兩種關鍵字，可以找到經常使用的變數類型。

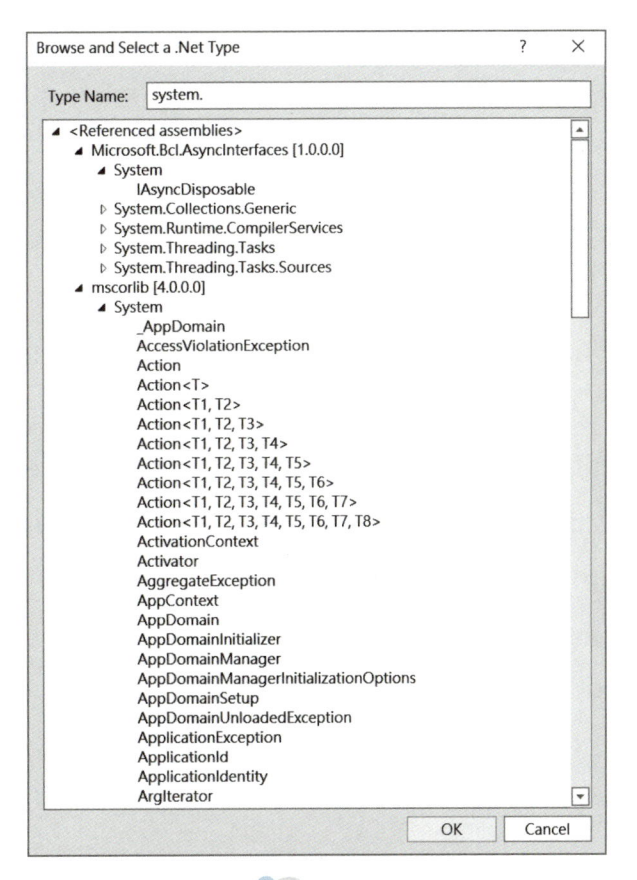

圖 5-25

習題

Q1 You are saving the input from users to a variable of String type in Main.xaml. The user info is stored in an Excel spreadsheet by a Write Range activity added in WriteData.xaml. WriteData.xaml is invoked in Main.xaml.

A. In

B. In/Out

C. Out

Q2 What is the correct way to concatenate a string variable (Username) with a string (" is online")?

A. "Username" + " is online"

B. Username + " is online"

C. Username + is online

Q3 How can you create a new variable in UiPath Studio?

(1) Select the Create new Variable option in the Variables panel.

(2) Press Ctrl+K in an input field that requires a variable in the Properties panel.

(3) Press Ctrl+Shift+K in an activity input field that requires a variable.

(4) Press Ctrl+K in an activity input field that requires a variable.

(5) Press Ctrl+Shift+K in an input field that requires a variable in the Properties panel.

A. (1)(2)(4)

B. (1)(3)(5)

C. (2)(4)

Q4
Fill in the following sentence:
" ... are used to pass data from one workflow file to another in UiPath Studio."

A. Both Variables and Arguments

B. Only Variables

C. Only Arguments

Q5
When running a job, will all the automation ".xaml" files included in the project be executed?

A. No, only workflows containing arguments will be executed.

B. Yes, because data is passed between workflows using arguments.

C. Yes, because we can test and run any workflow separately.

D. No, only files linked to the Main.xaml through the Invoke Workflow File activity will be executed.

Q6
We want to send a current date value outside of an invoked workflow. What is a good name for the argument?

A. CurrentDate

B. io_CurrentDate

C. out_CurrentDate

D. in_CurrentDate

答案：B　B　A　C　D　C

Chapter 06
數據操作與基礎語法

在上一個章節，我們學習了許多變數類型，不同類型的變數除了使我們能把資料進行正確的分類外，在 VB 的語言架構下，各類型的變數也會有不同的操作語法可以使用。而我們為什麼需要操作這些變數呢？這就好比我們使用 Excel 中的各種公式，協助我們對特定的資料進行運算、調整、編輯或格式化等處理，使數據在你設計的自動化流程中發揮更多的應用與管理。

6.1　String 的操作方法

　　String 的操作語法是使用 VB 字符串的相關函式。在這裡，我們將列舉一些最常用的語法，必然會在設計時的某個環節用上，而相關的操作語法有百百種，類似的功能也可能有一種以上的不同語法，你不可能全部背下來，所以當需要某種用法或功能時，請前往 microsoft.com 上 .Net 的文件中心查詢，或是你也可以直接用 Google 大神來搜尋。

　　下面是常見與 String 相關的操作方法，請你開啟一個空白的 FlowChart，每一個方法都使用一個 Sequence，我們將藉由【Assign】來操作各種語法，並使用【Write Line】將結果列印到 Output 面板中方便查看。

以下各方法的案例範本，請前往東華書局官方網站 (https://www.tunghua.com.tw/)，本書頁面的資源下載處，下載「章節 6.1 String 的操作方法範例」。

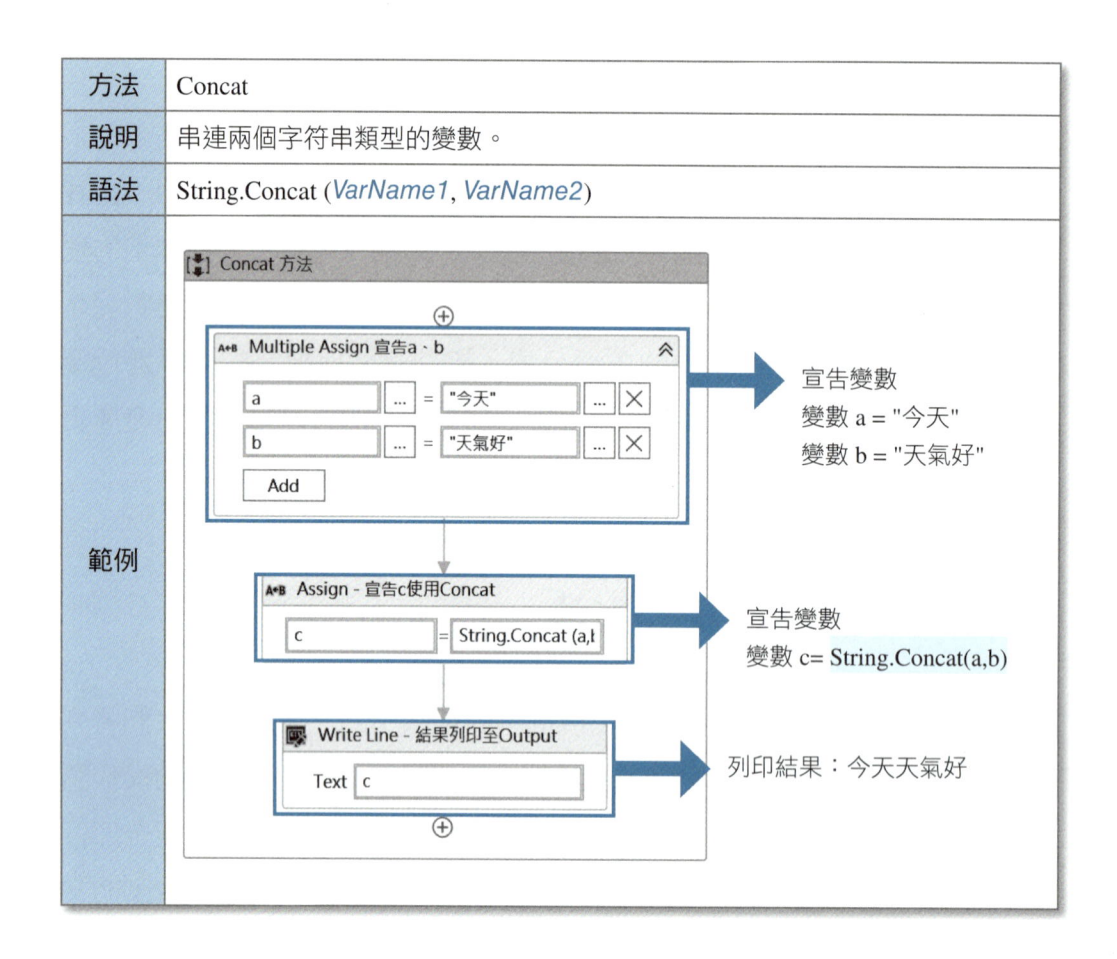

方法	Concat
說明	串連兩個字符串類型的變數。
語法	String.Concat (*VarName1*, *VarName2*)
範例	![Concat 方法範例圖] **Multiple Assign 宣告 a、b** a = "今天" b = "天氣好" → 宣告變數 變數 a = "今天" 變數 b = "天氣好" **Assign - 宣告 c 使用 Concat** c = String.Concat(a,b) → 宣告變數 變數 c= String.Concat(a,b) **Write Line - 結果列印至 Output** Text: c → 列印結果：今天天氣好

方法	Contains
說明	檢查字符串中是否有指定的字串？回傳的結果會是 True 或 False。
語法	VarName.Contains ("text")
範例	[Contains 方法流程圖] Assign - 宣告a：a = "今天天氣真好" → 宣告變數 a = "今天天氣真好" Write Line - 是否包含今天：Text a.Contains("今天").ToString → 變數 a 是否包含（"今天"）？a.Contains("今天").ToString 結果為 True Write Line - 是否包含昨天：Text a.Contains("昨天").ToString → 變數 a 是否包含（"昨天"）？a.Contains("昨天").ToString 結果為 False

> 這裡使用了語法：.ToString 是因為 Contains 回傳的結果是 Boolean 類型的值，但【Write Line】只能列印出 String 類型的 Output，故我們透過 .ToString 將 True 或 False 轉成字符串。

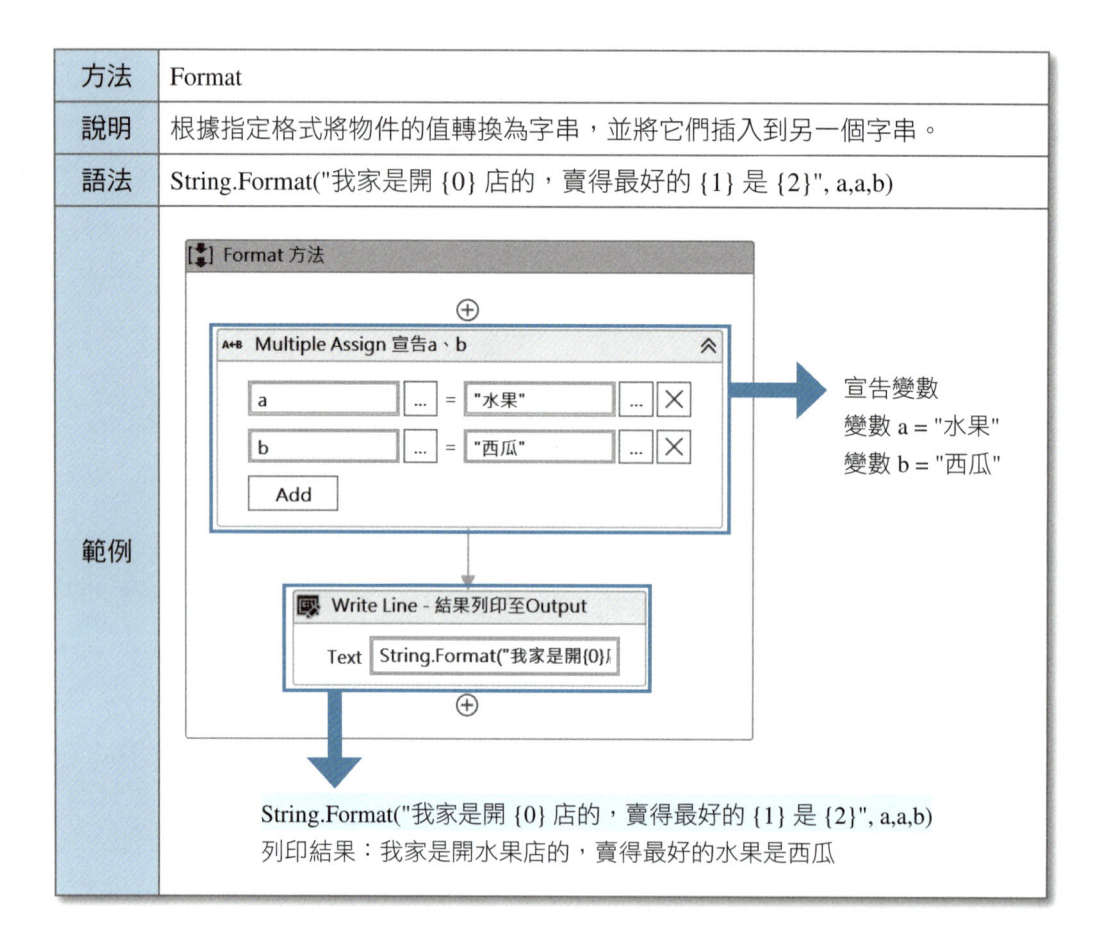

方法	Format
說明	根據指定格式將物件的值轉換為字串,並將它們插入到另一個字串。
語法	String.Format("我家是開 {0} 店的,賣得最好的 {1} 是 {2}", a,a,b)
範例	*Format 方法流程圖* 宣告變數 變數 a = "水果" 變數 b = "西瓜" String.Format("我家是開 {0} 店的,賣得最好的 {1} 是 {2}", a,a,b) 列印結果:我家是開水果店的,賣得最好的水果是西瓜

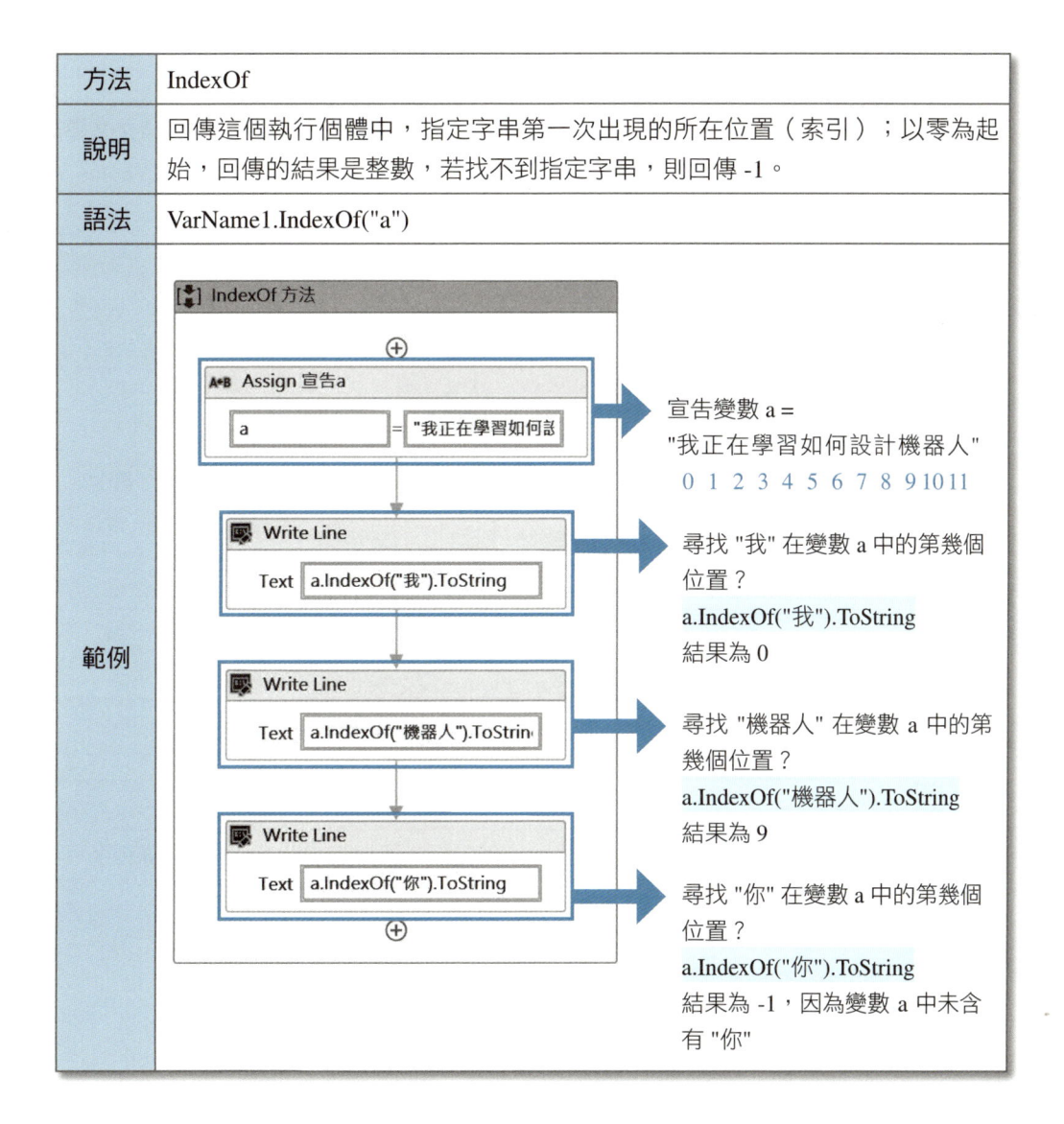

數據操作與基礎語法　Chapter 06

方法	IndexOf
說明	回傳這個執行個體中,指定字串第一次出現的所在位置(索引);以零為起始,回傳的結果是整數,若找不到指定字串,則回傳 -1。
語法	VarName1.IndexOf("a")
範例	[IndexOf 方法] Assign 宣告a a = "我正在學習如何設計機器人" → 宣告變數 a = 　"我正在學習如何設計機器人" 　0 1 2 3 4 5 6 7 8 9 10 11 Write Line Text a.IndexOf("我").ToString → 尋找 "我" 在變數 a 中的第幾個位置? 　a.IndexOf("我").ToString 　結果為 0 Write Line Text a.IndexOf("機器人").ToString → 尋找 "機器人" 在變數 a 中的第幾個位置? 　a.IndexOf("機器人").ToString 　結果為 9 Write Line Text a.IndexOf("你").ToString → 尋找 "你" 在變數 a 中的第幾個位置? 　a.IndexOf("你").ToString 　結果為 -1,因為變數 a 中未含有 "你"

091

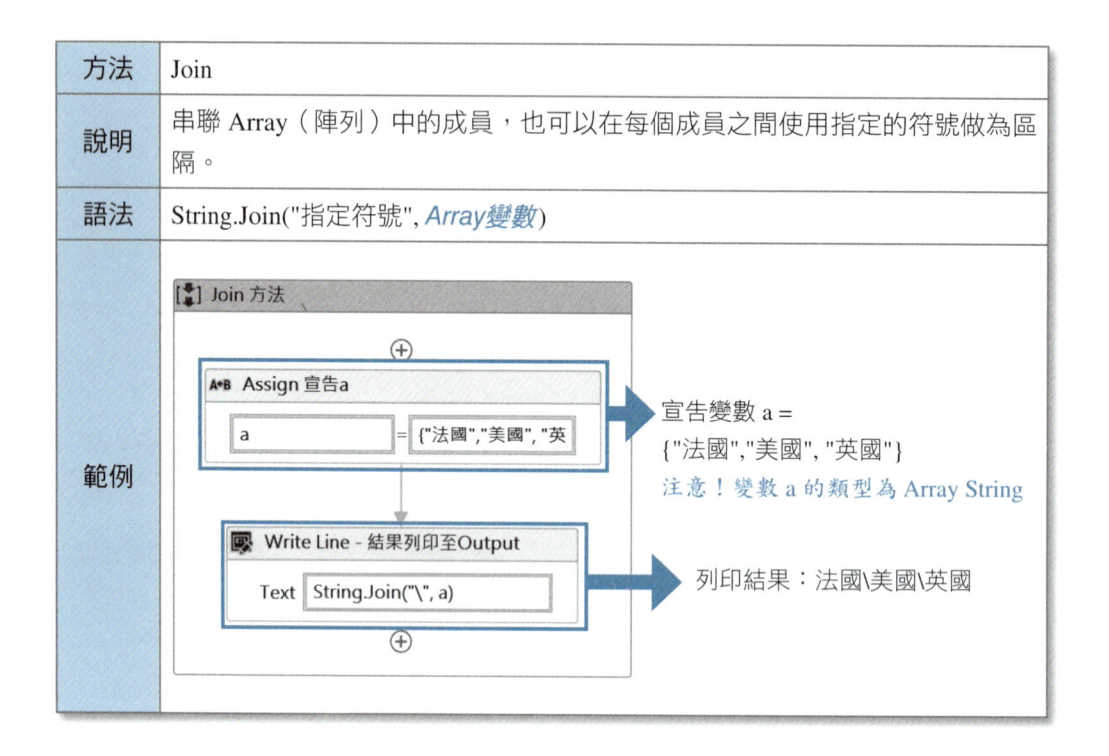

方法	Join
說明	串聯 Array（陣列）中的成員，也可以在每個成員之間使用指定的符號做為區隔。
語法	String.Join("指定符號", *Array變數*)
範例	[Join 方法] Assign 宣告a a = {"法國","美國","英"} → 宣告變數 a = {"法國","美國", "英國"} 注意！變數 a 的類型為 Array String Write Line - 結果列印至Output Text String.Join("\", a) → 列印結果：法國\美國\英國

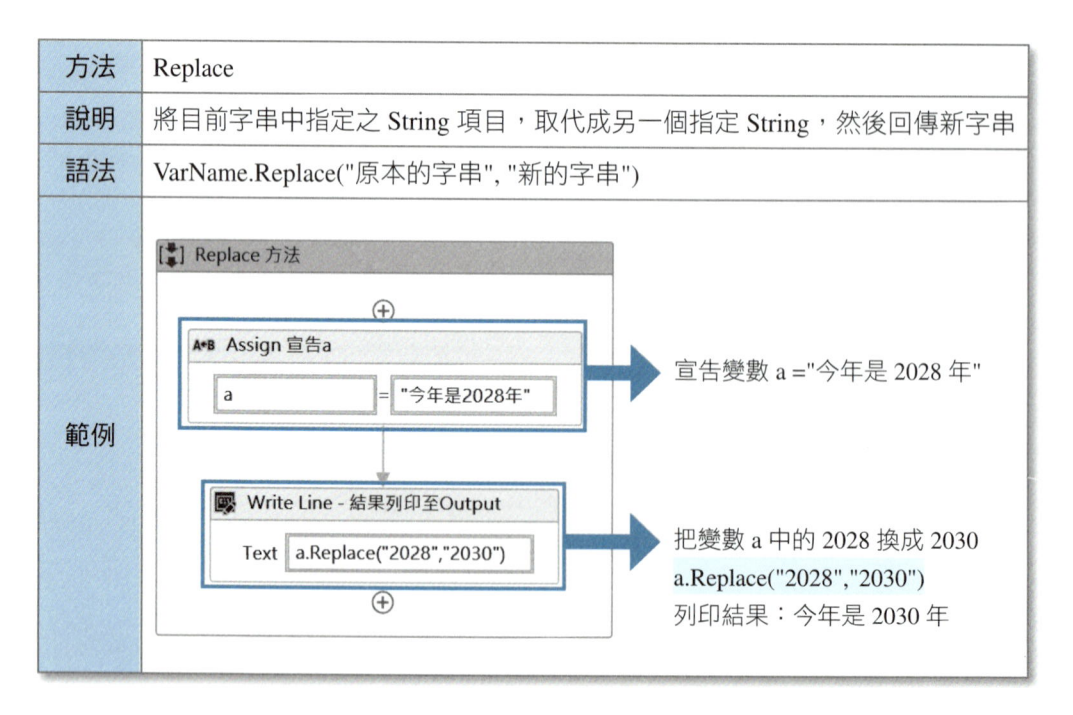

方法	Replace
說明	將目前字串中指定之 String 項目，取代成另一個指定 String，然後回傳新字串
語法	VarName.Replace("原本的字串", "新的字串")
範例	[Replace 方法] Assign 宣告a a = "今年是2028年" → 宣告變數 a ="今年是 2028 年" Write Line - 結果列印至Output Text a.Replace("2028","2030") → 把變數 a 中的 2028 換成 2030 a.Replace("2028","2030") 列印結果：今年是 2030 年

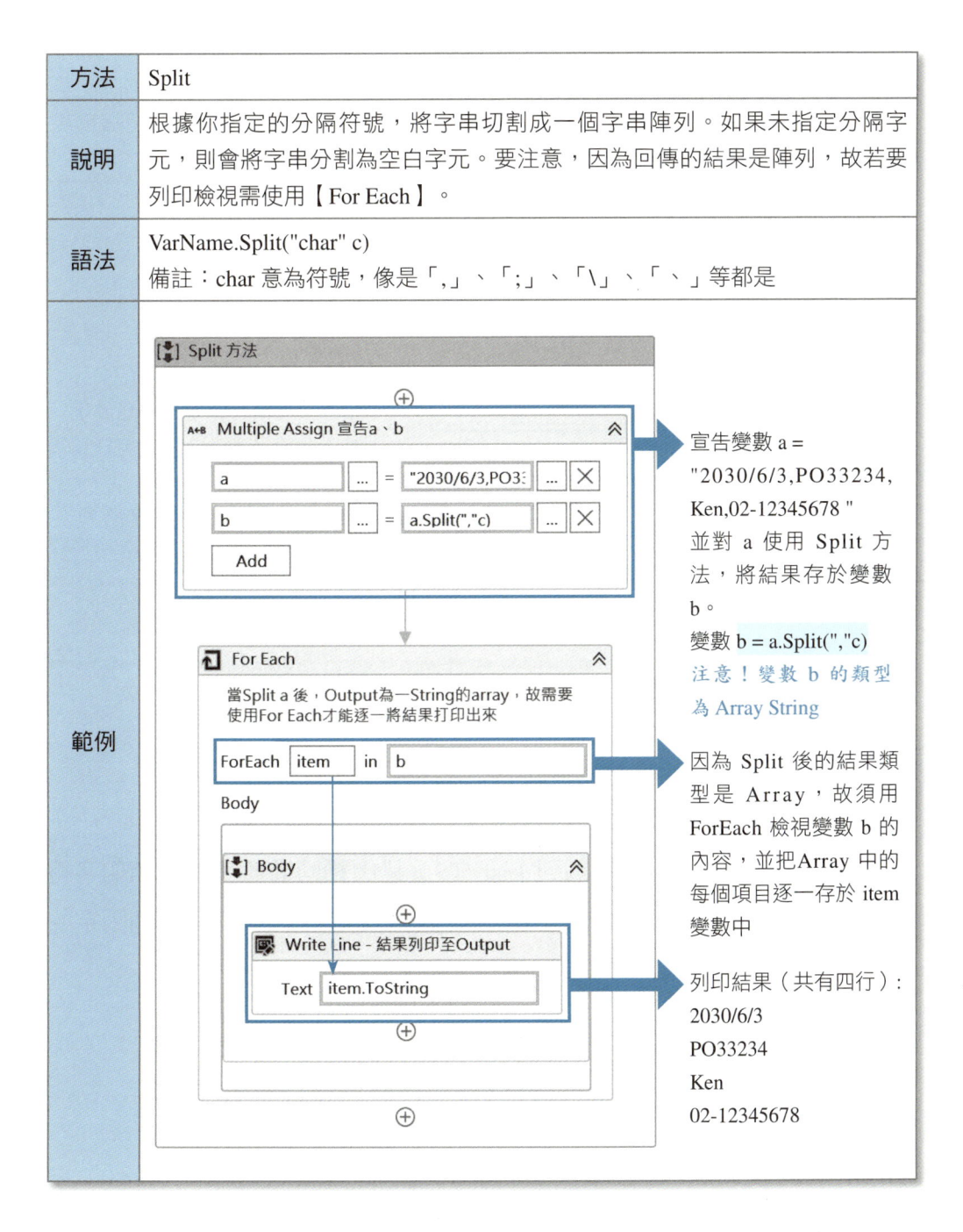

方法	Split
說明	根據你指定的分隔符號，將字串切割成一個字串陣列。如果未指定分隔字元，則會將字串分割為空白字元。要注意，因為回傳的結果是陣列，故若要列印檢視需使用【For Each】。
語法	VarName.Split("char" c) 備註：char 意為符號，像是「,」、「;」、「\」、「、」等都是
範例	（流程圖說明如下）

範例流程說明：

Multiple Assign 宣告 a、b
- a = "2030/6/3,PO3..."
- b = a.Split(",""c)

→ 宣告變數 a = "2030/6/3,PO33234,Ken,02-12345678" 並對 a 使用 Split 方法，將結果存於變數 b。

變數 b = a.Split(",""c)
注意！變數 b 的類型為 Array String

For Each
當 Split a 後，Output 為一 String 的 array，故需要使用 For Each 才能逐一將結果打印出來

ForEach item in b

→ 因為 Split 後的結果類型是 Array，故須用 ForEach 檢視變數 b 的內容，並把 Array 中的每個項目逐一存於 item 變數中

Body
Write Line - 結果列印至 Output
Text: item.ToString

→ 列印結果（共有四行）：
2030/6/3
PO33234
Ken
02-12345678

【For Each】是 UiPath 的控制語法，我們在下一章節會做更詳細的介紹。

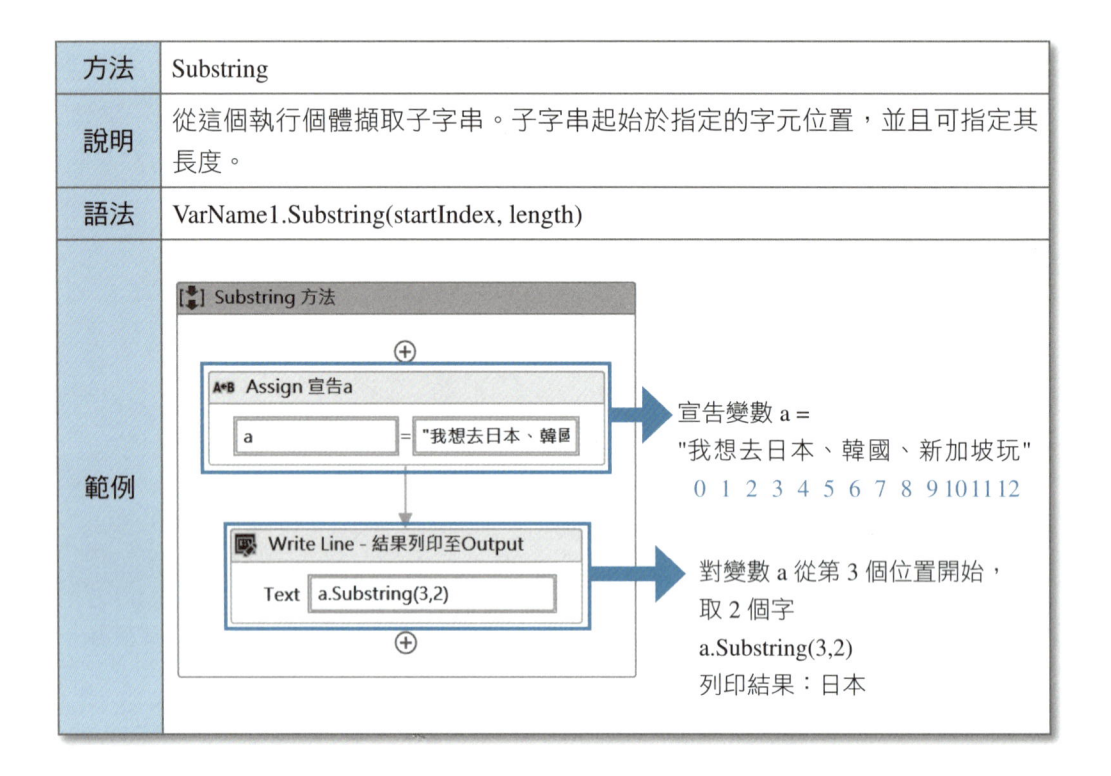

方法	Substring
說明	從這個執行個體擷取子字串。子字串起始於指定的字元位置,並且可指定其長度。
語法	VarName1.Substring(startIndex, length)
範例	Substring 方法 Assign 宣告a a = "我想去日本、韓區" Write Line - 結果列印至Output Text a.Substring(3,2) → 宣告變數 a = "我想去日本、韓國、新加坡玩" 　0 1 2 3 4 5 6 7 8 9 10 11 12 → 對變數 a 從第 3 個位置開始, 取 2 個字 a.Substring(3,2) 列印結果:日本

6.2　List 的操作方法

　　List(你在 UiPath 中會看到 List<T>)是由相同數據類型(例如字符串或整數)的物件所組成的數據結構。每個物件在列表中都有一個固定的位置,因此可以通過索引 (Index) 進行查找。

List 跟 Array 的差異在於:

　　Array 的大小是固定的,在一開始便決定大小,當有需要增減時,必須建立新容量的 Array,然後把舊的 Array 放到新的 Array 裡面後,再刪除舊的 Array。但是,List 可以讓我們自由的增添、插入或刪除 List 中的 items,操控更加方便。

List 可使用的操作方法有：

- 增加和刪除項目

- 搜索元素

- Loop（並針對每個項目執行特定的操作）

- 排序物件

- 提取 List 中的項目並把它轉換為其他數據類型。

使用 List 時，首要步驟是須先對其做初始化 (Initialization) 設定，使用語法new List(of String)，你可以在變數面板中的 Default 欄位輸入這個語法，或是透過【Assign】賦值。

我們將透過下面的例子對 List 做進一步了解。

案例 6-1　List 的運用

● 目的

學習操作 List 並理解其實際的運用方式。我們將在一個已存有內容為 "蓮霧" 的 List 中，透過 Activitiy【Add To Collection】對其增加三種不同的水果名稱，最後結果將會列印出四種不同名稱的水果。

● 資源

無。

● Try and Do It

Step 1： 創建一個Sequence，在變數面板建立一個名為 *List* 的變數，找尋並選取類型 System.Collections.Generic.List<T>，並選擇 String 作為此 List 所存放內容的類型；再於 Default 欄位中輸入語法 new List(of String) 作為初始化設定，但這邊要做一點小小的變化，

我們預先在這個 List 中放入一個水果名 "蓮霧"，所以需要調整一下 Default（初始值），填入 new List(of String)({"蓮霧"})，請特別注意要使用半形的大括號。

圖 6-1

Step 2： 使用三個【Add To Collection】，我們要在 List 中分別增加 "香蕉"、"蘋果"、"西瓜"；在 Misc→Collection 取用變數 List；Item 則輸入我們要增加進去的內容，並記得將 TypeArgument 改為 String。

圖 6-2

Step 3： List 的操作已完成，接著我們使用【For Each】搭配【Write Line】，將剛剛輸入的水果名稱列印出來查看。此時的 Studio 畫面如圖 6-3。

圖 6-3

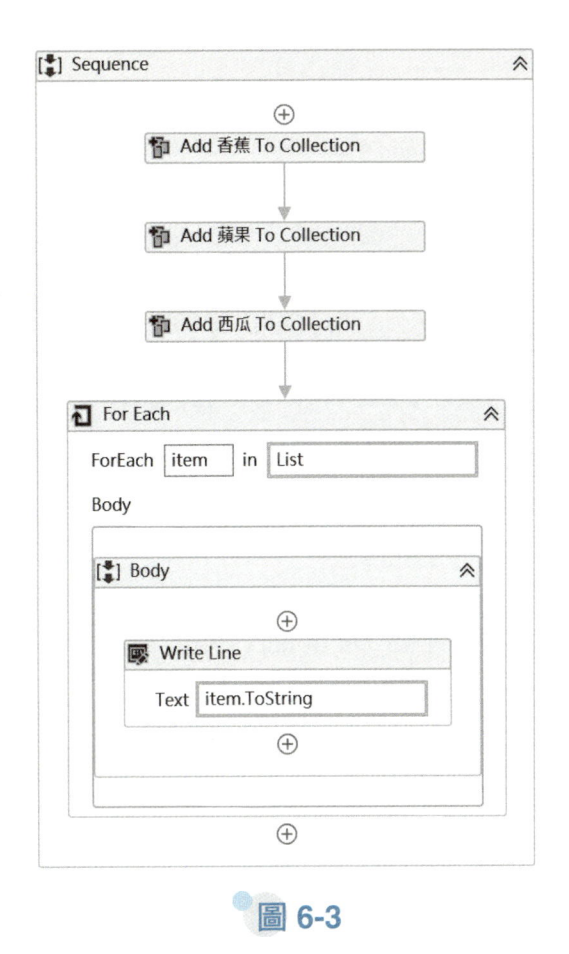

6.3 Dictionary 的操作方法

　　Dictionary（你在 UiPath 中會看到 <TKey, TValue>）是 (Key, Value) 的集合，其中 Key 是唯一值。若用手機中的通訊簿來比喻，其中每個聯絡人都有相應的資訊，例如電話號碼和電子郵件。

　　使用 Dictionary 時，須先宣告 Key 和 Value 的類型，而 Dictionary 是可以支持任何變數類型的（甚至是 Dictionary 本身）。

Dictionary 可使用的操作方法有：

- 添加和刪除 (Key, Value)

- 檢索與 Key 相關聯的值

- 將新值重新分配給現有的 Key

在新創一個 Dictionary 時，與 List 一樣須先對其做初始化 (Initialization) 設定。使用語法 New Dictionary(of String, String)，若你的 Key 和 Value 類型並非都是 String，記得修改為你想要的類型。別忘了，你除了可以在變數面板中的 Default 欄位輸入這個語法，也可以透過【Assign】賦值。

我們將透過下面的例子對 Dictionary 做進一步了解。

案例 6-2　Dictionary 的運用

目的

學會操作 Dictionary，並理解其實際的運用方式。我們將使用 Dictionary 把 linkedin 和 amazon 作為 Key 值，兩個網站的網址當作 Value，使用【Open Browser】進入 Key 值所對應的網址，再設計透過對話框所輸入的值，自由選取進入不同的網站。

資源

無。

Try and Do It

Step 1： 使用【Assign】，利用 Ctrl+K 建立一個名為 *DictionaryWeb* 的變數，選擇其類型為 system.Collections.Generic.Dictionary，並將 Key 和 Value 的類型都設定為 String。

數據操作與基礎語法　Chapter 06

Step 2： 使用兩個【Assign】，我們將分別以 "linkedin" 和 "amazon" 作為 Key，Value 則分別為各自網站的 URL，設置內容如圖 6-4 所示。

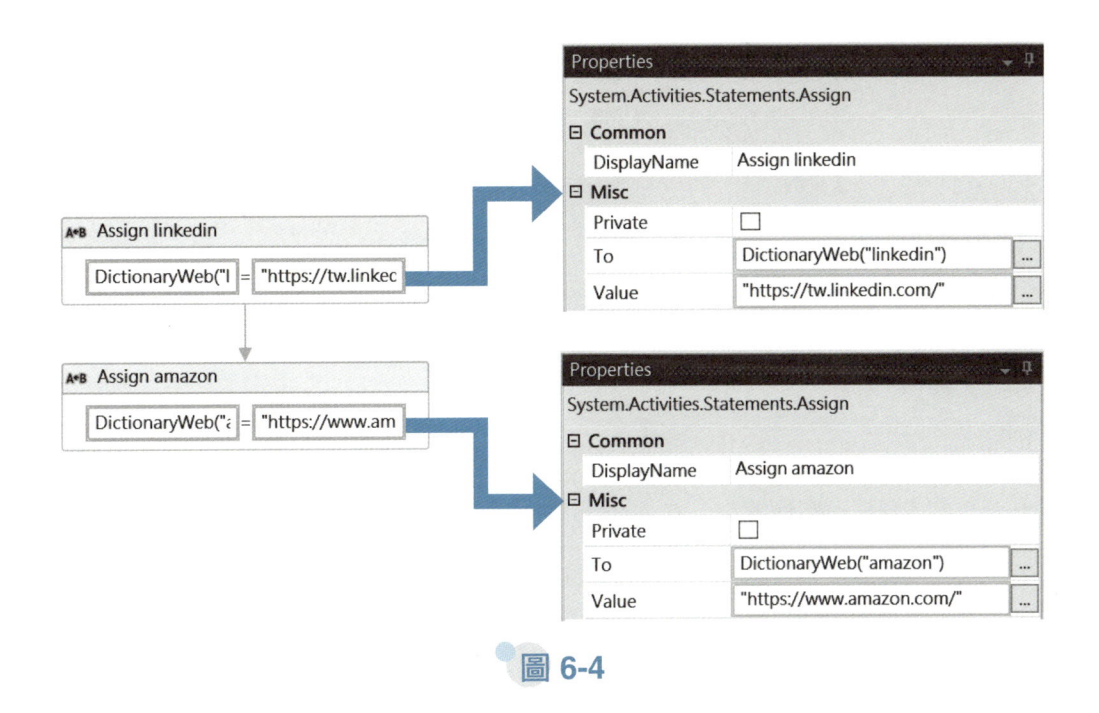

圖 6-4

Step 3： 使用【Open Browser】，我們先以進入 LinkedIn 網站為例。在 Input→Url 寫入剛剛設置的 DictionaryWeb("linkedin")，按下運行，你應該要成功進入 LinkedIn 網站中。

Step 4： 接著，我們來增加一點彈性！增加一個【Input Dialog】在腳本的最上方，我們用選擇題的方式讓使用者輸入值，在 Input→Options 使用 Array 的寫法：{"linkedin", "amazon"}，再設置 Output→Result 為變數 *Out_Website*，此時【Input Dialog】屬性面板內容應如圖 6-5。

099

▓ 圖 6-5

Step 5：最後，把變數 *Out_Website* 換至【Open Browser】的 Url 中，
改寫為 DictionaryWeb(Out_Website)，如圖 6-6 所示。現在你可
以透過輸入框的選項，彈性進入不同的網站中了！

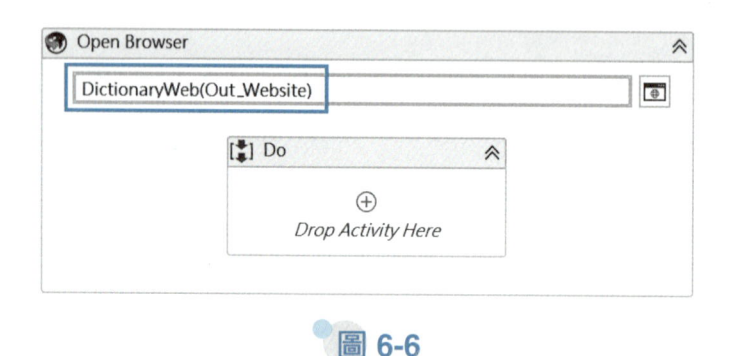

▓ 圖 6-6

更多的 Dictionary 操作，你可以到 Manage Packages，選擇 All Packages 下載 Microsoft.Activities.Extensions by Microsoft，其提供的模組功能（如圖 6-7）可以協助你更加方便的對這種類型的變數進行設計。

圖 6-7

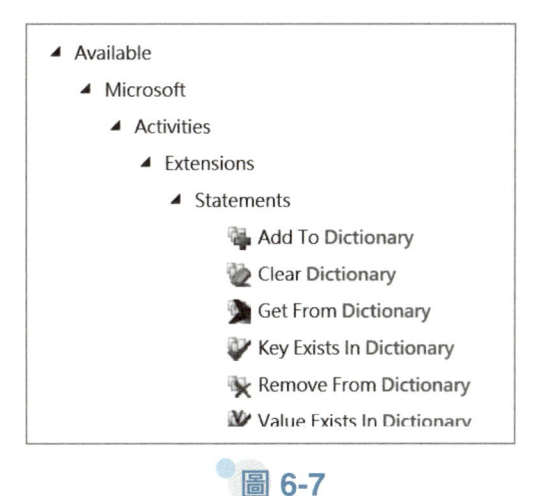

6.4　RegEx Builder 的操作方法

　　Regular Expression（正則表達式）是一種特定的搜尋、查找模式，透過廣泛模式的比對標記法，讓你可以快速剖析大量文字資料，像是尋找特定的單字或詞彙，或是驗證具有特定意義的資料，確保它符合定義的模式（例如手機號碼要有 10 碼、電子信箱要有小老鼠符號）。

　　對於設計自動化流程而言，Regular Expression 是非常實用的一種方法，雖然設計起來帶有點挑戰，但我們還是需要理解它的用途與基本使用方式。

　　我們透過幾個使用情境來了解 RegEx 的使用時機：

1. 提取以特定數字開頭的電話號碼。

2. 沒有遵循特定的模式，但我們想從大量文字資訊中尋找所有提及地址的名稱，比如像是「區」、「路」或「街」等。

3. 找尋使用於資料中的所有 URL 內容。

　　UiPath Studio 提供的 Regular Expression 構建器，簡化了程式語法設計的步驟，藉由點選選單的方式，讓你快速使用 Regular Expression。

RegEx Builder 中提供三種主要功能，分別是 Matches、IsMatch 和 Replace，你可以在 Programming 的 String 下找到這三個 Activities。

▲ Available
  ▲ Programming
    ▲ String
      (.?) Is Match
      (.?) Matches
      (.?) Replace

圖 6-8

1. IsMatch

確認文字字串是否包含指定的字元或預先定義型態，輸出的結果是 Boolean 值。比如，我們想知道使用者輸入的電子郵件地址是否有效，如果輸入的內容不符合，便可以設計其他控制動作，來提示使用者更正其輸入內容。

2. Matches

在輸入的字符串中搜索所有出現的指定資料，並返回所有相符的項目，輸出結果是各種文字串。

3. Replace

用指定的字符串替換與正則表達式模式相符的輸入值，輸出的結果是被調整過後的輸入值，這跟你在 Word 或 Excel 使用取代的功能是同樣意思。

這三個 Activities 的 Regular Expression 構建器畫面都是同樣的，但你若將游標移至屬性面板中的 Misc→Result，你會發現其呈現的灰斜體字敘述並不相同。圖 6-9 為 Regular Expression 的介面介紹。

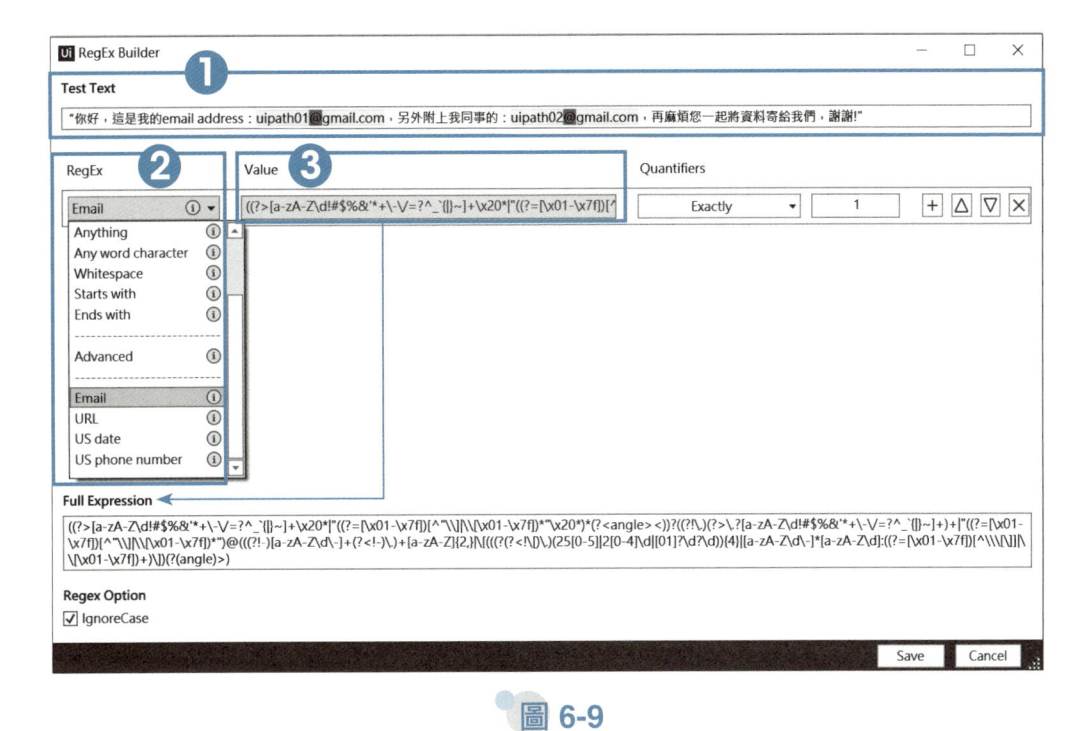

數據操作與基礎語法　Chapter 06

圖 6-9

❶ Test Text 是輸入需判讀的 Input 資料。

❷ RegEx 的下拉式選單提供一些常用的語法，圖中選取的是 Email。

❸ Value 即是 RegEx 的程式碼，其完整的表達式呈現在 Full Expression 中。

根據上圖這個例子，想想 Matches、IsMatch、Replace 分別的 Output 會是什麼？

案例 6-3　正規表達式的運用

● 目的

理解 Regular Expression 的運用方式，並了解不同條件的 Activity 會得到不同的結果。

103

● 資源

無。

● Try and Do It

Step 1： 使用【Assign】，利用 Ctrl+K 創建變數名稱 *msg*，並輸入一段帶有兩個 Email 的句子：「"你好，這是我的 email address：uipath01@gmail.com，另外附上我同事的：uipath02@gmail.com，再麻煩您一起將資料寄給我們，謝謝!"」。

Step 2： 使用三個【Sequence】，分別命名為 Matches、IsMatch、Replace，我們將切割三個區塊來設計三種不同的 Regular Expression 運用。

Step 3： 首先在 Matches Sequence 中，使用【Matches】，進入構建器畫面，如圖 6-9 所選，在 RegEx 下拉式選單中選取 Email，意思是希望找尋 Input 內容中有 Email 的資料。關閉構建器畫面，在屬性面板中 Input→Input 取用變數 *msg*，再至 Misc→Result 用 Ctrl+K 創建新變數名為 *Findings*，此時屬性面板設置如圖 6-10 所示。

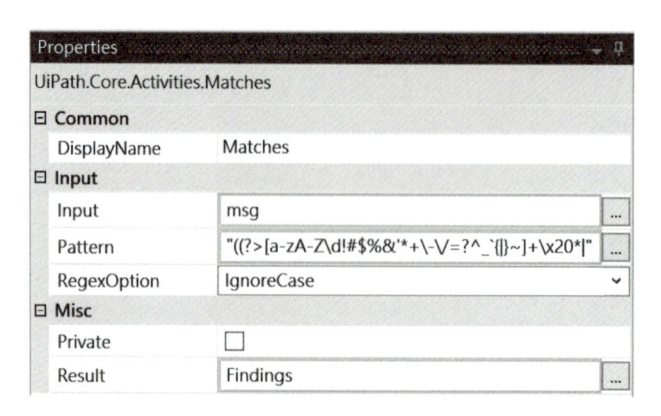

圖 6-10

Step 4： 同樣在 Matches Sequence 中，使用【For Each】，在屬性面板中 Misc→Value 取用變數 *Findings*；再使用【Log Message】，Log Level 選擇 Info、Message 則取用 For Each 所產生的 item，此時的 Stduio 畫面如圖 6-11 所示。

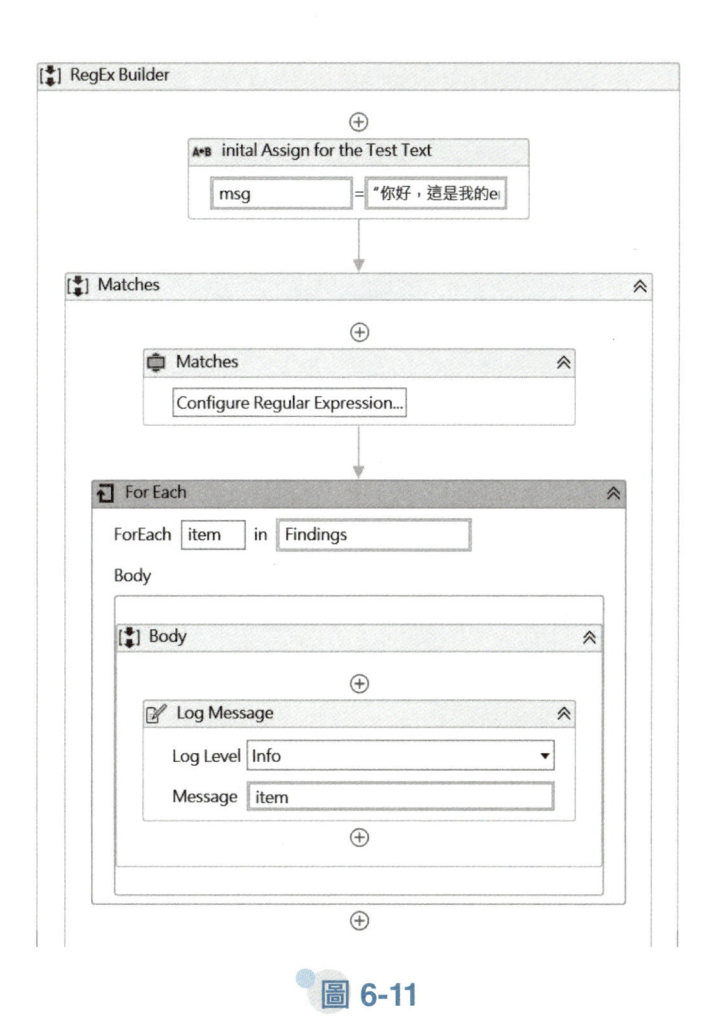

圖 6-11

Step 5： 接著在 IsMatch Sequence 中使用【IsMatch】，建構器和屬性面板的設置與 Matches 幾乎相同，除了要在 Result 創建新變數 *IsMatchResult*；再使用【Log Message】將結果列印出來，但還記得嗎？因為 IsMatch 的 Output 是 Boolean，故我們需要使用語法 IsMatchResult.ToString 才能將結果用文字列印出來。

圖 6-12

Step 6： 最後，在 Replace Sequence 中使用【Replace】，建構器設定和前兩個相同，而屬性面板中，則需要在 Input→Replacement 寫入找到指定資訊後要替換的字串；我們打算將整串 Email 資訊取代為 Email 這個單字就好，然後設置新輸出的內容為變數 *new_msg*，此時的屬性面板設置如圖 6-13 所示。

圖 6-13

Step 7： 最後，來確認結果吧！到 Output 面板中，可以看到以下的執行結果：

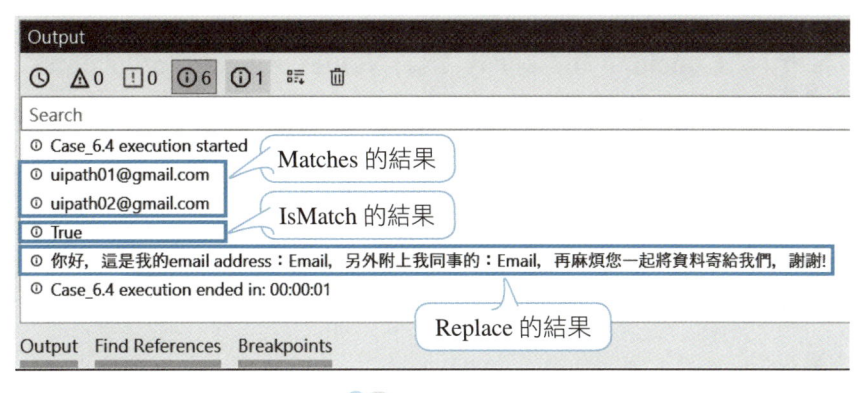

```
Output
  ⏱  ⚠0  ⓘ0  ⓘ6  ⓘ1  ≡  🗑
  Search
  ⓘ Case_6.4 execution started         ┌─ Matches 的結果
  ⓘ uipath01@gmail.com  ─────────────┤
  ⓘ uipath02@gmail.com  ─────────────┘
  ⓘ True  ──────────────────── IsMatch 的結果
  ⓘ 你好，這是我的email address：Email，另外附上我同事的：Email，再麻煩您一起將資料寄給我們，謝謝!
  ⓘ Case_6.4 execution ended in: 00:00:01
                                       └─ Replace 的結果
  Output   Find References   Breakpoints
```

圖 6-14

習題

Q1 Consider the array UserNames = { "John", "Jane", "Dave", "Sandra"}. What value will the expression UserNames(1) return?

A. "John"

B. "Jane"

C. "Dave"

D. "Sandra"

Q2 In which panel can you see the results of the Log Message or Write Line activities?

A. Properties

B. Outline

C. Activities

D. Output

Q3 You have the string variable invoiceNumber = "INV 1432" and you want to replace the last four digits with "1526". Which of the following expressions would achieve this?

A. InvoiceNumber.Replace("1432", "1526")

B. InvoiceNumber.Replace(4,4, "1526)

C. Replace.InvoiceNumber(4, "1526")

D. Replace.InvoiceNumber("1526", "1432")

Q4
Consider the list of strings ListOfContinents = {"Africa", "Antarctica", "Asia", "Australia", "Europe", "North America", "South America"}.

A. Antarctica.

B. Asia.

C. Australia.

D. None, objects are not identified by their index in lists.

Q5
What expression would you use to instantiate a dictionary object that pairs names (key) with ages (value)?

A. New Dictionary(of Int32, String)

B. Dictionary(String, Int32)

C. Dictionary(Int32, String)

D. New Dictionary(of String, Int32)

Q6
Consider the string variable Letters = "abcdefg". What value would the expression Letters.Substring(1,2) return?

A. abc

B. ab

C. bc

D. bcd

Q7
What value will the following expression return? String.Format("{1} is {0}", "home", "John", "far away", 0, 1)

A. "Home is far away"

B. "1 is 0"

C. "John is far away"

D. "John is home"

答案：B D A B D C D

Chapter 07
Control Flow

從前面幾個章節，你開始了解在自動化流程的世界裡，我們需要先定義、宣告變數的類型，然後就可以對不同類型的變數，透過語法進行進一步的運算。接下來，我們要來談談 Control Flow（流程控制），藉由 Control Flow 的語法設計，可以協助你在開發自動化流程時，塑造判斷依循、執行順序等結果。

7.1 概念

Control Flow 是每個程式語言的基本標配觀念，而每個不同程式語言，對於 Control Flow 所使用的語句呈現方式可能也不同，但基本上效果是一樣的。這個章節，我們將針對最常使用的 Sequence（序列）與 FlowChart（流程圖），來談談 UiPath 的控制語法，因為這兩種類型流程的設計方式不同，導致在使用 Control Flow 的 Activities 方式亦會有所不同。

在 UiPath Activities 搜尋框中輸入 statements，你會看到許多 UiPath 預設提供的語法，我們將對最常用的 If、While、Do While、For Each 和 Switch 逐一進行說明。

7.2 用 If 來做判斷

If 是最常用的一種 Control Flow 語法，是讓你設計要驗證的條件，

結果只會有兩種：True 或 False。當條件結果為 True 時，執行某種操作（圖 7-1 Then 下的區域）；若結果為 False，則執行另一組操作（圖 7-1 Else 下的區域）。請注意，Sequence 與 FlowChart 所使用的 If Activity 並不相同。Sequence 是使用【If】（如圖 7-1），FlowChart 則使用【Flow Decision】（如圖 7-2）。

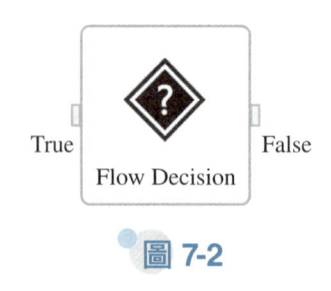

圖 7-1

圖 7-2

實務上，哪些情況會使用到 If 語法呢？

- 檢查付款狀態（完成／未完成），並且對於不同情況執行不同操作。

- 確保流程中前一個操作結果為成功，流程再往下繼續執行。

- 檢查帳戶餘額，以確保有足夠的資金支付發票金額。

- 檢查系統中是否發生了某些事情，例如，是否存在某個元素或圖像，並根據結果執行接續的操作動作。

Control Flow　Chapter 07

案例 7-1　運用 Flow Decision 於 FlowChart

● 目的

學習在 FlowChart 中使用 If 語句。使用 Flow Decision 來確認使用者輸入的年齡是否已達可投票年齡 20 歲以上（含）。

● 資源

無。

● Try and Do It

Step 1：使用一個 Activity【FlowChart】。

Step 2：使用【Input Dialog】，並將其 Output 建置變數 *age*。

Step 3：使用【Flow Decision】，在其屬性面板 Misc→Condition 寫入條件式：age>="20"，意思為年齡需要大於或等於 20，*age* 則是我們前步驟設置的變數。

Step 4：使用兩個【Message Box】，True 時秀出訊息「"大於 20 歲，已達投票年齡"」、False 時則出現「"未達 20 歲，尚不能投票"」訊息，此時 Studio 的畫面會如圖 7-3。

圖 7-3

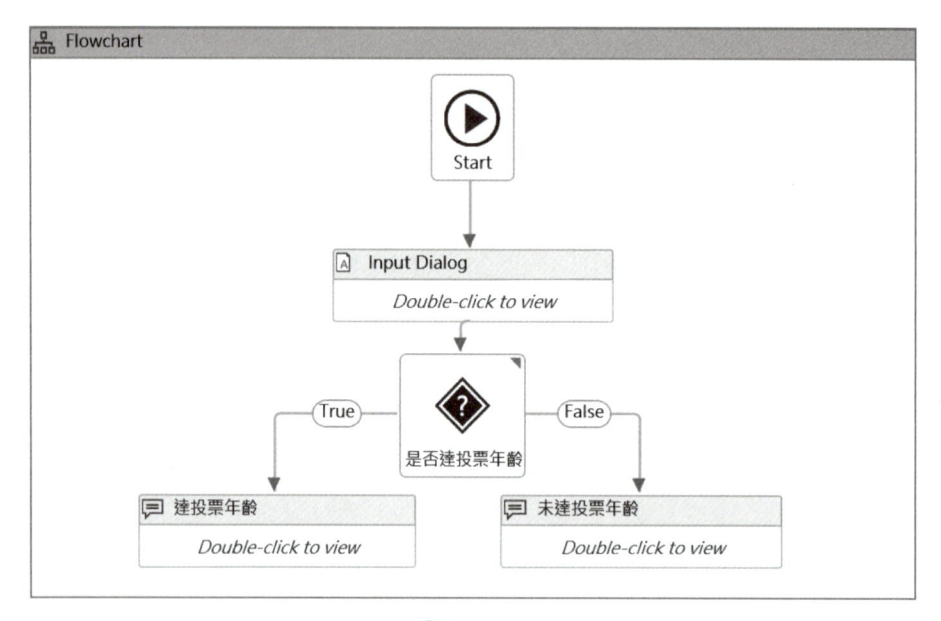

7.3 用 Loops 來逐一處理

Loops（迴圈）是針對一組對象循環執行動作，白話來說就是處理完這個後再處理下一個。為什麼需要 Loop 呢？因為機器人不會一目瞭然，它需要一個個讀取、一個個處理。在 UiPath 中，根據 Loop 的結束方式的差別，又分為 Do While、While 和 For Each 三種不同的語法。

7.3.1 Do While

Do While 會先執行指令，再去檢查條件是否成立，所以至少會先執行一次。例如，機器人可以在網站上執行重新整理，然後檢查相關元素是否已經出現，透過 Do While 語法可讓它不斷執行重新整理的動作，直到發現相關元素出現後才會停止。

案例 7-2　While 的運用

● 目的

學習在 Sequence 中使用 Do While 語句。我們將使用前一個 FlowChart 的情境，使用者若輸入的年齡小於 20 歲，則需要再次輸入，直到輸入的年齡大於 20 歲時為止。

● 資源

無。

● Try and Do It

Step 1：使用【Do While】，在 Body 中放入【Input Dialog】，在 Output 建置變數 *age*，為了稍後可以讓 Do While 使用這個變數，請至 Variables 面板把變數 *age* 的 Scope 調整至 Sequence 層。

Step 2：使用【If】，在 Condition 寫入條件式：age>="20"，其中 *age* 是剛剛我們設置的變數；接著仿照前一個案例，分別於 Then 跟 Else 使用兩個【Message Box】依據結果提供訊息。

Step 3：最後，回到【Do While】的 Condition 輸入條件 age<"20"，意思是當輸入的年齡小於 20 時，這個流程仍需繼續進行，直到使用者輸入的年齡大於 20。此時 Studio 的畫面如圖 7-4。

[圖 7-4 流程截圖：Sequence 內含 Do While，Body 中有 Input Dialog（Dialog Title："請輸入要查詢的年齡"、Input Label："請用阿拉伯數字輸入年齡"、Input Type：Text Box、Value entered：age），接著 If（Condition：age>="20"），Then 分支為 Message Box「達投票年齡」："大於20歲，已達投票年齡"，Else 分支為 Message Box「未達投票年齡」："未達20歲，尚不能投票"。Condition：age<"20"，註解：條件設定為，輸入的年齡小於 20 時，這個流程仍需繼續進行]

圖 7-4

想一想，我們前面所使用 FlowChart 所做的判斷投票年齡例子，又該如何做成 Do While 的效果呢？非常的簡單，你只需要在 Else 的【Message Box】拉一個箭頭到【Input Dialog】，就完成了！（請見圖 7-5）

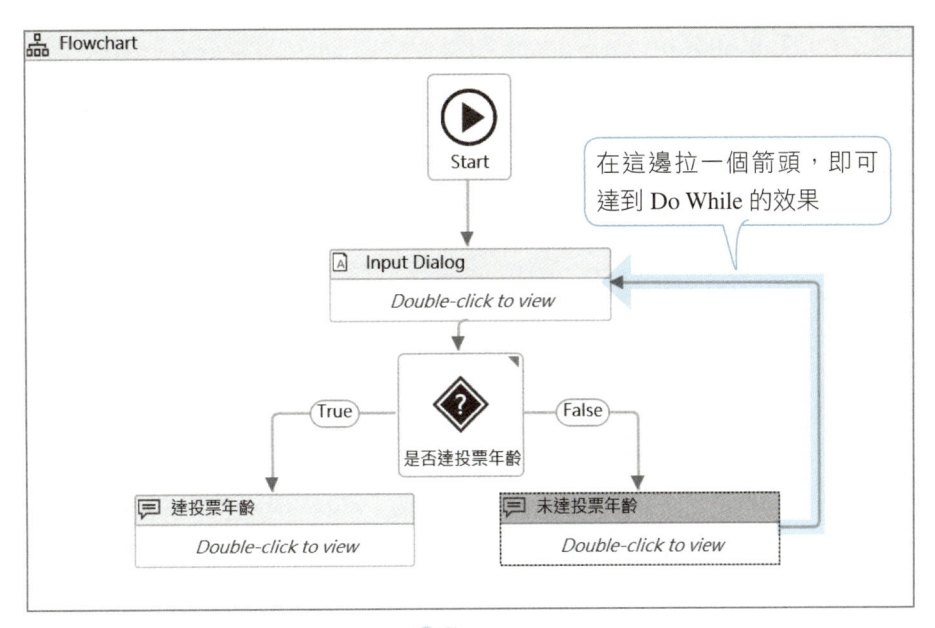

Control Flow　Chapter 07

圖 7-5

7.3.2　While

　　While 則是會檢查條件是否成立，成立的話才接著執行下面的指令。例如，讓機器人玩二十一點紙牌遊戲，應先計算手上的點數，再決定是否再抓一張牌。因此 While 的條件會設定在流程的最上方（如圖 7-6 所示），意思即為當流程進入 While 後，必須要先達成條件，才會走入 Body 執行接續 Activities，這正好與 Do While 相反。

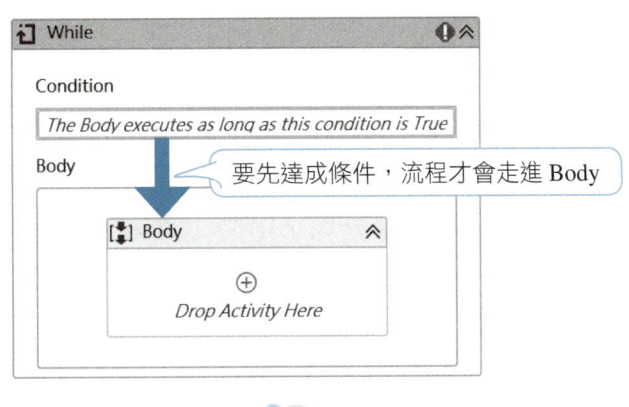

圖 7-6

117

7.3.3 For Each

Do While 與 While 都是<u>有條件</u>的 Loop，而還有另一種 Loop 是機器人會無條件、傻傻地對所有的資料執行指令，我們稱之為 For Each。當我們需要對每一筆資料進行處理時，For Each 會頻繁的被搭配使用。例如，Excel 檔案中有 100 組日期資料，需要逐一判斷分別是星期幾，這時就需要使用 For Each，讓機器人逐一讀取每個日期後，再進行判斷。又或是你有多筆資料需要到 Google 查詢，那我們也會使用 For Each，將資料逐一輸入 Google 以達成查詢的任務。圖 7-7 是【For Each】的填寫說明。

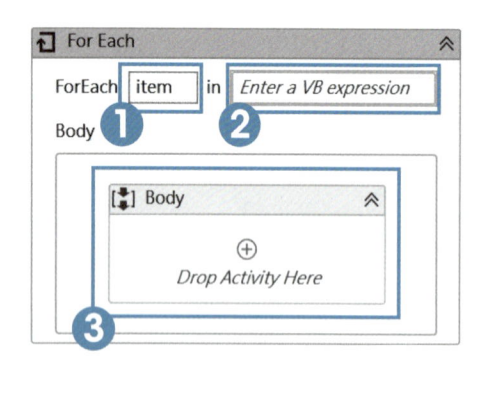

❶ 這裡的 *item* 是預設的變數名，它並不會出現在 Variables 面板中；你可以直接在此處修改這個預設的變數名稱

❷ 將被逐一迴圈執行的資料，通常會是 DataTable、Array 等 Collection（集合）類型的變數。你可透過屬性面板 <u>Misc</u>→<u>TypeArgument</u> 用下拉式選單選擇適合你所使用的資料變數類型

❸ 在 Body 內，放置欲對每一個 item 要執行的 Activities。

圖 7-7

7.4 用 Switch 來處理多種結果

還記得剛剛的 If 功能嗎？我們可以透過 If 來得到 Yes 或 No 這兩種結果，但萬一我們的結果有兩種以上呢？這時，你就可以使用 Switch 來取得多種結果。

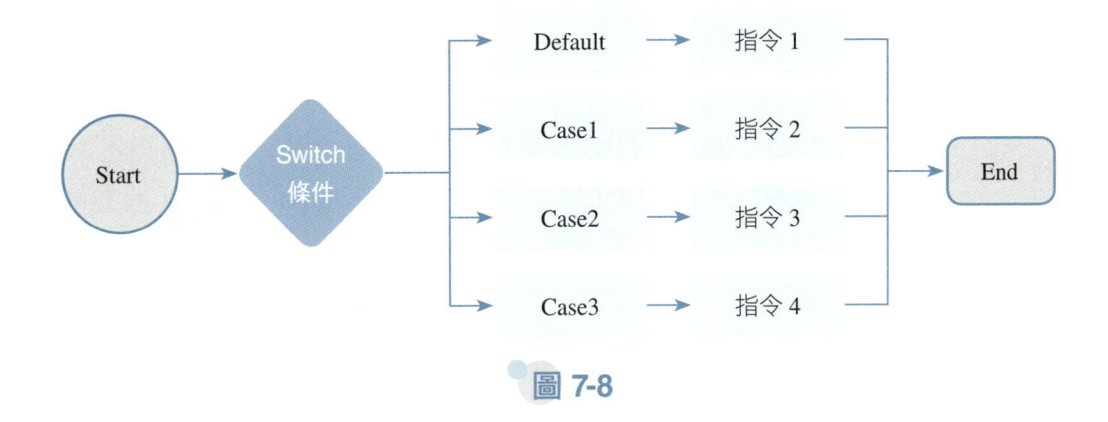

Control Flow　Chapter 07

```
Start → Switch 條件 →  Default → 指令 1
                    →  Case1   → 指令 2  → End
                    →  Case2   → 指令 3
                    →  Case3   → 指令 4
```

圖 7-8

下面我們用案例說明 Switch 的設計方式。

案例 7-3　運用 Switch 於 Sequence

目的

學習在 Sequence 中使用 Switch 語句。我們使用 Input Dialog 多重選項的功能，讓使用者選擇要採買的食材，Switch 將依據收到食材內容，用【Message Box】回應使用者該食材要去哪邊採買。下表為採買食材與 Message Box 將跳出的訊息對照表。

採買食材	Message Box 跳出的訊息
水果	買水果請去阿花水果店
牛肉	買牛肉請去老黃牛肉攤
海鮮	買海鮮請去小魚海鮮店
蔬菜	買蔬菜請去東東農場鋪

資源

無。

119

Try and Do It

Step 1： 使用一個【Input Dialog】，填寫 Title 內容後，選擇 Multiple Choice，並在 Input options 輸入四種不同的食材項目「"水果;牛肉;海鮮;蔬菜"」，記得使用雙引號，並於 Output→Result 設置變數 *BuyItem*。

圖 7-9

Step 2： 使用【Switch】，在 Expression 欄位取用變數 *BuyItem*，並至 Misc→ TypeArgument 把類型改為 String。這裡的意思是 Switch 將根據變數 *BuyItem* 的值來進行判斷。

記得調整 TypeArgument，否則會出現驚嘆號錯誤訊息

圖 7-10

Step 3： 接著點擊 Add new case，在 Case Value 的輸入框中，填入使用者會輸入的其中一種項目水果。這意思是在告訴 Switch 可能會有的結果情況，也就是變數 *BuyItem* 有可能會傳來水果這個值。然後，使用一個【Message Box】，輸入「"買"+*BuyItem*+"請去阿花水果店"」。

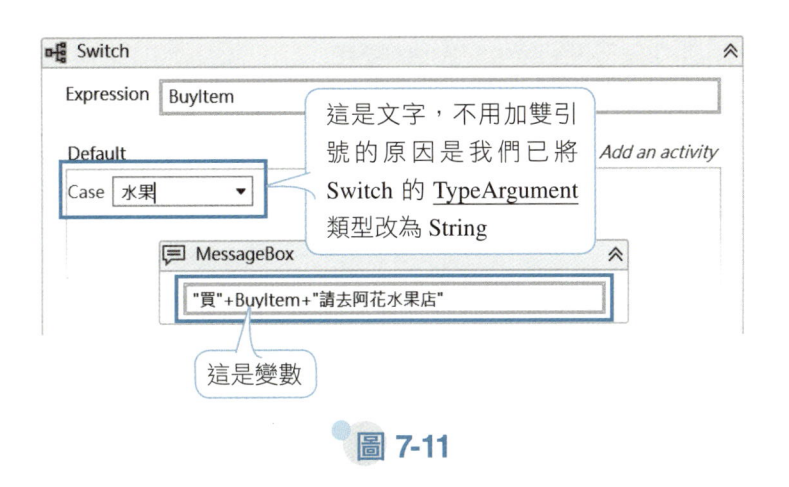

圖 7-11

Step 4： 再接著點擊 Add new case，仿照 Step 3，逐一將剩下三個情況「牛肉、海鮮、蔬菜」設計完成，此時，Studio 的畫面會如圖 7-12 所示。

```
┌─────────────────────────────────────────────────┐
│ ▪┋ Switch                                    ≪  │
│ Expression  │BuyItem                         │  │
│                                                 │
│ Default                           Add an activity│
│ Case 水果                              MessageBox│
│ Case 牛肉                              MessageBox│
│ Case 海鮮                              MessageBox│
│ Case 蔬菜                                       │
│    ┌──────────────────────────────────────┐    │
│    │ 💬 MessageBox                     ≪  │    │
│    │ ┌──────────────────────────────────┐│    │
│    │ │"買"+ BuyItem+"請去東東農場鋪"      ││    │
│    │ └──────────────────────────────────┘│    │
│    └──────────────────────────────────────┘    │
│                                                 │
│ Add new case                                    │
└─────────────────────────────────────────────────┘
```

圖 7-12

Step 5： 最後，在 Case 水果上面的 Default，其設計意義是為了處理當下面情況都未達成時，所要執行的指令；若你沒有設計 Default，流程則會自動結束。這個案例中，我們不特別設計 Default，所以現在你可以試著運行看看結果囉！

> 若想要刪除已經設置好的 Case，將游標點擊在 Case 上，按下鍵盤的 Delete 鍵即可刪除。

哪些業務場景適合使用 Switch 呢？

- 發票有三種可能的狀態（未開始、待處理、已批准），設計每一種狀態下的發票都有個別的處理動作。

- 根據特定條件自動向四家不同供應商訂購原材料的流程。

而 FlowChart 又該如何使用 Switch 呢？我們將使用【Flow Switch】這個 Activity，試著將前案例轉用 FlowChart 設計看看吧！

Control Flow　Chapter 07

案例 7-4　　運用 Switch 於 FlowChart

Step 1： 點選 New 增加一個 FlowChart 分頁並給予命名。

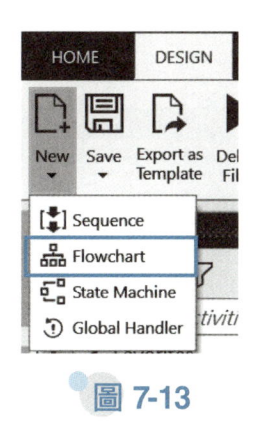

圖 7-13

Step 2： 仿照前案例相同作法，使用並設定【Input Dialog】，你也可以直接把前案例設計好的【Input Dialog】貼到 FlowChart 分頁中，但記得要重新設定變數。

Step 3： 使用一個【Flow Switch】，從【Input Dialog】拉出箭頭連結後，到屬性面板設定其判斷條件，並修改 TypeArgument 類型為 String。

Step 4： 接著，先複製前案例的所有【Message Box】到此處，從【Flow Switch】拉出箭頭分別與四個【Message Box】連在一起。你會發現，第一個箭頭會自動預設為 Default 類型，若不需要此設定，前往屬性面板 Misc→IsDefaultCase 取消勾選。

第一個箭頭的預設值，須前往屬性面板取消勾選 Default 設定

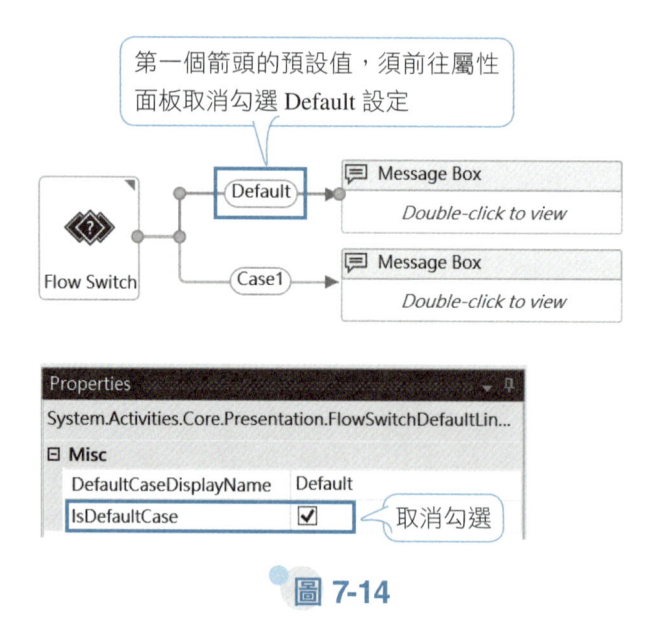

圖 7-14

Step 5： 逐一點選各個箭頭中的 Case# 圓框，到屬性面板 Misc→Case 修改為各種情況「水果、牛肉、海鮮、蔬菜」。

Step 6： 最後，我們來設計一個 Default 值情境為：當使用者沒有輸入任何採買項目時，Input Dialog 要不停地重複跳出，直到使用者提供了其中一種情況，這該怎麼做呢？從【Flow Switch】拉出一個箭頭指回【Input Dialog】，再到屬性面板勾選 IsDefaultCase 就大功告成了！這時 Studio 的畫面會如圖 7-15 所示。

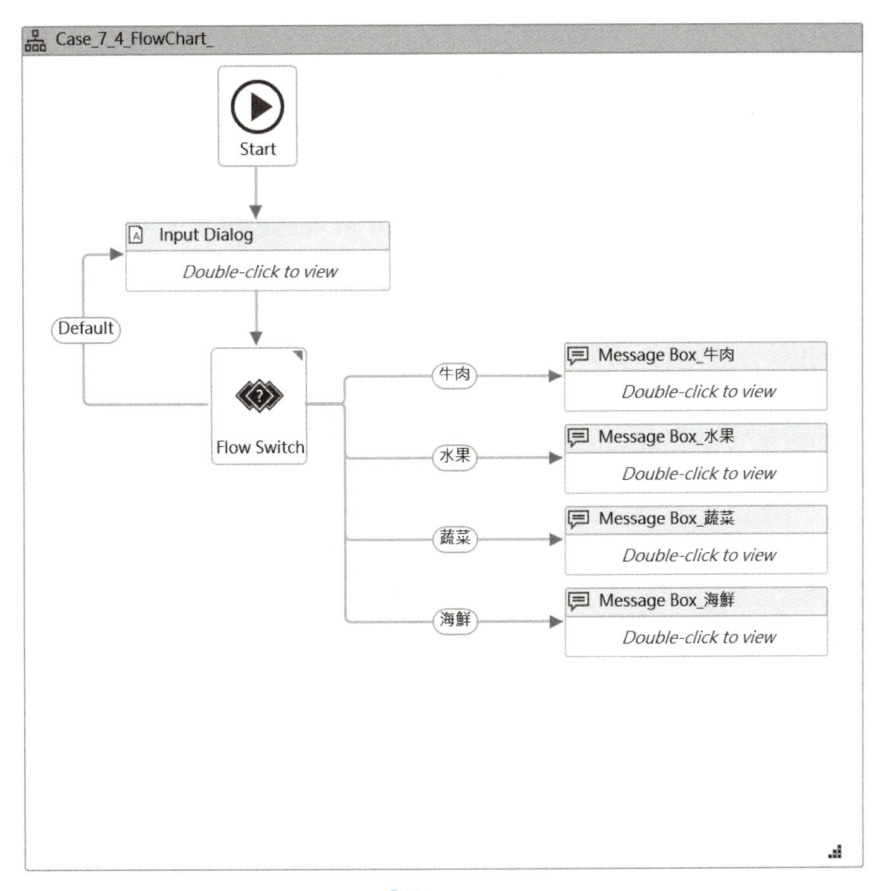

Control Flow　Chapter 07

圖 7-15

若想要整理 FlowChart 中的 Activities 排版，使用鍵盤上下鍵來移動 Activity，會比滑鼠調整來得容易！

125

習題

Q1 The body of a loop is executed at least once when this activity is used.

A. Do While

B. While

C. For Each

Q2 Which activity can be used to process every item in a collection individually?

A. Do While

B. While

C. For Each

Q3 Consider an Int32 variable (Counter), initially assigned with the value 10. The value decreases by 1 every time a sequence is executed in a Do While activity.

A. 11

B. 10

C. 9

Q4 Which activity can be used if you want to test whether a condition valuates to true or false?

(1) If; (2) For Each; (3) Flow Decision.

A. (1)(2)

B. (1)(3)
C. (1)(2)(3)

答案：A　C　B　C

Chapter 08
Excel 與 DataTable

DataTable 是一種變數類型,我們並沒有在前面變數的章節提及,是因為 DataTable 與 Excel 會緊密的搭配使用,故在學習使用 UiPath 操作 Excel 的同時,你也必須對 DataTable 有更多的了解。

8.1　Workbook 與 Excel

UiPath 提供了兩種不同對 Workbook 工作的方法,各有使用上的優缺點,可以根據你的電腦環境和使用情境,選擇最適合的方式。並請特別留意,這兩個方法所使用的 Activities 是完全不同的,即使有些 Activities 名稱相同,但卻無法共用。

1. Workbook

在你看不到的背景環境中執行 Workbook。

Workbook 是位於檔案的級別工作,電腦環境無需安裝 Microsoft Excel,因為這個方式並不會真的需要打開檔案,因此,使用這個方法可以免除人類誤涉機器人運作的風險,也可使流程執行穩定性更高、更可靠。但僅能對 .xlsx 或 .xls 類型的檔案運作,不支援 .xlsm。當 Excel 存有巨集 (VBA) 時,類型會是 .xlsm。所以,換句話說,

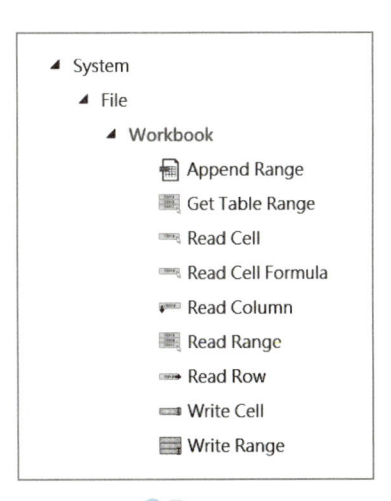

▲ System
　▲ File
　　▲ Workbook
　　　　Append Range
　　　　Get Table Range
　　　　Read Cell
　　　　Read Cell Formula
　　　　Read Column
　　　　Read Range
　　　　Read Row
　　　　Write Cell
　　　　Write Range

圖 8-1

129

Workbook 無法啟用巨集的相關流程。

2. Excel App Integration

像人類一樣對 Excel 執行工作。

電腦環境必須安裝 Microsoft Excel，且須在【Excel Application Scope】中使用 Activities。<u>可執行 .xlsx、.xls 和 .xlsm 類型的檔案</u>，且有一些特殊的 Activities 可操作 .csv 類型檔案。在【Excel Application Scope】的屬性面板中，可透過勾選 <u>Visible</u> 選項，決定是否需要真的在螢幕畫面上開啟 Excel 執行動作。【Excel Application Scope】內建了預設執行 Excel 這個軟體的基本步驟，像是打開、儲存與關閉。其相關的 Activities 如圖 8-2 所示。

```
▲ App Integration
  ▲ Excel
    ▷ Processing
    ▷ Table
      Append Range
      Close Workbook
      Copy Sheet
      Delete Range
      Excel Application Scope
      Get Cell Color
      Get Selected Range
      Get Workbook Sheet
      Get Workbook Sheets
      Read Cell
      Read Cell Formula
      Read Column
      Read Range
      Read Row
      Save Workbook
      Select Range
      Set Range Color
      Write Cell
      Write Range
```

圖 8-2

8.2 Excel Application Scope

【Excel Application Scope】是你與 Excel 展開互動的必要框架，就像是人類使用 Excel 前會去雙擊 Excel 綠色圖示的行為一樣，你必須要先使用 Excel Application Scope 讓它協助你啟用 Excel，打開指定的 Workbook 後，才能與其互動，所有對此 Workbook 執行的動作都必須放在這個範圍裡，直到最後一個 Activity 執行結束。而在預設的情況下，它會自動幫你關閉 Workbook 和整個 Excel 程式。

使用【Excel Application Scope】的基礎知識：

1 啟用一個 Excel 檔案需要單獨使用一個【Excel Application Scope】。

2 File→Workbook path 的幾種填寫方式：

- 點選資料夾圖示直接選取指定檔案。
- 輸入檔案的完整路徑並用雙引號包覆，記得路徑中必須包含檔案類型（例如 .xlsx）。
- 你也可以運用變數來作為路徑，更多進階的方式將於後續案例中演示。

3 勾選 Options→Create if not exists，可讓機器人自動創建尚未存在的 Excel。

4 Options→Visible，決定在操作 Excel 時，是否要將 Excel 呈現於電腦畫面上，或是在背景作業。

如何取得完整的檔案路徑？

在檔案上，同時按住鍵盤 Shift 與滑鼠右鍵，在跳出的功能列表中點選複製路徑，把路徑複製到電腦的虛擬剪貼簿中，接著便可直接使用 Ctrl+V 貼上帶有雙引號的完整路徑。

接著，讓我們先試著用下列案例感受一下 Excel 與 DataTable 之間的關係。

案例 8-1　Excel 與 DataTable 的搭配運用

● 目的

了解 Excel 與 DataTable 的互動關係。

● 資源

至「案例 8-1」資料夾，下載「Case 資源」中的「各班成績單.xlsx」。

● Try and Do It

Step 1： 創建一個 Sequence。

Step 2： 使用【Excel Application Scope】，點選資料夾圖示，選擇 Case 資源的「各班成績單.xlsx」檔案。

Step 3： 使用一個【Read Range】放於 Do 中，調整分頁名稱為 "工作表 1"，右方預設值「" "」的意思為，讀取整個工作表 1 中的內容；確認屬性面板中的 Options→AddHeaders 為已勾選狀態，接著在 Output→DataTable 設置變數名稱為 *DT_ClassA*，把讀取出來的內容存於此變數中。

Step 4： 接續再使用一個【Read Range】，仿照上述步驟到 "工作表 2" 取出內容，並記得把變數名稱改為 *DT_ClassB*。

Step 5： 使用【Merge Data Table】，我們準備將兩個 DataTable 合併在一起。在屬性面板中，Destination 設置為變數 *DT_ClassA*，Source 則為 *DT_ClassB*，意思為將 B 班的內容合併於 A 班中。

Excel 與 DataTable　Chapter 08

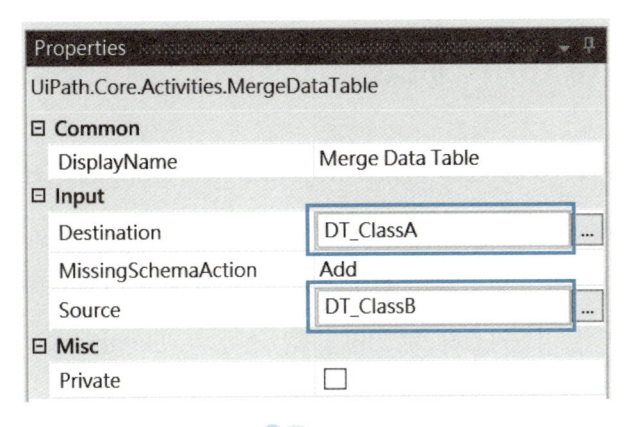

```
Properties                                    ⌁
UiPath.Core.Activities.MergeDataTable
□ Common
    DisplayName              Merge Data Table
□ Input
    Destination              DT_ClassA
    MissingSchemaAction      Add
    Source                   DT_ClassB
□ Misc
    Private                  ☐
```

圖 8-3

Step 6： 使用【Write Range】，將工作表名稱設為 "工作表 3"，並從 A1 儲存格開始寫，然後在 Input→DataTable 寫入變數 *DT_ClassA*。此時的 *DT_ClassA* 內容已經包含了 *DT_ClassB* 的資料，記得勾選 Options→AddHeaders，才會將表頭一併寫回 Excel 中。

Step 7： 最後，按下運行並打開「各班成績單.xlsx」檔案，看看是否出現了工作表 3，且顯示出工作表 1 與 2 的合併內容呢？

你有從案例中發現 DataTable 所扮演的角色了嗎？當你從特定資料源取得這類型的資料後，以 DataTable 的類型存放於 UiPath 中，然後你可以透過像是【Merge Data Table】等針對 DataTable 操作的 Activities，對資料進行進一步處理，最後再將資料寫回目的地（如上面案例，目的地便是 Excel）。

8.3　DataTable 概念

在 VB.Net 中稱為 System.Data.DataTable，DataTable 基本上就是 Workbook 或 Excel 相關 Activities 的 Input 或 Output，具有儲存、提取資料的功能，你可以把它當作是 UiPath 中，一個具有列和欄的簡易型工作表 (Worksheet)，也可將它視為一個小型資料庫 (Database)。

8.4　如何產生 DataTable

除了上述案例從 Excel 讀取範圍內容時會產生 DataTable，還有其他產生方式嗎？以下將介紹各種不同會產生 DataTable 資料的 Activities，有些產生方式是透過你主動建立，有些則是從某些特定來源獲取的資料。

▶【Build Data Table】

UiPath 提供了一系列與 DataTable 有關的 Activities，當然，也包括了建立一個全新的 DataTable。從點擊跳出的視窗中你會發現，它其實就是一個表格的樣貌，你會依據將要放入的東西，去設定每一欄的資料類型，並給欄位表頭取名。

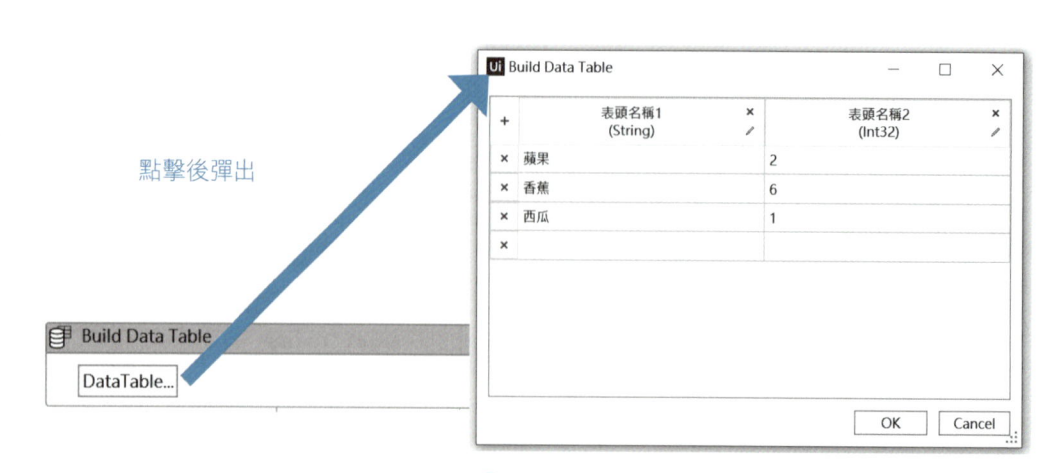

圖 8-4

▶【Read Range】

這是最常見會產生 DataTable 類型變數的 Activity，在 Excel 或 Workbook 類型下都有。比如，我們要讀取 Excel 中特定範圍 A1～B10，所讀取出來的結果，就會自動被儲存在 DataTable 的變數中。圖 8-5 是【Read Range】的屬性視窗，你可以從 Output 輸入欄中的斜體字得知，這個 Activity 最後會得到一個 DataTable 的變數，記得使用 Ctrl+K 為這個變數取名。

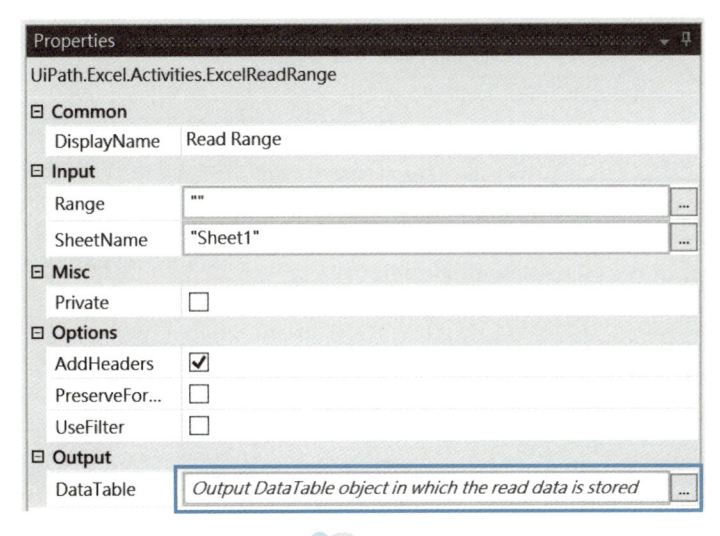

圖 8-5

▶【Read CSV】

Read CSV 可以從 CSV 類型的文件或檔案中，將資料取出並存成 DataTable 類型的變數，此 Activity 相對來說比較少使用，僅有一些較老式或自行建置的應用程式會需要用此處理。

▶【Data Scraping】

UiPath Studio 提供了一個非常實用的資料獲取功能，可以使我們快速的從網頁、應用程式或其他文件中抓取到資料，並自動存為 DataTable 類

型的變數。更多的操作細節我們將在之後的章節說明。

▶【Generate Data Table】

將結構化的資料內容 (Structured Text) 生成 DataTable。什麼是結構化的資料內容呢？從圖 8-6 可見，在 Sample Input 欄位中，內容是由「人名,性別,年齡」所組成，且每一組資料會用「;」區隔。故我們可使用 <u>Generate Data Table Wizard</u> 功能視窗，將「,」作為欄位的區隔，而用「;」作為行的區隔，因為這個結構化的呈現方式，使得 RPA 可依據符號的規則對資料進行處理，這種類型的內容則是所謂的結構化資料。

圖 8-6

8.5　DataTable 的 Activities

Activity 名稱	功能說明
Add Data Column	向現有 DataTable 變數增加欄位。透過指定數據類型和配置選項（例如：允許空值、請求唯一值、自動遞增、默認值和最大長度），輸入數據可以是數據欄類型（新增既有的整個欄位），也可以增加空白欄位。
Add Data Row	向現有數據表變數增加新列。輸入數據可以是數據行類型，也可以將既有的列加入，但是每個項目與其數據類型須與目的地對象相符。
Build Data Table	自行創建一個 DataTable。此 Activity 可以自行定義欄位數和對應的數據類型。
Clear Data Table	清除現有 DataTable 變數中的所有內容。
Filter Data Table	運用 Filter Wizard 視窗的選項，設定各種條件對 DataTable 進行篩選。可將篩選後的結果生成一個新的 DataTable，或是覆蓋既有的，將不符合篩選結果的資料刪除。
For Each Row in Data Table	用於為數據表的每一行執行特定活動（類似於 For Each）。
Generate Data Table From Text	可使用指定的分行、分欄符號，使結構化的資料內容生成數據表。
Join Data Tables	根據某種連接的規則，使用彼此互相通用的值，依據不同的連結方式 (Inner、Left、Full) 來結合兩個 DataTable 中的欄位。
Lookup Data Table	與 Excel 中的 VLOOKUP 功能相同。
Merge Data Table	將指定的 DataTable 與當前 DataTable 結合，該 Activity 的操作比連接 Join Data Tables 簡單。
Output Data Table	將 DataTable 使用 CSV 格式將數據表寫入字符串。
Remove Data Column	從指定的數據表中刪除特定列。輸入可以由列索引、列名稱或數據列變數組成。
Remove Data Row	從指定的數據表中刪除行。輸入可以由行索引、行名稱或數據行變數組成。

Activity 名稱	功能說明
Remove Duplicate Rows	從指定數據表變數中刪除重複行，僅保留第一個匹配項。
Sort Data Table	可以根據特定列中的值對數據表進行升序或降序排序。
Get Row Item	從指定的欄列取值。
Update Row Item	給予特定的值到 DataTable 中的指定欄列。

8.6 Excel 常用的 Activities

UiPath 提供的 Excel 功能非常繁多，以下針對一些較常使用的 Activities 作進一步介紹。更多的功能與使用方式，請前往 UiPath 的文件庫查詢。

Activity 名稱	功能說明
Append Range	將 DataTable 中的內容新增到指定 Excel 分頁中，若分頁中有內容，則會接續寫入，不會將既有內容覆蓋；倘若分頁並不存在，則會自動被創建。
Read Cell	從指定的單個儲存格中讀取內容。
Read Cell Formula	從指定的單個儲存格中讀取其使用的公式。
Read Column	從特定欄的指定儲存格開始，讀取之後全部儲存格的值，例如：讀取 B 欄且從 B3 開始向下讀取，然後存為類型為 IEnumerable<Object> 的變數。
Read Range	讀取指定範圍的內容，例如："B1:F8"；若沒有指定範圍，Range 欄位則顯示「""」，並讀取分頁中的所有內容。其他可選功能像是：讀取的內容有表頭、僅讀取值（不包含其格式）與若為篩選狀態的表格是否要排除被篩選掉的資料。
Read Row	從特定列的指定儲存格開始，讀取之後全部儲存格的值，例如：讀取第 2 例且從 C3 開始向右讀取，然後存為類型為 IEnumerable<Object> 的變數。

Activity 名稱	功能說明
Write Cell	將值或公式寫回指定分頁中的特定儲存格,假如該儲存格已有值,則會直接覆寫;倘若指定儲存格的分頁並不存在,會自動創建。
Write Range	將 DataTable 的內容寫回指定分頁中特定範圍中。

案例 8-2 篩選 Excel 的資料

目的

兩份具有公司名稱、成立年份與年度營收的 Excel 檔案,我們將對這兩份檔案,篩選成立年份於 2005 年後的公司,彙整資料後寫入新的 Excel 檔案中。

資源

至「案例 8-2」資料夾,下載「Case 資源」中的「Data1.xlsx」和「Data2.xls」。

Try and Do It

Step 1: 創建一個 Sequence,使用兩個 Workbook 類別下的【Read Range】,分別讀取案例資源「Data1.xlsx」和「Data2.xls」檔案中 Sheet1 分頁的所有內容,將其 Output 命名為變數 *OutputDT1* 變和 *OutputDT2*,因檔案內容中都包含表頭,故需勾選 AddHeaders。

Data1.xlsx

Properties	
UiPath.Excel.Activities.ReadRange	
□ Common	
DisplayName	Data1 Read Range .xlsx
□ Input	
Range	*Specifies the range of cells to be rea*
SheetName	"Sheet1"
Workbook pa...	"Case資源\Data1.xlsx"
□ Misc	
□ Options	
AddHeaders	☑
Password	*The password of the workbook, if ne*
PreserveForm...	☐
□ Output	
DataTable	OutputDT1

Range 留白表示讀取該分頁中所有範圍

資料中因為有表頭，故此處需勾選

Data2.xls

Properties	
UiPath.Excel.Activities.ReadRange	
□ Common	
DisplayName	Data2 Read Range .xlsx
□ Input	
Range	*Specifies the range of cells to be rea*
SheetName	"Sheet1"
Workbook pa...	"Case資源\Data2.xls"
□ Misc	
□ Options	
AddHeaders	☑
Password	*The password of the workbook, if ne*
PreserveForm...	☐
□ Output	
DataTable	OutputDT2

圖 8-7

Step 2： 將內容都讀取成 DataTable 類型後，便可以使用【Filter Data Table】來對其進行篩選的處理。我們先使用一個【Filter Data Table】對 *OutputDT1* 進行設定，進入篩選視窗後，請依據圖 8-8 所示進行設定。

Excel 與 DataTable　Chapter 08

針對 OutputDT1 進行篩選，篩選後直接存回 OutputDT1 中

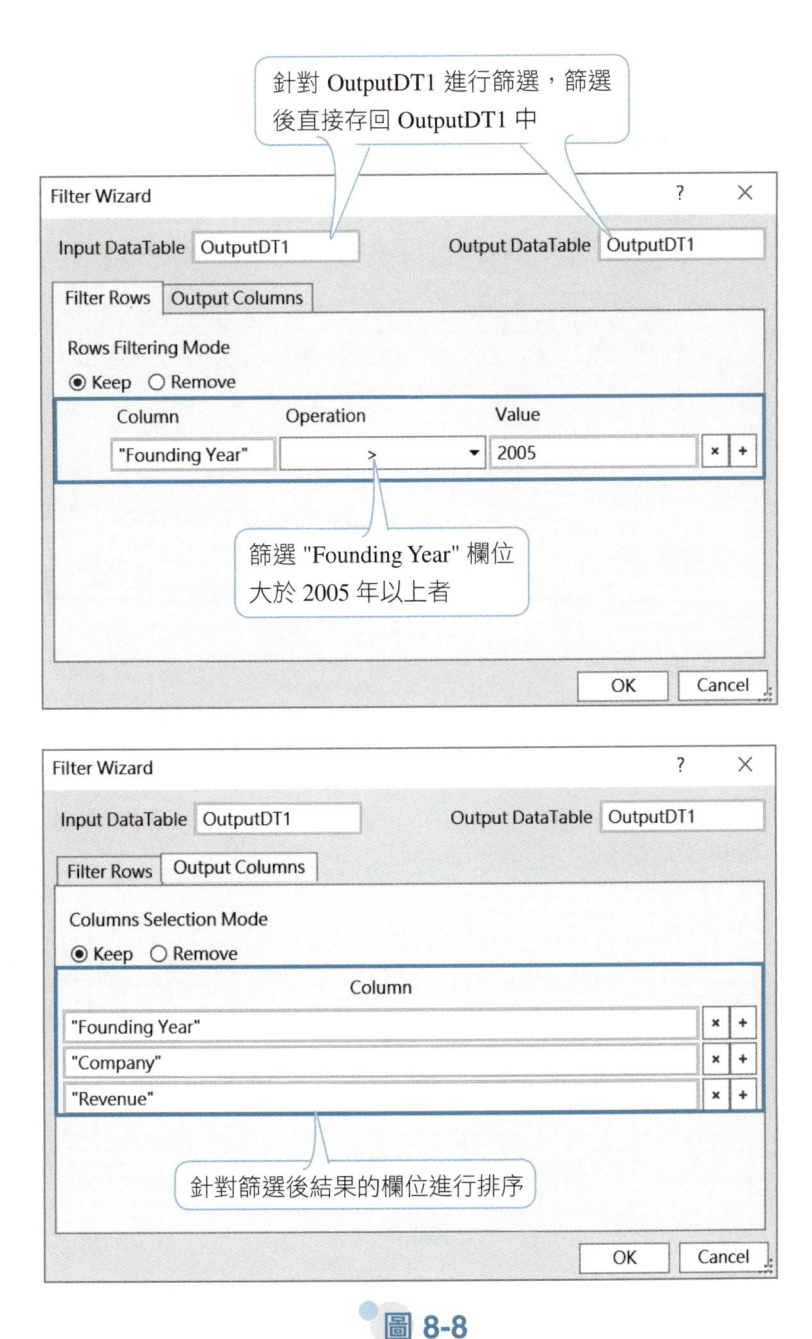

篩選 "Founding Year" 欄位大於 2005 年以上者

針對篩選後結果的欄位進行排序

圖 8-8

Step 3： 仿照 Step 2，再使用一個【Filter Data Table】對 *OutputDT2* 進行設定。

141

圖 8-9

Step 4： 使用【Build Data Table】，依據我們剛剛所設置的篩選結果順序，為新的 DataTable 建置欄位表頭。根據各欄位內容性質，選擇相對的屬性，並在 Output→DataTable 使用 Ctrl+K 命名為變數 *FilteredCompanies*。

Excel 與 DataTable　Chapter 08

圖 8-10

Step 5： 接著，我們需要將篩選結果逐一寫入這個新 DataTable 中。使用【For Each Row】，先對 *OutputDT1* 進行讀取，並在 Body 中放入【Add Data Row】。在其屬性面板 Input→DataTable 使用先前建置的 *FilteredCompanies* 變數，表示要將東西加入 *FilteredCompanies* 中；接著繼續在 Input→ArrayRow 使用語法 Row.ItemArray，表示加入的東西是 For Each 的每一個 Row。

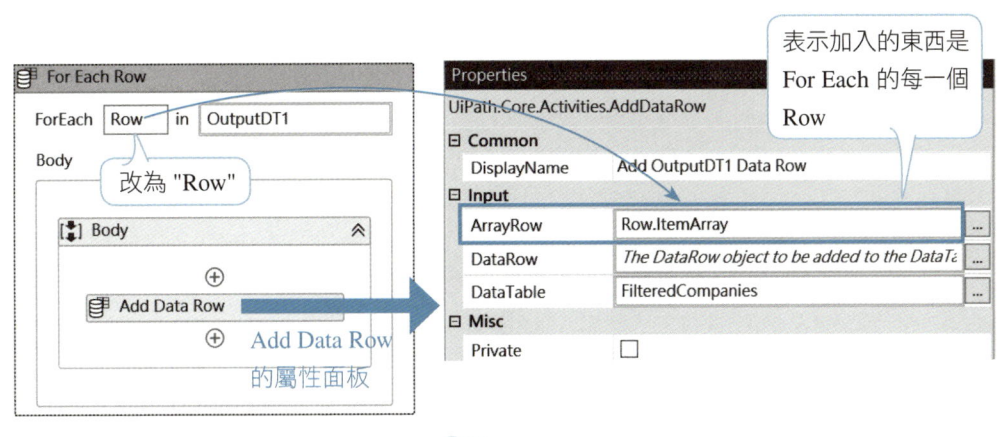

圖 8-11

143

Step 6： 同上述步驟，對 *OutputDT2* 進行逐行讀取與【Add Data Row】的設置。

圖 8-12

Step 7： 最後，使用【Excel Application Scope】在 Do 放入【Write Range】，勾選 AddHeaders，將變數 *FilteredCompanies* 的內容寫入自定檔名的 "CompaniesAfter2005.xlsx" 檔案中，且從分頁 "工作表 1" 的 A1 儲存格開始寫。運行看看你的結果是否正確吧！

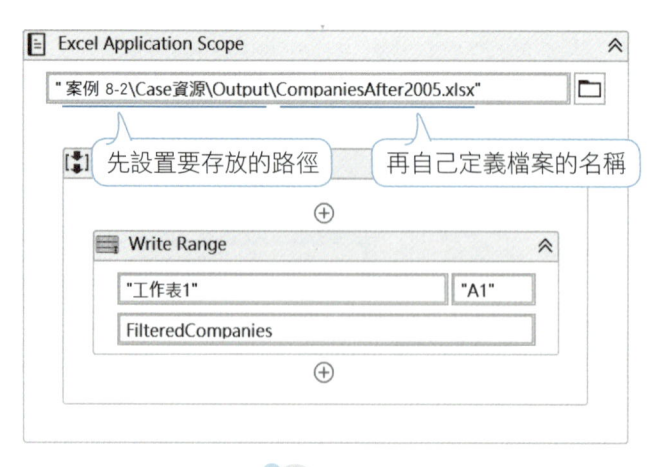

圖 8-13

習題

Q1 Which activity can be used to read an entire sheet from an Excel file?

A. Get Table Range
B. Read Range
C. Read Cell

Q2 What activity can you use to write a Data Table to a string variable?

A. Output Data Table
B. Merge Data Table
C. Write Range
D. Generate Data Table

Q3 You have included a Sort Data Table activity in your workflow. The DataTable variable is called dt_Usernames. The Input DataTable field is set to the dt_Usernames variable and the Output DataTable field is also set to dt_Usernames. The activity will sort the Data Table values and...

A. store them in the same variable.
B. display them in the Output panel.
C. store them in an Excel file.
D. store them a different variable.

Q4 What happens if you use a Write Range activity and try to write data in an .xlsx file that does not exist?

A. It will throw an error.

B. It will continue the execution without writing the data.

C. It will create that file for you and write the data in it.

Q5 Which of the following activities can you use if you want to add data to an existing .xlsx document without overwriting existing data?

A. Excel Append Range

B. Workbook Write Range

C. Excel Write Cell

Q6 Can activities which require an Excel Application Scope run on a machine that does not have the Excel application installed?

A. No, these activities require Excel to be installed

B. Yes, but only for .xls files.

C. Yes, for every Excel file type.

D. Yes, but only for .xlsx files.

答案：B　A　A　C　A　A

Chapter 09
UI Automation

9.1　什麼是 UI Automation

我們該如何設計一隻可以模仿人類行為的機器人呢？想想你平常在電腦上執行的動作，像是用滑鼠單擊或雙點擊網頁的某個按鈕、在網頁的搜尋框中用鍵盤輸入要查找的內容，或使用快捷鍵複製貼上資料。UiPath 提供了各種模擬人類在電腦上動作的 Activies，而執行這些動作時，我們需要針對目標應用程式的某一個特定元素，比如按鈕、搜尋框，這些元素稱之為用戶介面 (User Interface, UI) 或圖形用戶介面 (User interface Automation, GUI)。

UiPath 可以辨識各種來源的 GUI（像是 Win32、WPF、HTML 和 Java 等應用程式），透過屬性識別圖形對象的技術，讓我們快速在各種應用程式上建立自動化流程。

用一個實際的例子來實際感受一下什麼是用戶介面 (User Interface, UI) 吧！

案例 9-1　設計查詢美金匯率的流程

● 目的

我們將透過錄製的方式，前往 Google 網站查詢美金匯率，藉此來了解用戶介面為何？且該如何設計運用？

資源

無，但有前置作業。本書在網頁相關的流程設計都將採用 Chrome，請確認你的 Chrome 已經加載 Extensions。

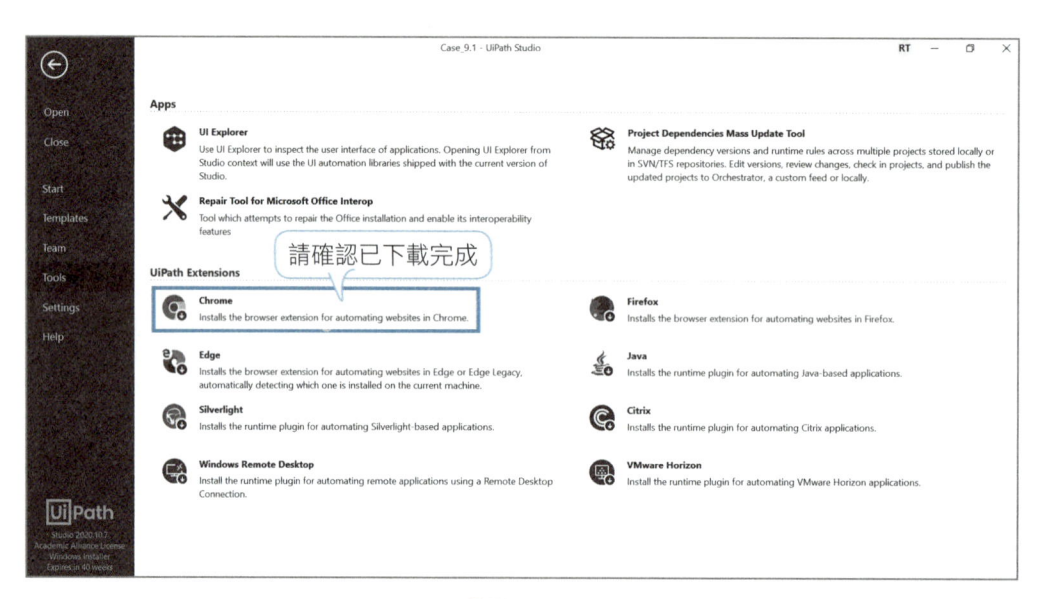

圖 9-1

圖 9-2

Try and Do It

Step 1：請先手動打開一個 Chrome，並進入「https://www.google.com/」頁面。

UI Automation　Chapter 09

Step 2： 回到 Studio 設計面板，到上方功能列點選 <u>Recording</u>→<u>Web</u>→<u>Open Browser</u>，將藍色小手點擊 Step 1 打開的頁面，並對跳出的 URL 視窗按下 OK。

❶ 點擊 Open Browser

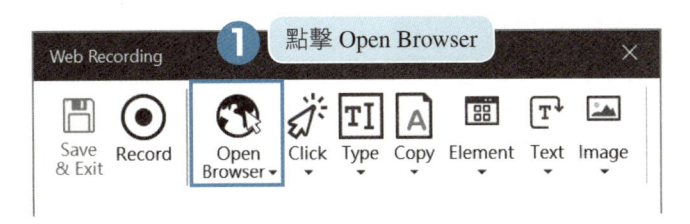

❷ 用藍色小手點擊此頁面

❸ 按下 OK

圖 9-3

149

Step 3： 點選 Type，勾選 Empty field，讓機器人在輸入前，先把輸入框的既有內容清空。再使用藍色小手點選輸入框後輸入「美金匯率」使用鍵盤按下 enter。

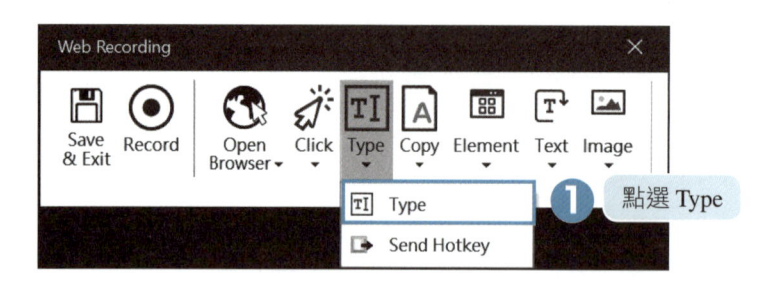

圖 9-4

Step 4： 點選 Send Hotkey，使用藍色小手點選輸入框，並用下拉式選單或直接輸入 enter。

圖 9-5

Step 5： 點選 Copy Text，使用藍色小手選取台幣金額。

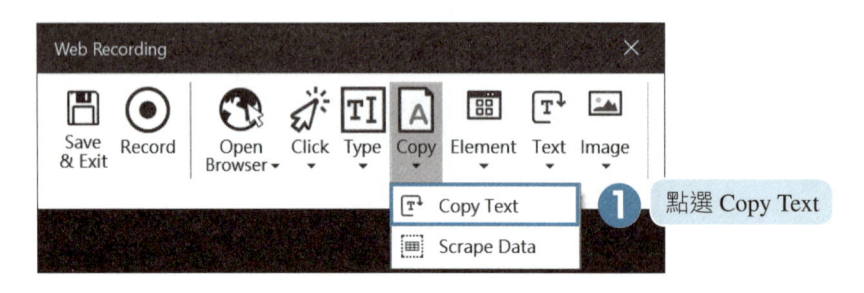

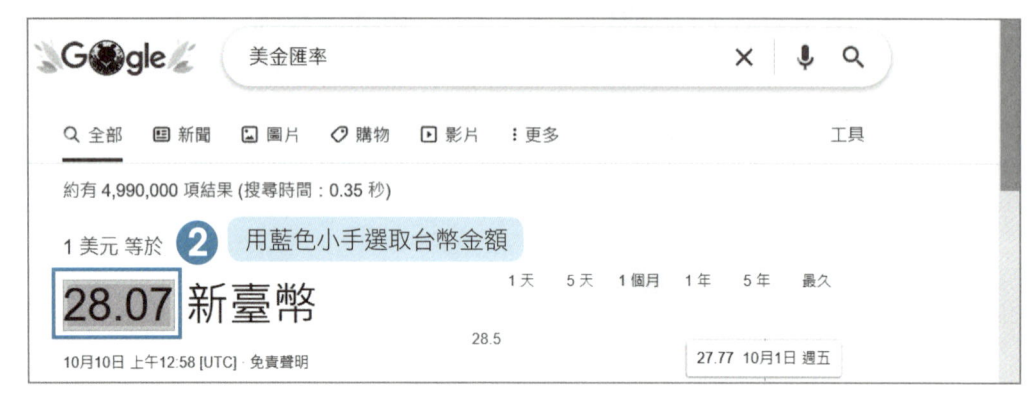

圖 9-6

Step 6： 按下 Save & Exit 完成錄製，返回 Studio 介面查看自動生成的腳本。

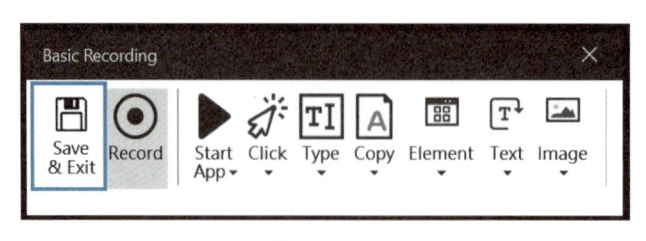

圖 9-7

Step 7： 最後，使用【Message Box】，將取得的台幣金額列印出來，這時的 Studio 畫面會如圖 9-8 所示。

圖 9-8

UI 自動化的設計組成是由 Input 和 Output 兩大邏輯架構而成，從上個案例可以發現，最主要的 Input 是我們輸入的「美金匯率」，然後取得

Output「台幣金額」。接下來我們要更深入的了解 Input 和 Output 的細節。

9.2　Input

每次我們對應用程式輸入資料數據，或是對其發送指令以達到某種目的時，我們都會使用跟 Input 有關的 Activities。在 UiPath 中，主要的 Input Activities 有【Click】、【Type Into】、【Send Hotkey】和【Hover】，這些 Activities 是不是就像人類在真實執行時的操作動作呢！

9.2.1　Input Methods

每個 Input 的 Activities 都能在其屬性面板選擇不同的 Input Methods。Input Methods 會影響機器人在不同模式下（前台或後台）執行該 Activity 的速度，與應用程式的兼容性也各不相同，下面我們將對三種不同的 Input Methods 模式進行說明：

1. Hardware Events

此為所有 Input Activities 的預設模式，因為它的兼容性最高，能與電腦中所有的應用程式相容。其運作方式就像是人類在操作滑鼠一樣，游標會在電腦螢幕上移動來選取目標元素，輸入方式也如人類敲打鍵盤一般，將文字一個個鍵入。這種方式可以支援各種特殊 Hotkeys（熱鍵），像是 Enter、Tab 等。

此模式運行時，機器人在我們肉眼可見的螢幕介面工作，我們稱之為前台運行模式，所以，使用者若觸碰到滑鼠或鍵盤而造成游標位移，是會導致流程失敗的；且這種前台的執行方式，速度較慢，準確性也相對較低。

2. Send Window Messages

此方法是在後台 (Background) 運作的，透過回放 (Replay) 應用程式從視窗訊息 (Window Messages) 接收到的滑鼠或鍵盤動作，即刻執行。也可支持各種特殊 Hotkeys，像是 Enter、Tab 等，且幾乎與各種應用程式相容，兼容性極高。

執行的速度與預設的 Hardware Events 相似，但只能和擁有回應 Window Messages 功能的應用程式進行互動。

3. Simulate Type

藉由 API 技術在後台與應用程式進行互動，及時且準確的對其下達指令，這種方式並不會占用鍵盤與滑鼠，因此使用者可以在此種方式運行時，移動游標進行其他工作。

執行的速度相較其他兩種方式快速許多，但有較多的兼容性限制，未必所有應用程式都可以適用，且無法支持 Hotkeys。另外，使用 Simulate Type 時，輸入欄中若有既存內容，它會自動將其刪除變為空白後再重新輸入。

下表為針對各 Input Methods 的運行速度、與各應用程式兼容性程度，以及是否可支持後台運行、熱鍵運用與自動清空內容等三項主要功能的比較彙整。

Input Methods	Hardware Events	Send Window Messages	Simulate Type
運行速度	中等	中等	快速
與各應用程式兼容性程度	幾乎 100% 的應用程式可使用	約 80% 的應用程式可使用	99% 的 Web Apps 可使用；60% 的 Desktop Apps 可使用
後台執行	否	是	是
支持 Hotkeys	是	是	否
自動清空內容	否	否	是

圖 9-9 色框內為 Input Activities 屬性面板中調整 Input Methods 之處，若使用預設模式 Hardware Events，則不需要進行任何異動，切換另外兩種模式則可透過勾選方格來調整。

到屬性面板，藉由勾選方格來啟用指定的 Input Method，啟用後會顯示 True；若同時勾選兩種方法，該 Activity 會報錯

圖 9-9

9.2.2　Input Activities

各種 Input Activities 有更細節的屬性可以進行調整，以下介紹其中兩種預設的屬性：

1. Delay

執行動作之前或之後設定延遲的秒數。為什麼要這麼做呢？有時應用程式運作的速度過慢，或是受網路速度影響，但機器人因為運行太快，很可能會發生執行動作時，元素尚未出現等錯誤情形。雖然 UiPath 對於此屬性已有預設的等候秒數，你仍可以根據互動應用程式的運行速度再進行

UI Automation　Chapter 09

客製化調整。

2. WaitForReady

等待目標對象載入完整後再進行動作，通常預設值為 COMPLETE。

9.3　Output

Output Activities 是用來取得應用程式中資料內容，比如我們複製一串文字、擷取某一組號碼，將取出的資料貼上／寫入我們指定的目的地位置。

9.3.1　Output Methods

Output 相關的 Activities 背後採用了不同的技術方法將資料從 UI Elements 取出。你可以打開一份 PDF 檔，使用 Studio 功能列上的 Screen Scraping 對其進行辨識後，查看 Screen Scraper Wizard 的 Scraping Method 來對以下三種 Output Methods 做進一步了解。

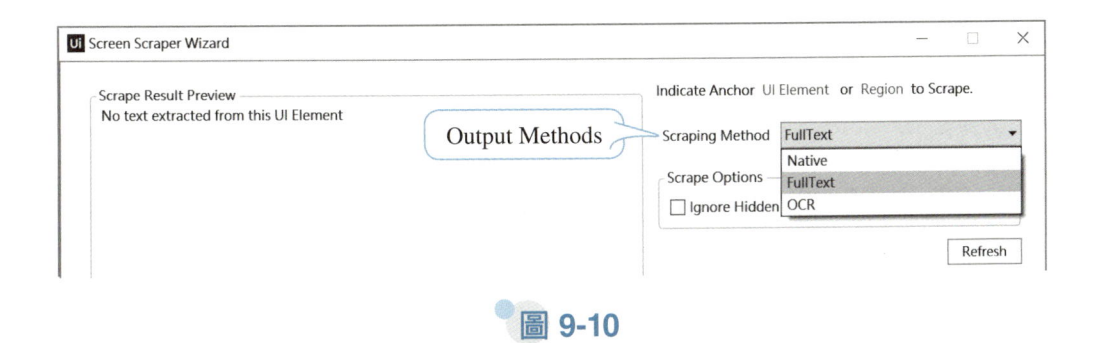

圖 9-10

1. FullText

    - FullText 是 UiPah 提供的預設方法。

    - 此方法是在後台工作，運行速度相較另外兩種方式快速。

    - 無法在虛擬電腦 (VM) 環境中工作。

    - 可擷取隱藏的文字內容（例如：下拉式選單中的所有選項）。

    - 無法取得其捕捉內容的位置與格式。

    - 此方法提供了可忽略隱藏訊息，僅捕捉可見文字的選項。

2. Native

    - 能對使用 Graphics Design Interface (GDI) 的應用程式進行內容捕捉。（GDI 是一種 Microsoft 的 API 技術，專門用於圖像類型的物件）。

    - 相較 FullText 運行速度慢。

    - 無法在後台運作。

    - 無法在虛擬電腦環境中工作。

    - 可以取得捕捉內容的位置與格式（甚至包括字體顏色）。

3. OCR

    - 光學字元辨識 (Optical Character Recognition, OCR)。

    - 透過讀取圖中的內容來取得資料。

    - 唯一可在虛擬電腦環境中工作的 Output 技術。

    - 運行速度是三者中最緩慢的。

    - 無法在後台運作。

    - 可以取得捕捉內容的位置與格式。

- UiPath 內建提供 Google Tesseract OCR、Microsoft OCR、UiPath Screen OCR 三種技術。其中 Microsoft OCR 可支援繁體中文辨識，另外還有一些 OCR 引擎可供免費安裝（例如：Omnipage 和 Abbyy Embedded）或付費安裝（Abbyy 提供的 Intelligent OCR）。

9.3.2 Output Activities

Output Activities 所使用的技術方法並無法在屬性面板調整，不同的方法需要選擇不同的 Activities，例如【Get OCR Text Activity】，你便可從名稱中得知它使用的是 OCR 技術。較常使用的像是：【Get Text Activity】、【Get Full Text Activity】、【Get Visible Text Activity】、【Get OCR Text Activity】、【Data Scraping Wizard】、【Extract Attributes Activities】。

9.4 UI Synchronization

UI Synchronization 是通過特定的 Activities 來協助開發者處理 UI 自動化場景中遇到的複雜情況。例如：你要對網頁的某個元素進行點擊，但有時可能因為網路速度或網頁本身的運行效能，導致機器人無法在第一時間找到目標對象而因此造成錯誤，這時有幾種解決的方式：

1. 如 Input 章節提及的，在屬性面板的 Delay 或 WaitForReady 項目中進行調整。

2. 也可以到 Snippets 面板中，設置 Delay 在 Activities 間，讓機器人等候幾秒鐘，再執行下一個 Activity。

圖 9-11

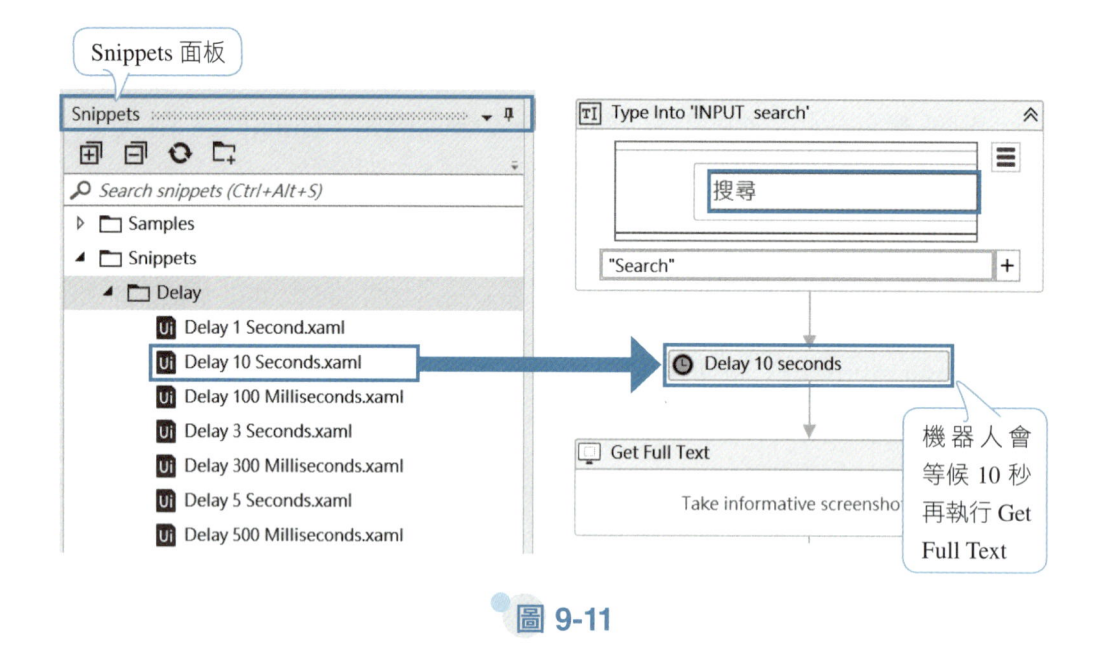

3. 運用 UI Synchronization Activities 是最可靠的方式，你可以使用這類型的 Activities 來限制機器人只能在情況符合後，才能往下走；例如：使用【Find Element】來找到 Element 後再執行動作，或是用【Text Exists】來確認 Text 真的存在，透過這類型 Activities 回傳的 Boolean 值，使 UI 自動化流程更加穩定。常見的 Activities 像是：【Find Element】、【Element Exists】、【Wait Element Vanish】、【On Element Appear】、【On Element Vanish】、【Text Exists】。

9.5 Modern Design 模式

UiPath 提供了兩種不同設計 UI 自動化流程的模式，分別是 Classic Design Experience 和 Modern Design Experience。本節之前的兩個案例都是使用 Classic 來進行設計，而接下來我們將詳細介紹為何要有 Modern 模式？什麼時候適合使用？它與 Classic 的差異又為何？

UI Automation　Chapter 09

9.5.1　啟用 Modern Design

Classic Design Experience 是預設的設計模式，而 Modern Design 僅能在 2020.10 以上的 Studio 版本使用，有兩種從不同層級的啟用方式：

1 從設定介面永久啟用，讓之後所有的 Project 都會使用此設計模式。

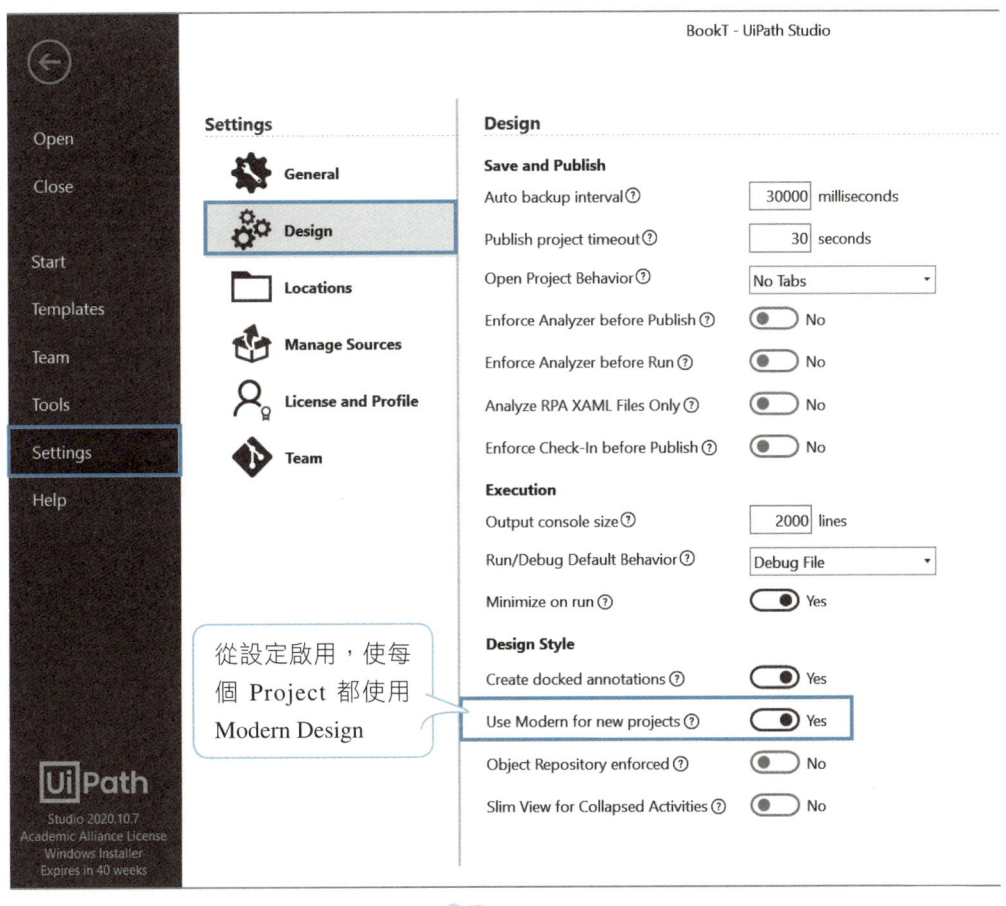

圖 9-12

從設定啟用，使每個 Project 都使用 Modern Design

161

2 僅對此 Project 啟用，前往 Project 設定中開啟。

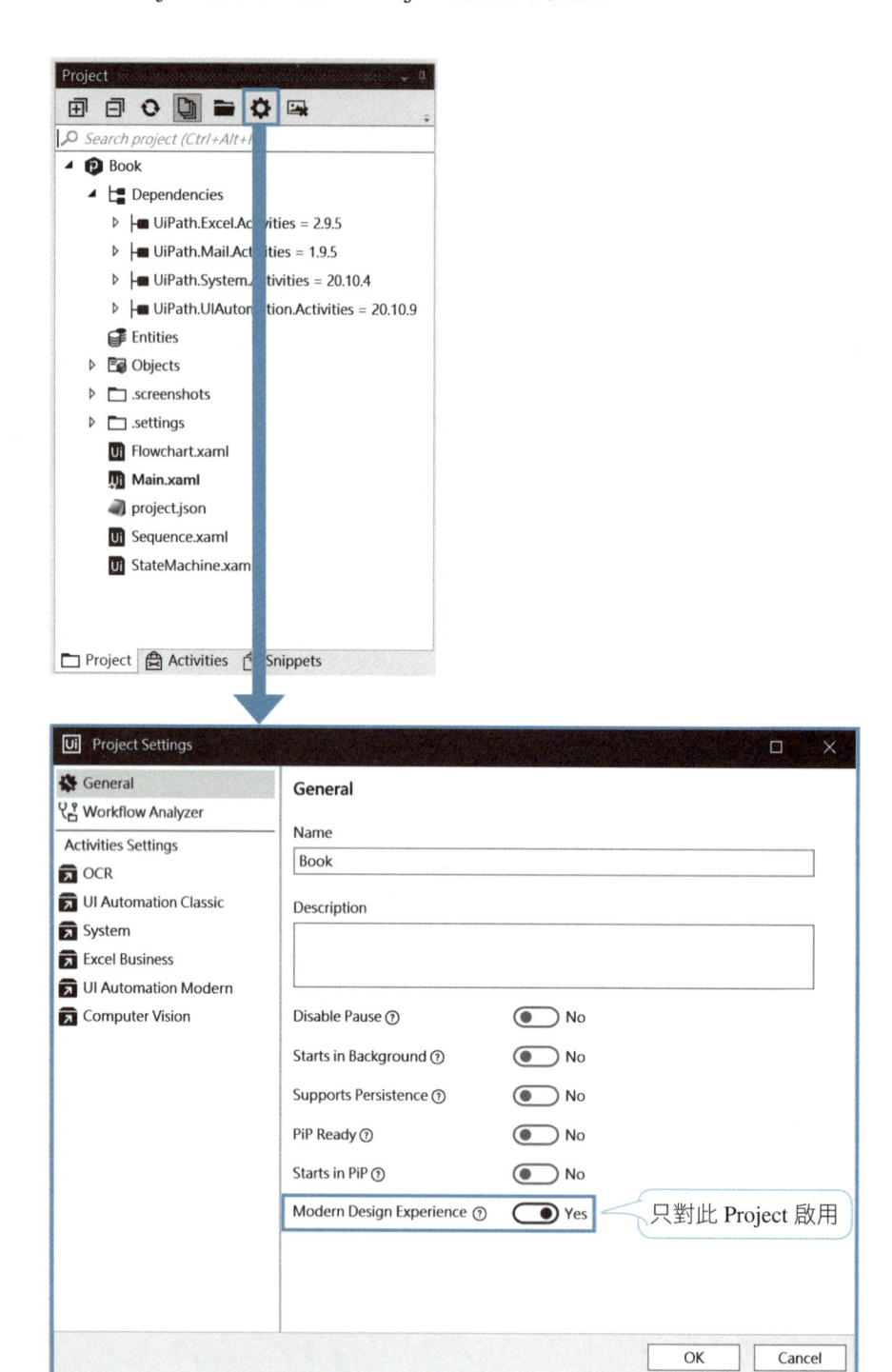

圖 9-13

9.5.2 為何需要 Modern Design

在設計 UI 相關的流程中，你可能會產生幾個疑問：萬一有一天網頁的樣貌改變了該怎麼辦？或是網頁的提供者做了異動，導致以辨認好的元素跑位又該如何？我已經設計完的腳本還能使用嗎？

應用程式就好比手機裡的各種 App 軟體，可能會因為版本更新，造成 UI 介面異動的情形，這時我們會需要再次對新的 UI 介面進行辨識，若在 Classic 模式下，便會需要逐一檢視每個 Activity 的目標元素是否還能使用，甚至重新 Indicate，可想像此工程之浩大且效率低落；此外，若許多流程使用相同的應用程式，某些既定動作（例如：登入、登出系統）也其實可以共用，不需每位開發者都重新設計一次，因此，Modern 設計模式可透過建置 Object Repository 來解決這些問題。

9.5.3 Object Repository

什麼是 Object Repository？Object Repository 將應用程式中具有可重用性 (Reusability) 的 UI 元素整合在一起，便於開發者取用，亦可以快速與團隊共享相同應用程式中已被辨認好的 UI 元素，團隊中其他開發者可再依據自身流程的需求，搭配相對應的 Activity 來使用。Object Repository 的主要特點有：

- 一個統一存放應用程式 UI 元素的管理平台，便於開發者一次性的更新和修改。

- 可以從這個平台中，一目了然 Project 中有哪些 Activities 使用了該應用程式的元素。

讓我們來試做一組 Object Repository 吧！

案例 9-2　設計 Object Repository

目的

了解如何透過 Object Repository 建置 UI 相關的自動化流程。我們將為網站 RPA Challenge 建立一組 Object Repository，並設計一個自動輸入姓名的小流程。

資源

開啟 RPA Challenge 網址：http://www.rpachallenge.com/。

Try and Do It

Step 1： 先確認 Project 中的 Modern 模式已被啟用。

Step 2： 開啟 RPA Challenge 網站。

Step 3： 在設計面板的右手邊，找到 Object Repository 面板，點選 Capture Elements，視窗跳出後，點選 ⦿ 開始錄製。

圖 9-14

Step 4： 先對整個網頁介面進行辨識。

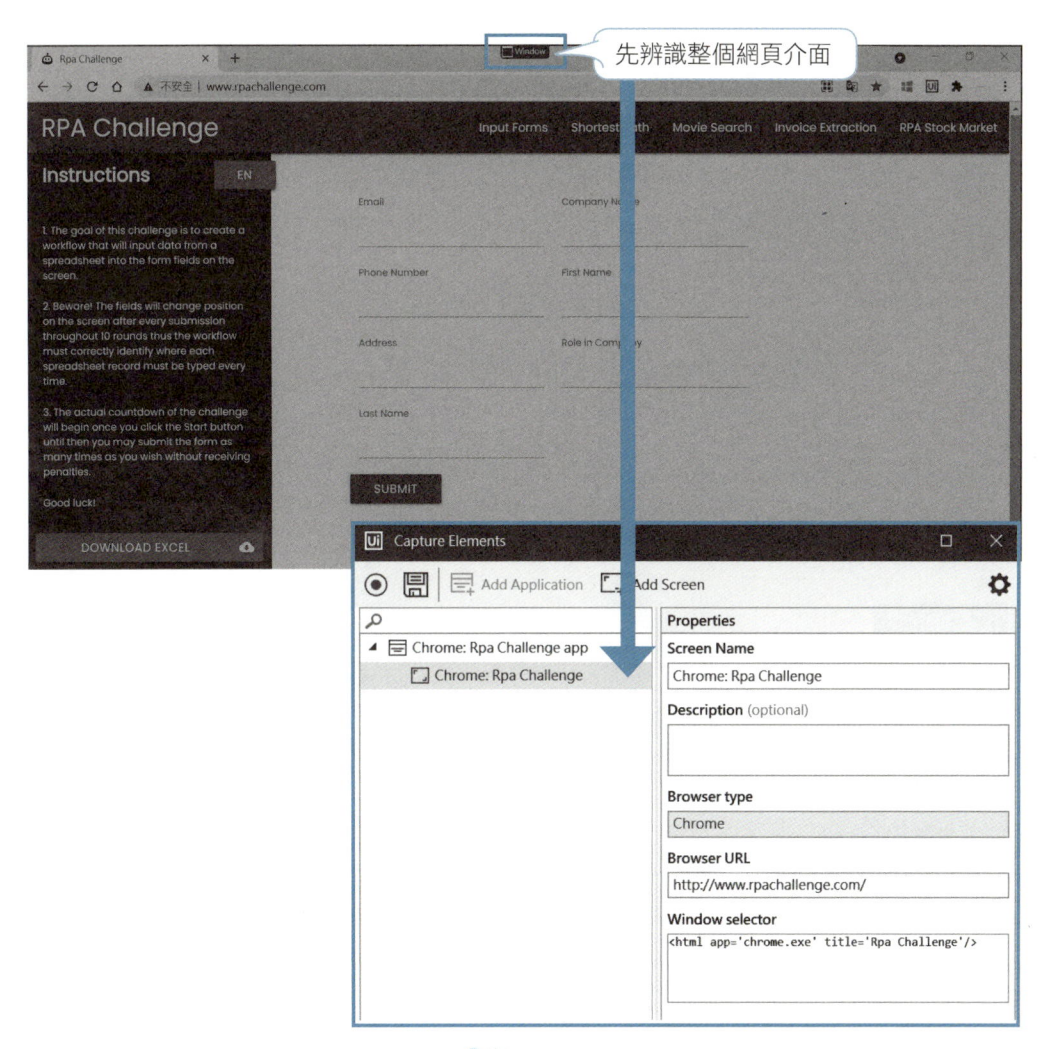

圖 9-15

Step 5： 保持錄製模式，開始對需要的元素進行辨識；本案例將辨識所有可輸入內容的輸入框，辨識完成後點擊 🖫 保存。

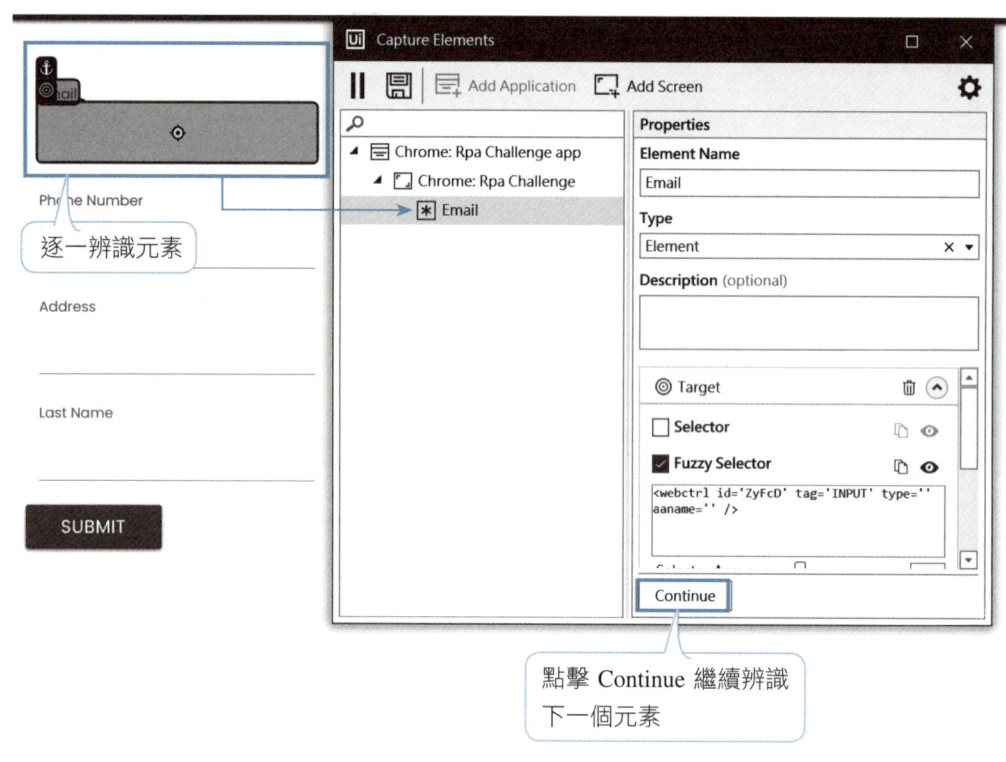

圖 9-16

Step 6： 返回 Studio 介面，點擊 Object Repository 左上方 ▣，展開所有 Rpa Challenge 網站中的 Descriptors。

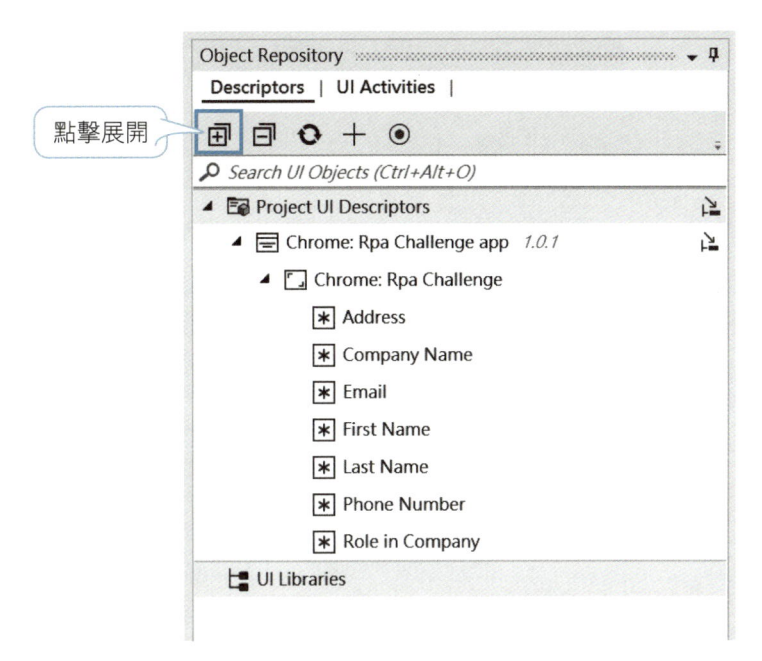

圖 9-17

Step 7： 這時，我們突然發現遺漏辨識了 Submit 這個元素。右鍵點選 Chorme: Rpa Challenge，使用功能選單再增加一個元素。

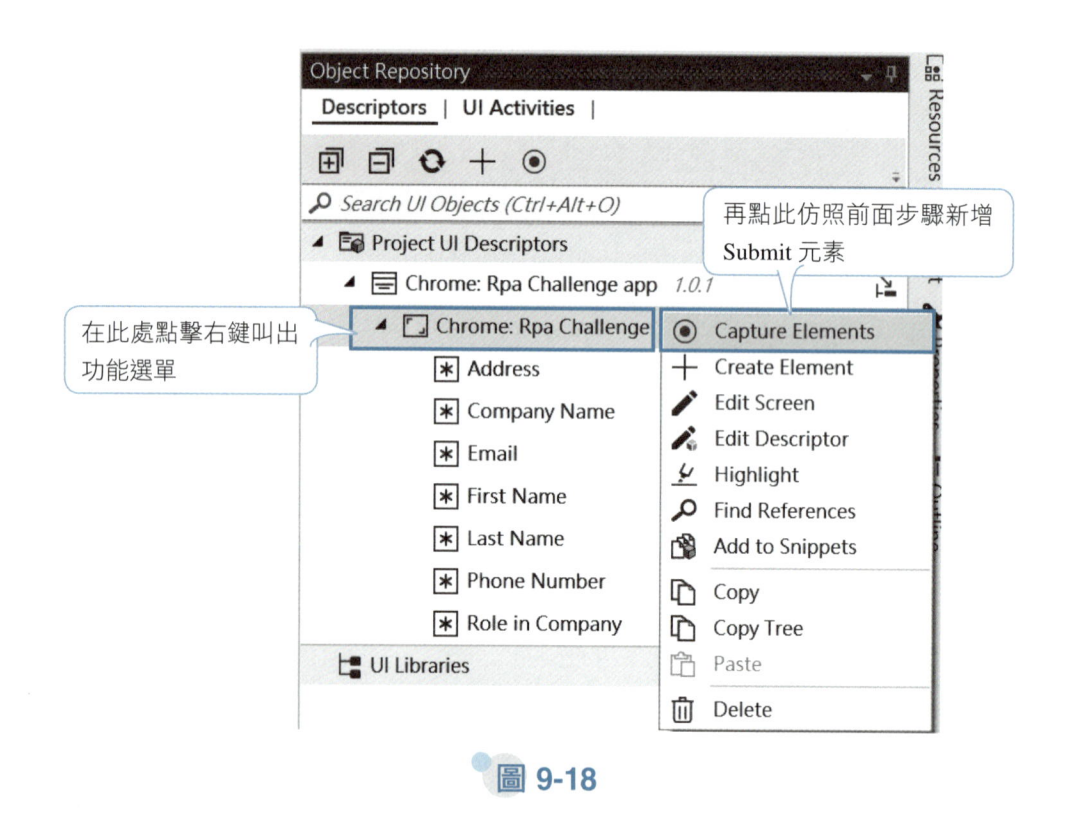

圖 9-18

Step 8： 我們已經完成 RPA Challenge 網頁的 Object Repository 建置了，接下來開始設計流程吧！

Step 9： 拖拉 Chrome: Rpa Challenge 到設計面板中，畫面會自動跳出可選用的 Activity→【Use Application/Browser】，雙擊選用。

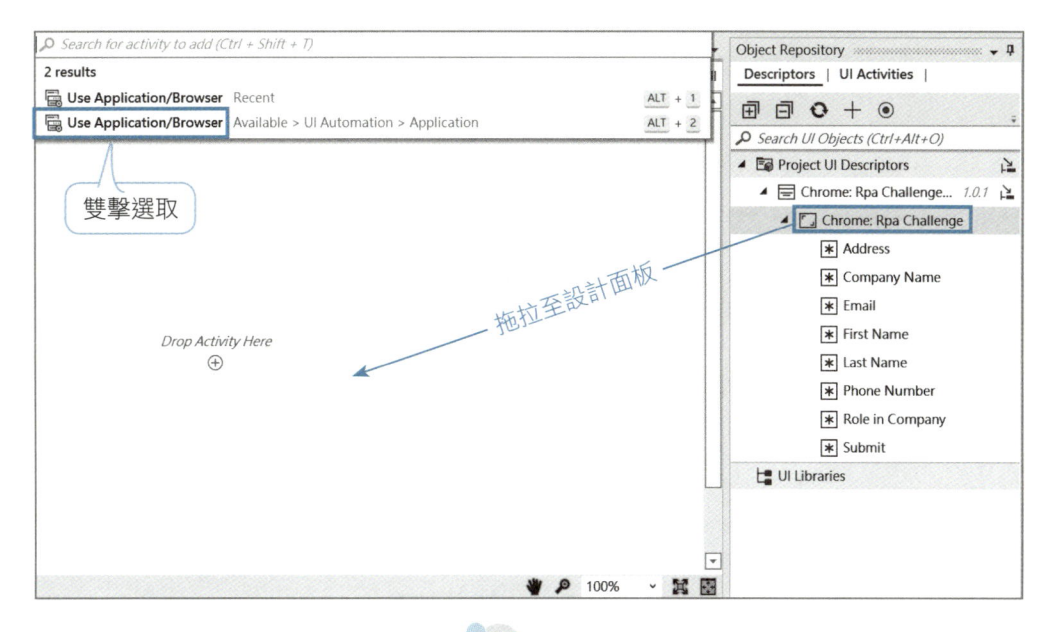

UI Automation　Chapter 09

圖 9-19

> Modern 模式的 Activities 都必須位於【Use Application/Browser】中使用。【Use Application/Browser】可以取代在 Classic 模式中的下列 Activities：Open Application、Open Browser、Attach Window、Attach Browser、Element Scope、Close Window、Start Process。

Step 10： 最後，在 Do 內，分別拖拉 First Name 和 Email 元素，且都選擇【Type Into】作為要執行的動作；接著再使用【Click】點選 Submit 元素，使用 Object Repository 製作的 UI 流程就完成了。此時 Studio 畫面會如圖 9-20 所示，試著運行看看吧！

169

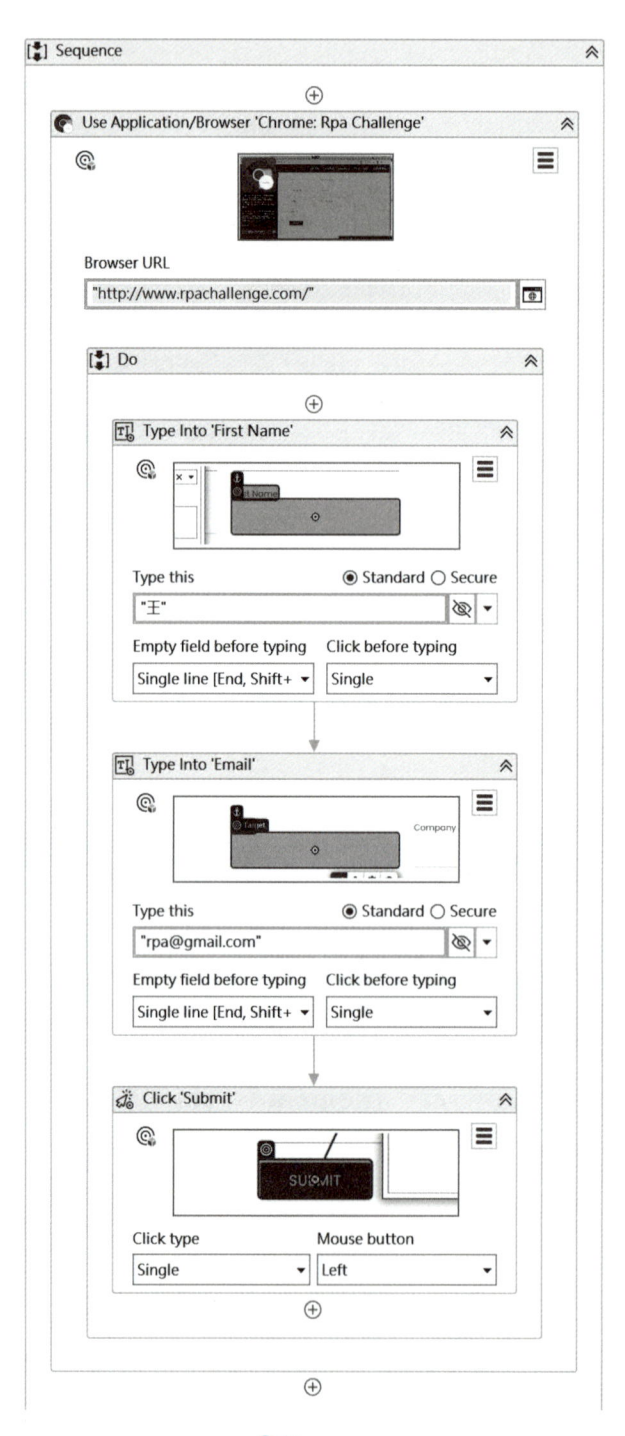

圖 9-20

習題

Q1 Which of the following Output Activities extracts the hidden text from a UI Element?

A. Get Full Text

B. Get OCR Text

C. Get Visible Text

Q2 Which of the following are input actions?

(1) Click; (2) Type Into; (3) Send Hotkey; (4) Get Text.

A. (3)(4)

B. (1)(2)(3)

C. (1)

Q3 What happens when a Find Element activity does not find the desired element within the set Timeout property?

A. The activity throws an exception and stops the execution.

B. The next activity is executed.

C. The activity returns a False value in a Boolean variable.

Q4 Which description of the input methods is right?

(1) Default: Clicks: the mouse cursor moves across the screen.
(2) Send window messages: Replays the window messages that the application receives when the mouse/keyboard are used.
(3) Simulate: Uses the technology of the target application (the API level) to send instructions.

A. (1)

B. (2)

C. (1)(2)(3)

Q5 Data scraping extracts structured data from... (1) Documents; (2) The browser; (3) Apps.

A. (2)

B. (2)(3)

C. (1)(2)(3)

Q6 Which of the following activities has a Boolean variable as the output?

A. On Element Appears

B. Find Element

C. Element Exists

Q7 Can you store a Selector in a variable to be used in the Selector property of an activity?

A. Yes, of type UiElement.

B. No.

C. Yes, of type Int32.

D. Yes, of type String.

答案：A B A C C B D

Chapter 10
Selectors

上一章，我們學習了 RPA 最重要的特點：透過使用者介面 (User Interface, UI) 設計出一連串自動化的流程。過程中，你已經學會如何與各種應用程式介面中的 Element（元素）互動，甚至將它們做成一個像是資料庫的形式，便於團隊共用。

你或許有發現，UiPath 會聰明的記錄 Element 在螢幕上的位置，但是，用位置來處理各種 UI 上的 Element 並不是一種完全可靠的方法，因為這些 Element 未必是固定的，每台電腦畫面顯示的位置可能也不相同，很有可能會發生因為機器人找不到此 UI Element，而導致流程執行失敗的結果。

因此，為了提升 UI Elements 在流程中的穩定度，我們在 UiPath Studio 運用 Selectors 來辨識 UI Elements。Selectors 是透過 XML 片段 (Fragments) 的形式來儲存 UI Elements。

注意！此章節將使用 Classic Design 模式進行設計。

10.1 如何產生 Selestors

使用 Activity【Type Into】點選 Indicate on screen 後，按下鍵盤快捷鍵 Alt+Tab 跳回到 My CRM 應用程式，你會發現游標變成藍色的小手，且隨著小手的移動，會有藍底色的框框也跟著移動。

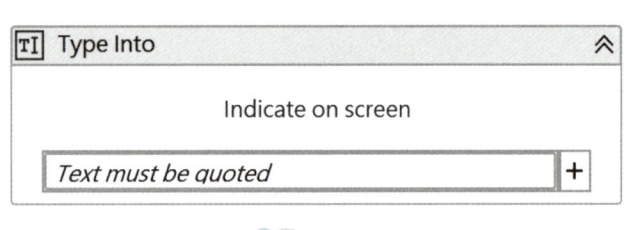

圖 10-1

接著，我們用藍色小手點擊「First」右方輸入欄位，這個動作的意思是在告訴機器人，我們要 Type Into 內容到這個 Element 中。點選後，介面會自動返回 Studio，這時 Selectors 已生成。

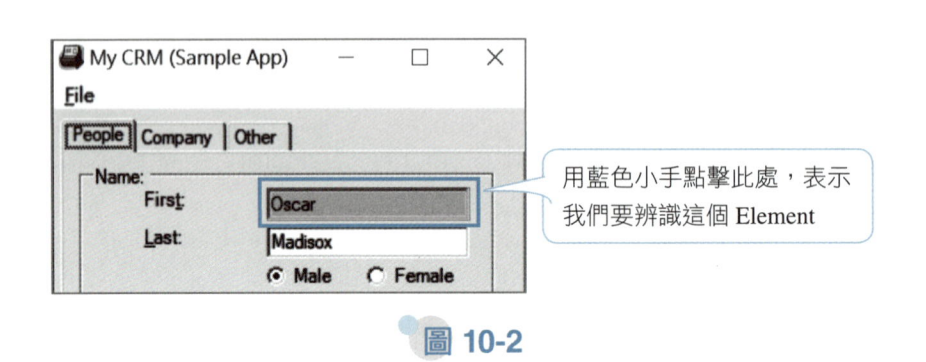

用藍色小手點擊此處，表示我們要辨識這個 Element

圖 10-2

點選 Indicate on screen 後，電腦畫面會進入選取模式，螢幕的四個角落會有一個小小的功能視窗，隨著你的游標移動而移動，提供你一些有用的快捷鍵指引。

```
Cursor Position    -1087x505
Left x Right       -1920x1920
Top x Bottom       0x1080

(ESC) - Cancel Selection
(F2)  - Select after Delay
(F3)  - Select Region
(F4)  - UI Framework: Default
```

(ESC)

可以結束這個選取模式。

(F2)

暫停選取模式 3 秒，讓你可以重新取得滑鼠的控制權，移動到想要的畫面位置，非常實用！

(F3)

當你想要的 Element 是一個範圍時，F3 可以讓你用選取的方式把 Element 框起來。

(F4)

若發現無法成功選取 Element 時，可按下 F4 切換辨識的模式來嘗試，共有三種：Default、AA (Active Accessibility)、UI (UI Automation)。

10.2　Selector 視窗

我們如何查看已生成的 Selector 呢？有兩種方式可以開啟 Selector 視窗查閱。

1 點選 Activity 的三條橫線選單 ≡，叫出功能列後點選 Edit Selector。

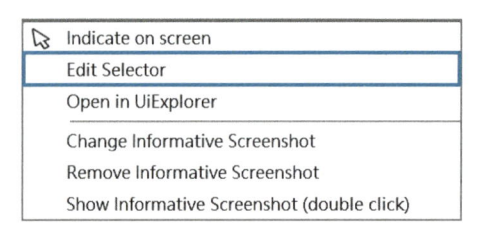

圖 10-3

2 點選此 Activity 的屬性列表，從 Input > Target > Selector 右方 ... 叫出。

圖 10-4

開啟 Selector 視窗後，你需要認識幾個其中重要的功能。

Selectors　Chapter 10

❶ 用 Validate 得知目標 Element 是否成功被辨識：查看 Validate 的顯示狀態，得知顯示目標 Element 的 Selector 是否成功被辨識。這個按鈕可能會有的四種狀態如圖 10-5。

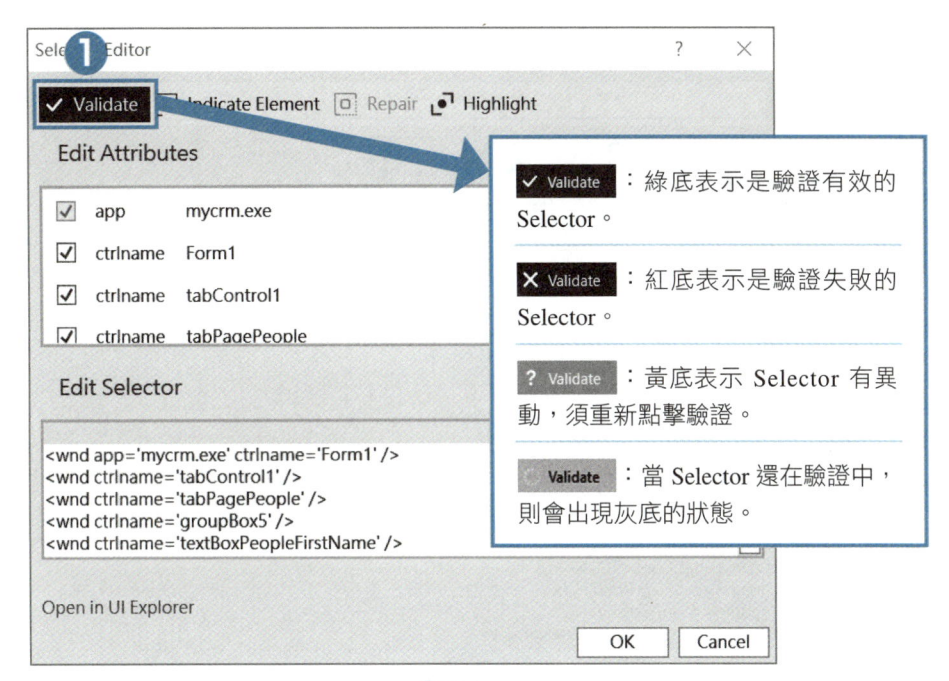

圖 10-5

177

❷ 點選 Indicate Element 重新辨識一個新的 Element，並取代掉舊有的。

❸ 當驗證失敗時，點選 Repair 嘗試修復。

❹ 開啟 Highlight，對驗證有效的 Element 以紅框顯示凸顯強調，方便開發人員識別；再點選一次 Highlight 則可關閉。

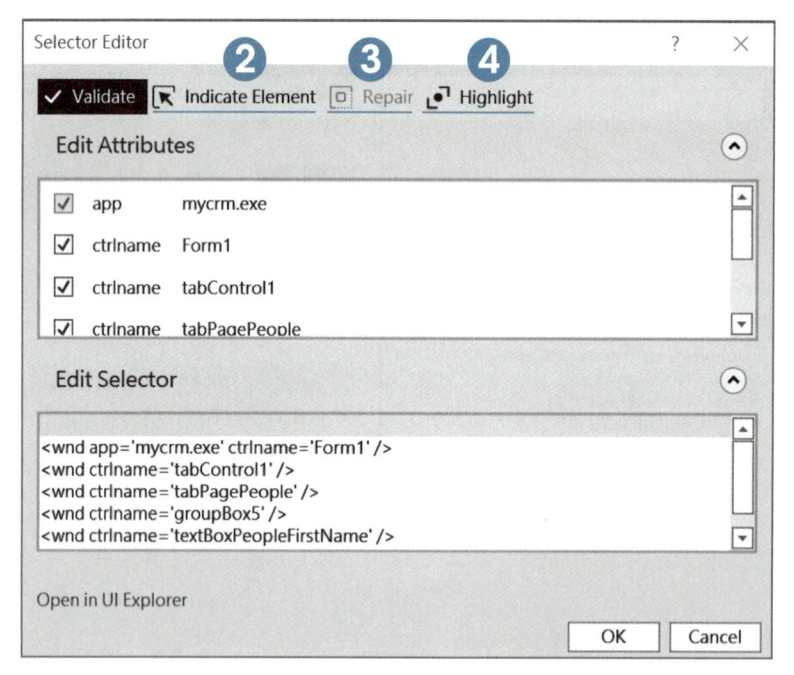

圖 10-6

Selectors　Chapter 10

❺ 在 Edit Attributes 編輯該 Selector 的 Attributes。可以在此處選擇我們需要的 Attributes 或進一步修改內容，亦可以在此設置變數或參數，此處的異動將會直接連動呈現於下方 Edit Selector 區域中。

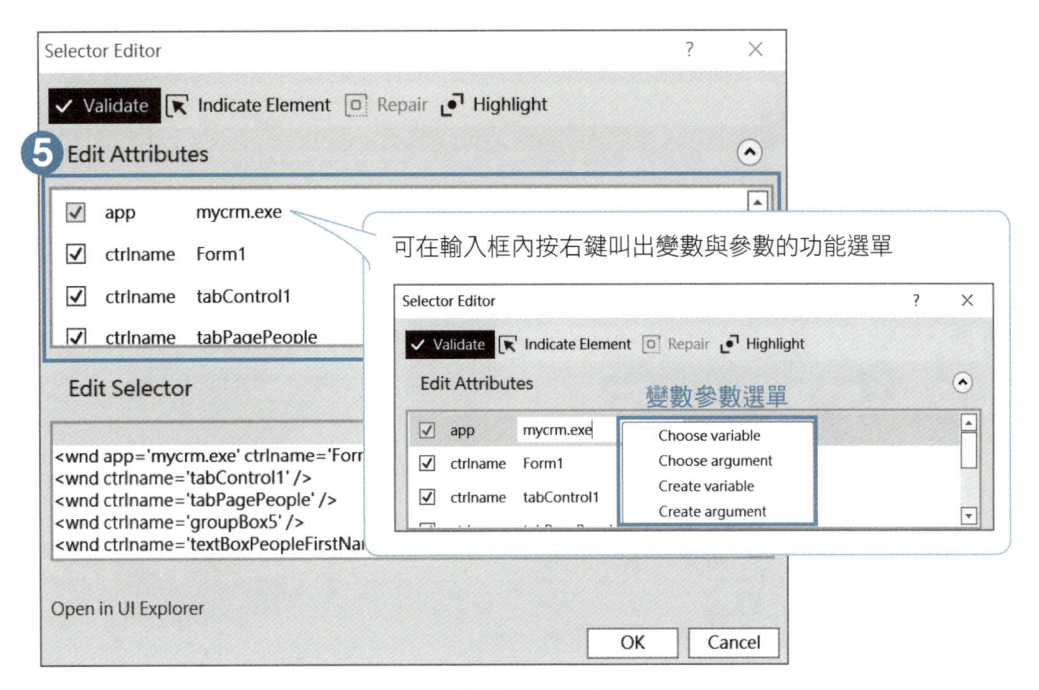

圖 10-7

179

❻ 在 Edit Selector 進行 Attributes 的修改，同樣會直接連動改變上方 Edit Attributes 區域的內容。

❼ 若為有效驗證，可點此開啟 UI Explorer 做進階的調整。

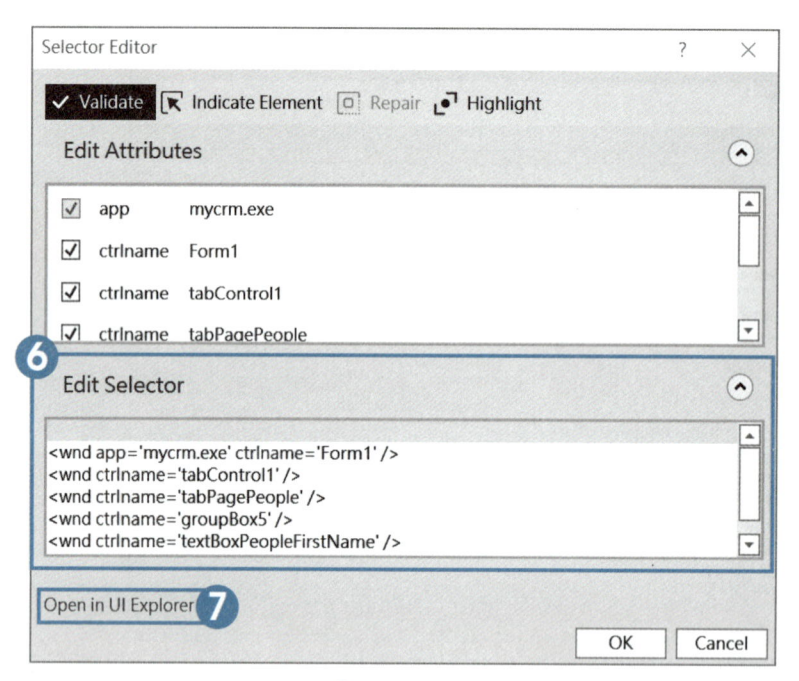

圖 10-8

10.3 解讀 Selector

Selector 由 Node（節點）組成，基本架構為 <node_1/><node_2/>...<node_N/>，而每一個 Node 又是由 Tags 和 Attributes 組成。對 My CRM 應用程式使用【Type Into】辨識「First」右方輸入欄位元素後，在 Edit Selector 區域中，你會看到各種 Node 的程式碼，如圖 10-9 所示。

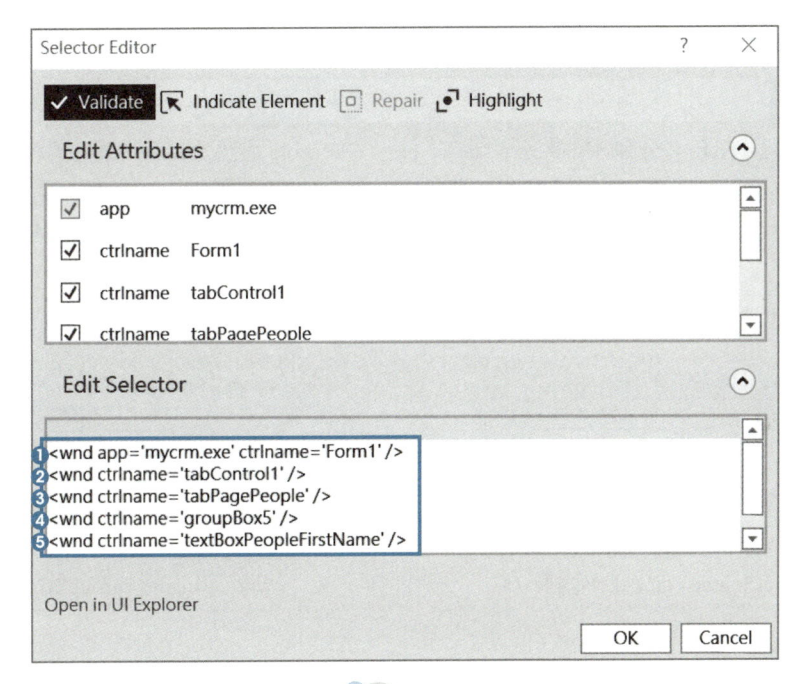

圖 10-9

這些程式碼都分別對應了 My CRM 應用程式介面中的特定區域，我們藉由以下編號來逐一說明。

① Root Node（也稱為 Node1）

最頂層的容器，通常就會是這個應用程式本身整體視窗。

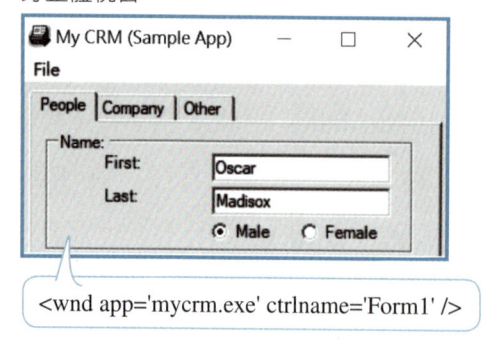

<wnd app='mycrm.exe' ctrlname='Form1' />

② Node2

識別可以編輯資料的整個區域。

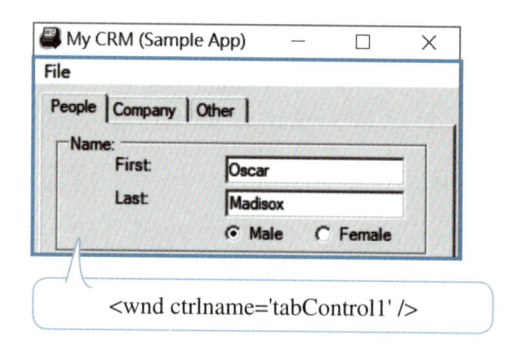

<wnd ctrlname='tabControl1' />

③ Node3

這裡有三個 Tab，分別是 People、Company、Other，Node3 識別了 People 這個 Tab。

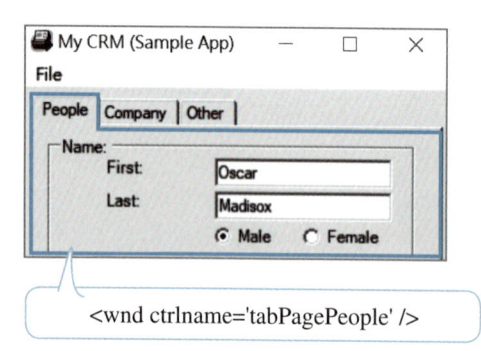

<wnd ctrlname='tabPagePeople' />

④ Node4

在 People 這個 Tab 下，還分了好幾個區塊，Node4 辨識了 Name 這個範圍，並顯示為 groupBox5（你可以試著點選其他區塊，Box 的數字會改變）。

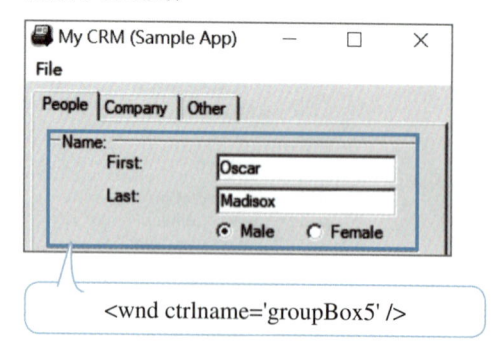

<wnd ctrlname='groupBox5' />

⑤ Node5

最後，Node5 便是我們真正要使用的 Element。

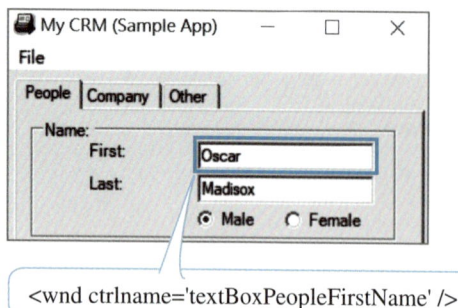

<wnd ctrlname='textBoxPeopleFirstName' />

圖 10-10

那這些程式碼又代表什麼意思呢？Node 是由 Tags 和 Attributes 兩大類別所組成，我們以第一行程式碼來做解釋：

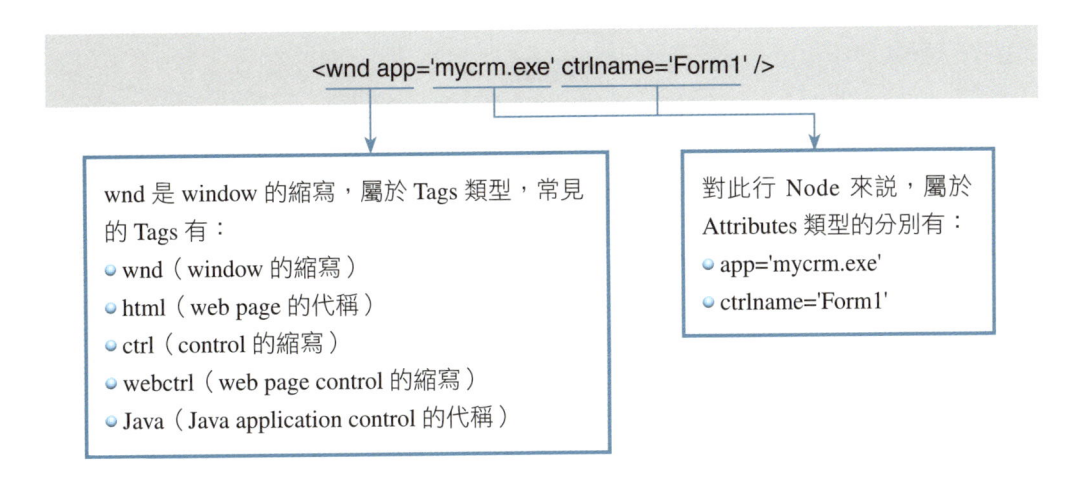

```
<wnd app='mycrm.exe' ctrlname='Form1' />
```

wnd 是 window 的縮寫，屬於 Tags 類型，常見的 Tags 有：
- wnd（window 的縮寫）
- html（web page 的代稱）
- ctrl（control 的縮寫）
- webctrl（web page control 的縮寫）
- Java（Java application control 的代稱）

對此行 Node 來說，屬於 Attributes 類型的分別有：
- app='mycrm.exe'
- ctrlname='Form1'

每一個 Attributes 都會有它的名稱和值，app 和 ctrlname 是名稱，等號後方的mycrm.exe、Form1 則分別為這兩個名稱的值。我們可以透過修改名稱的值，來增強 Selector 的彈性或穩定性。

10.4 兩種類型的 Selectors

Selectors 類型分為 Full Selector 和 Partial Selector，當你使用錄製器進行設計時，你所選擇的錄製功能選項，會產生不同類型的 Selector。

10.4.1 Full Selector

- 使用 Basic 錄製模式時會產生 Full Selector。
- 建議使用於多個應用程式之間切換時。
- 包含 Top-level Window 下所有的 UI Elements，像是 Tags 和 Attributes。

使用 Basic Record 錄製在記事本執行 Type Into "HI RPA" 的畫面如圖 10-11，你可以發現其 Selector 有四項可調整的勾選框。

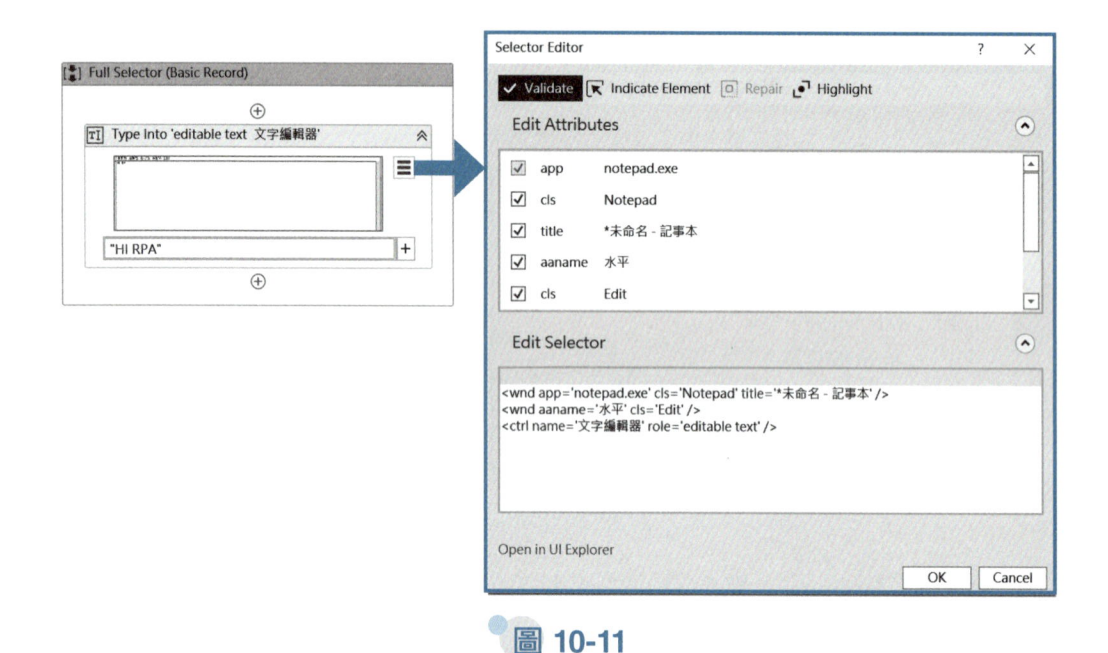

圖 10-11

10.4.2 Partial Selector

- 使用 Desktop 錄製模式時會產生 Partial Selector。

- 建議使用在同一個應用程式中執行多個操作時。

- 不包含 Top-level Window 下的 UI Elements，所以這種 Activities 外面都會使用一個 Container，像是【Open Application】、【Attach Window/Browser】。

Selectors　Chapter 10

使用 Desktop Record 錄製在記事本執行 Type Into "Hi! RPA" 的畫面如圖 10-12，Type Into 會被 Attach Window 包覆住，因為其 Selector 並不包含 Top-level Window，僅有兩個勾選框可被調整。

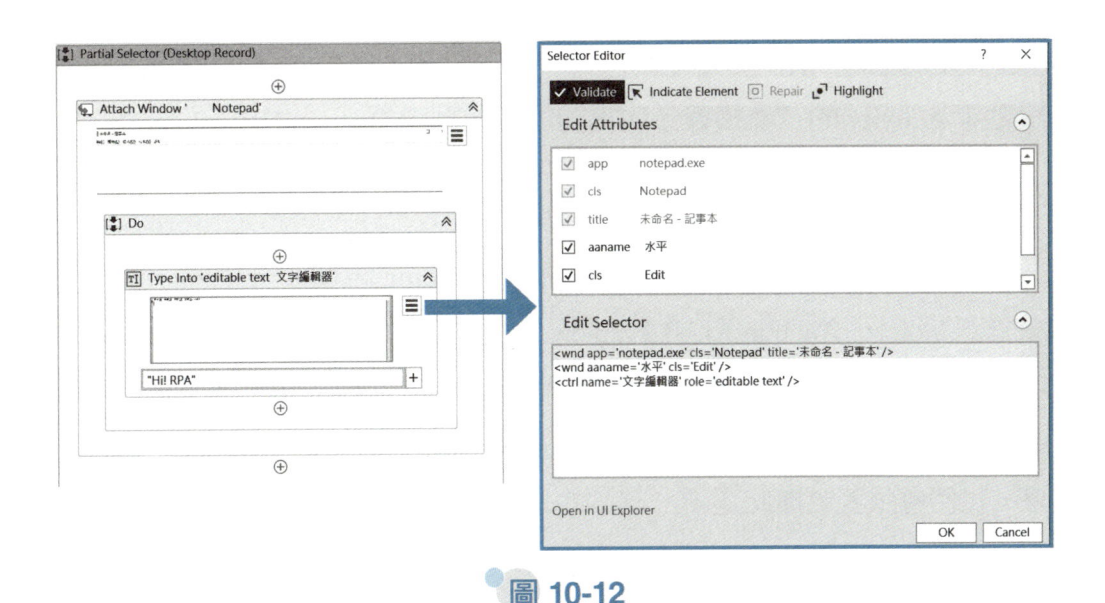

圖 10-12

10.5　UIExplorer

UIExplorer 是設計 Selector 的進階設計工具，讓開發人員可以為特定的 UI Element 建立一組自定義的 Selector，你可以在 Studio 上方的功能列打開 UIExplorer，使用 Indicate Element 辨識元素來產生 Studio。

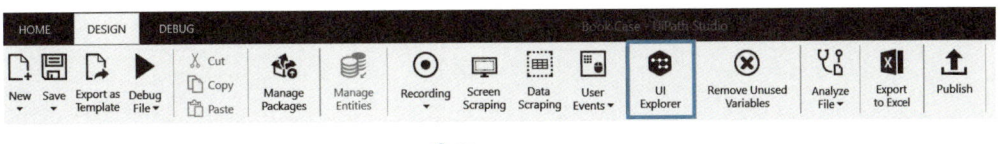

圖 10-13

若你的功能列沒有出現 UIExplorer，請至 Manage Packages 裝載 UiPath.UIAutomation.Activities。

或使用各種 Activities 辨識元素產生 Selector 後，你可以透過：

1️⃣ 點選 Activity 的三條橫線，叫出功能列後點選 Open in UIExplorer；

2️⃣ 或是點選 Selector 視窗下方 Open in UIExplorer 按鈕開啟。

UIExplorer 上方的主要功能選項與 Selector 視窗十分雷同，主要是增加了 Indicate Anchor 和 UI Frameworks 這兩項功能。Indicate Anchor 的功能將透過 10.7.2 節的案例做進一步說明；UI Frameworks 則是讓你可以更改用於辨識 UI Element 與其 Selector 的技術方法，當 Default 辨識失敗時，我們會試著更換此選項，其中的選項包含：

Default	Active Accessibility	UI Automation
UiPath 提供的預設使用方法，通常可以很好的處理所有類型的 UI Elements。	Microsoft 早期提供訪問應用程式的方式，如果你要識別的應用程式是比較老舊的，則可嘗試使用此選項。	Microsoft 改良後的訪問方式，若你要識別的應用程式是較新，則可採用此選項。

UIExplorer 主要有三個功能面板，各面板區域說明分別如下：

Selectors　Chapter 10

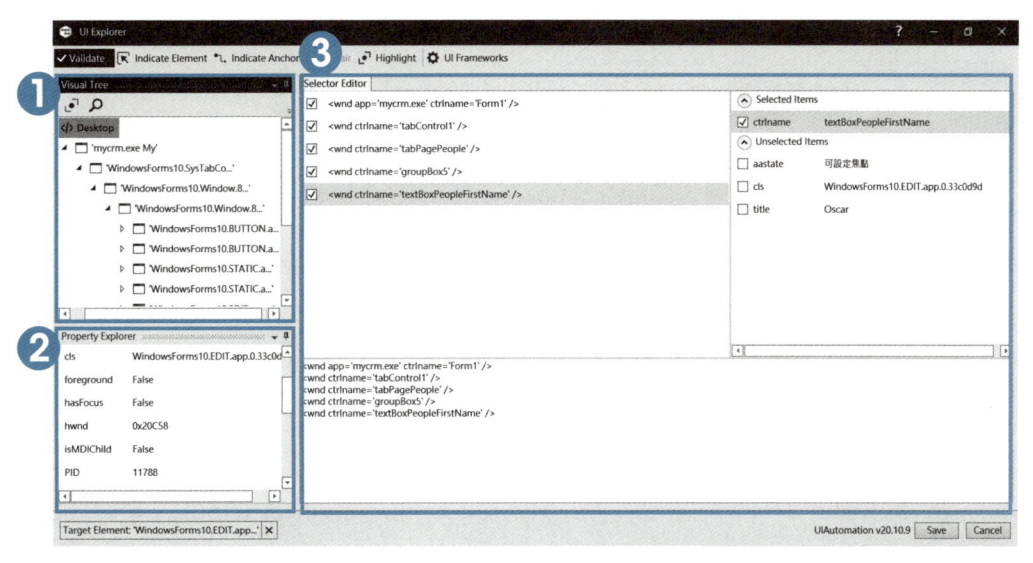

圖 10-14

圖中編號	面板名稱	主要功能
❶	Visual Tree	透過層級式的顯示方式，你可以在此查閱應用程式中所有的 UI Elements，使開發者可以快速的自定義 Selector。
❷	Property Explorer	（V19.7.0 版本中並沒有此面板） 完整的顯示 UI 中所有的 Attributes 和其值，便於開發人員查看。
❸	Selector Editor	編輯 Selector 的區域。此區與 Selector 視窗相同，異動此處的選取框，會使得底部區域實際的 XML 片段同步調整。右方可以選取指定的 Attributes，未選取的項目則會自動被歸類至 Unselected Items，你也可以在此處引用變數或參數。

187

10.6 如何讓 Selector 保有彈性

Fine-tuning（微調）Selector 讓它保持動態彈性是自動化流程設計重要步驟，這種具有彈性的 Selector，我們稱之為 Dynamic Selectors。以下介紹三種可以讓 Selector 保持動態的方法。

10.6.1 使用 Wildcards

當 Selector 中有動態變化的 Attributes 時，將該 Attributes 的值換成 Wildcards 便能使其保有彈性。Wildcards 有兩種符號：

1 星號 *：可取代零個或以上的字符，當你不確定字符的數量時，用它就對了。

2 問號 ?：可取代單個字符。

案例 10-1　運用 Wildcards 於 Selector

● **目的**

讀取三份不同檔名的記事本，並將其中有兩個空白格的內容取代為一個空白格。

● **資源**

至「案例 10-1」資料夾，下載「Case 資源」中的三份記事本檔案。

● **Try and Do It**

Step 1： 打開資源檔案中的 Resources 資料夾，開啟檔名「Letter_001」的記事本。

Step 2： 創建一個新【Sequence】，為其命名並添加註解。

Step 3： 使用【Attach Window】，辨識檔案「Letter_001」記事本的編輯區域。

Step 4： 使用【Send Hotkey】使用快捷鍵 Ctrl+H，叫出取代功能視窗。

Step 5： 使用兩個【Type Into】。第一個用於第一個欄位「尋找目標」，輸入雙空格；另一個用於第二個欄位「取代為」，輸入單空格作為值，記得要使用雙引號來包覆住空格。

Step 6： 使用兩個【Click】，一個點選「全部取代」按鈕，另一個來點擊右上角的「×」來關閉視窗。此時的 Studio 畫面會如圖 10-15。

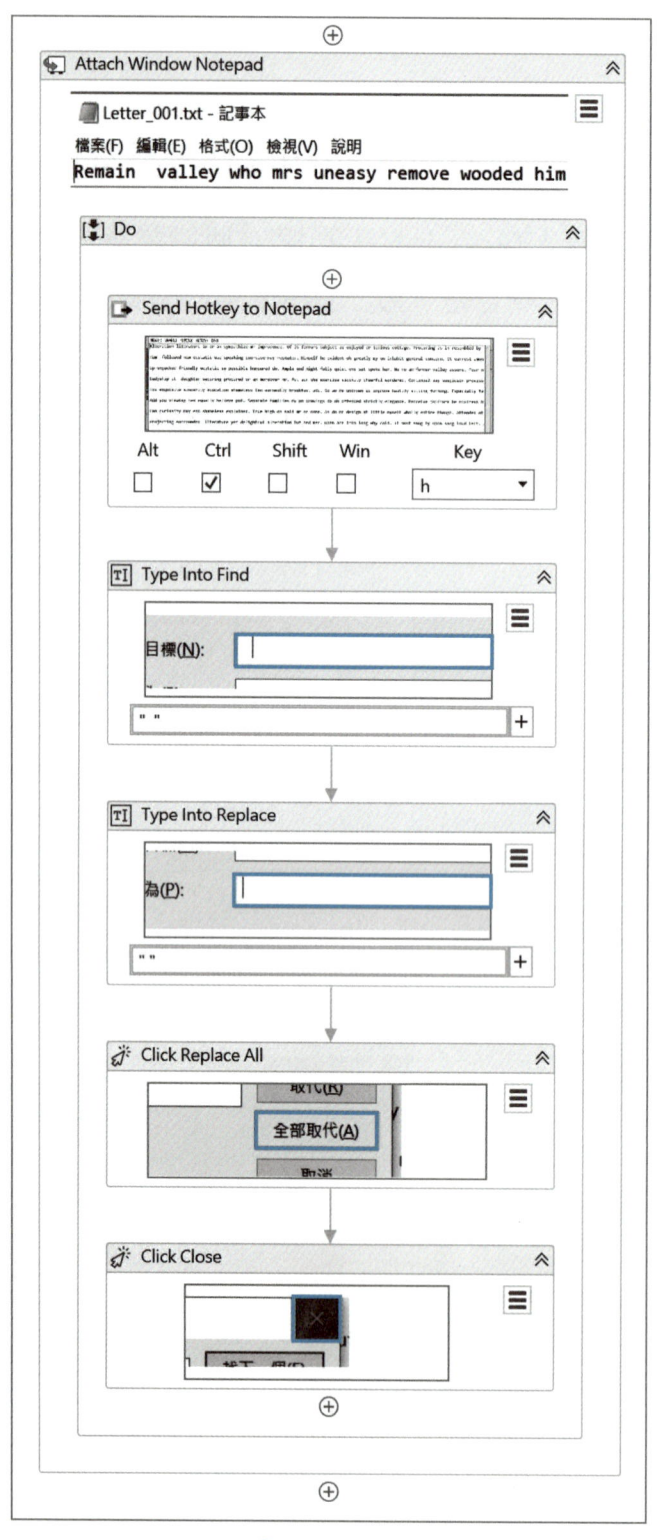

圖 10-15

Step 7： 成功 Run 完「Letter_001」檔案後，我們打開「Letter_002」記事本，再按下 Run 試試，咦？執行失敗了！視窗跳出錯誤訊息：Could not find the UI element corresponding to this selector。開啟【Attach Window】的 Selector，你會發現因為檔案「Letter_001」的 title（檔名）被固定了，所以機器人無法找到「Letter_002」的檔名，因此我們需要來做點彈性調整。

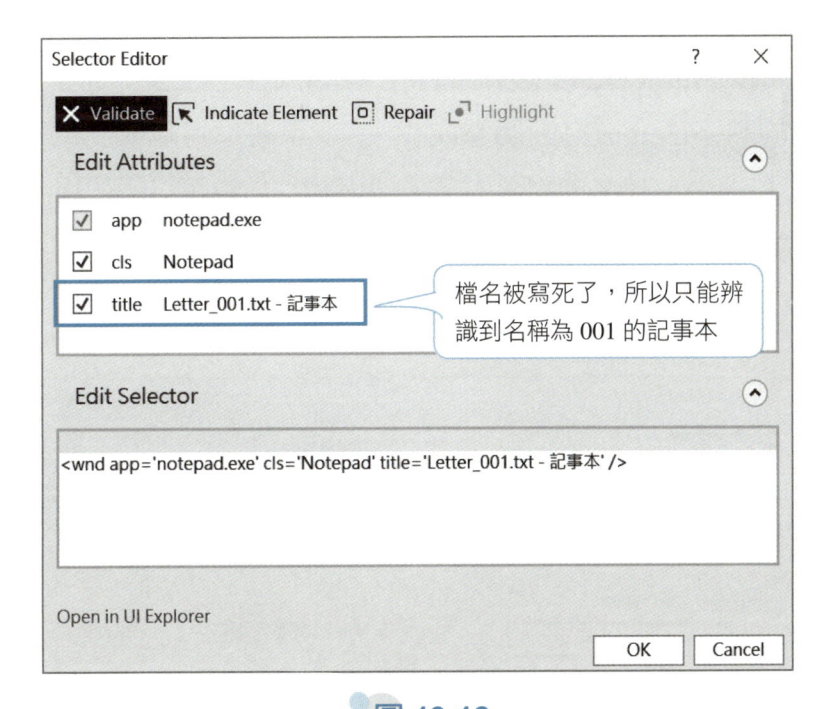

圖 10-16

Step 8： 我們按下 Repair 嘗試修復，重新指定「Letter_002」的編輯區域，會跳出圖 10-17 顯示之修正訊息。

図 10-17

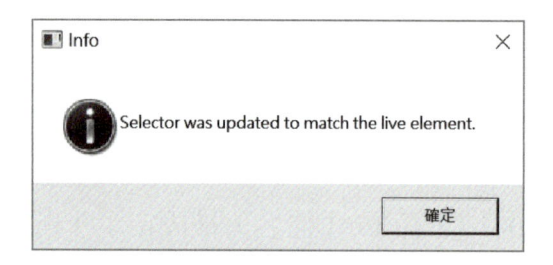

Step 9： 再度開啟【Attach Window】的 Selector 視窗。你會發現 title 的數字部分被自動調整成「*」，現在你可以順利的運行所有「Letter」檔名的記事本了。（備註：你也可以不使用 Repair 功能，直接把 title 手動替換改成「*」。）

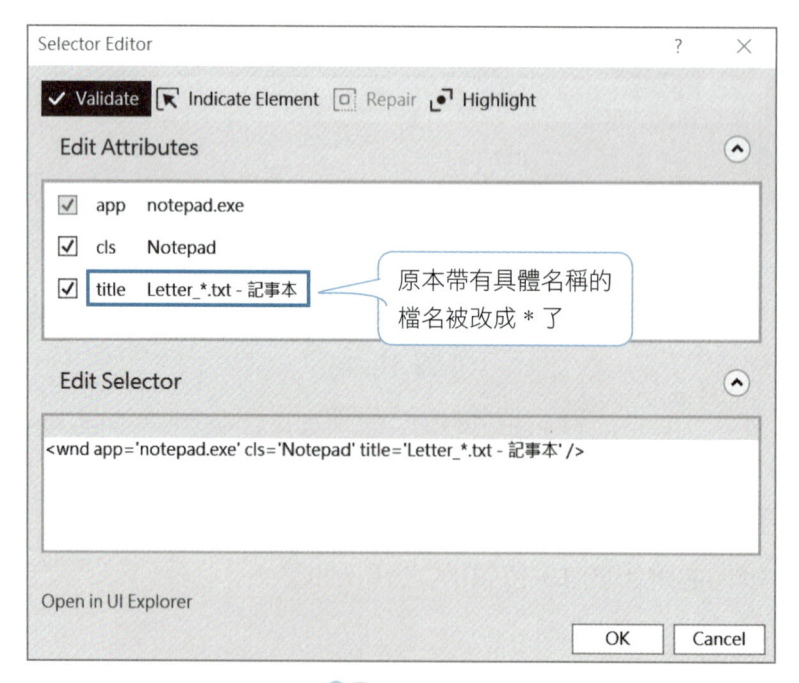

原本帶有具體名稱的檔名被改成 * 了

圖 10-18

10.6.2 運用變數

我們可以在 XML 中使用變數來使 Selector 具備更多的彈性，針對目標 Element 的 Attribute，修改其值為變數。

🔍 案例 10-2　運用變數於 Selector

● 目的

使用「InputDataUiDemo.xlsx」檔案，依據其中「UseCashCount」欄位的值，正確選取 UIDemo 程式中的選項，並對應正確欄位輸入檔案中的數字。

● 資源

至「案例 10-2」資料夾，下載「Case 資源」中的「UiDemo.zip」，並先自行手動開啟 UIDemo 程式。

● Try and Do It

Step 1：使用「UiDemo 帳號密碼.txt」的帳號密碼，人工手動登入 UIDemo 程式。

Step 2：使用【Read Range】讀取「InputDataUiDemo.xlsx」的 "Sheet1" 分頁所有內容，並存於 *inputData* 變數中。

Step 3：使用【Attach Window】辨識 UIDemo 程式。

Step 4：使用【For Each Row】逐一讀取 *inputData* 變數。

Step 5：使用【Check】辨識勾選「UseCashCount」。

Step 6： 使用【Assign】設置一個 *countOption* 變數，賦值為 row("UseCashCount").ToString。

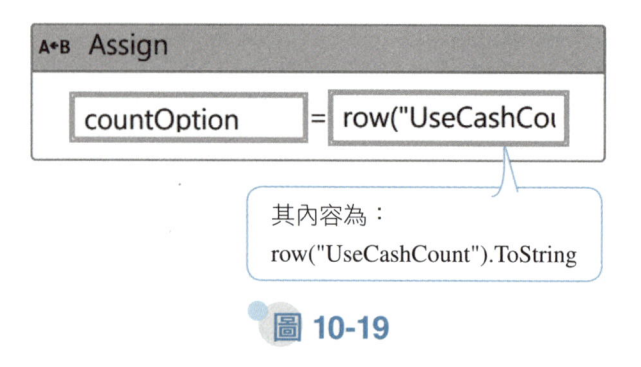

圖 10-19

Step 7： 使用【Check】辨識點選「Use Both」的白色圓點後開啟 Selector。

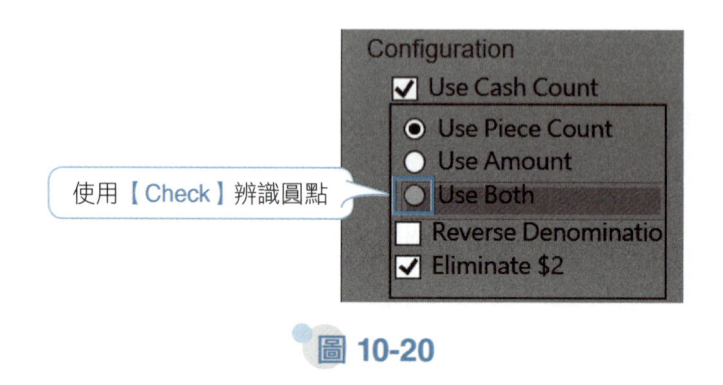

圖 10-20

Step 8： 你會看到屬性 name 的值呈現的是「Use Both」；但是我們希望它可以彈性變化成其他內容，故要改用變數代替。

將游標移至 name 右方的輸入框，右鍵開啟功能選單，選擇稍早設置的 *countOption* 變數將其替換（替換後，會顯示驗證失敗的原因是因為此刻的變數中並沒有任何值）。

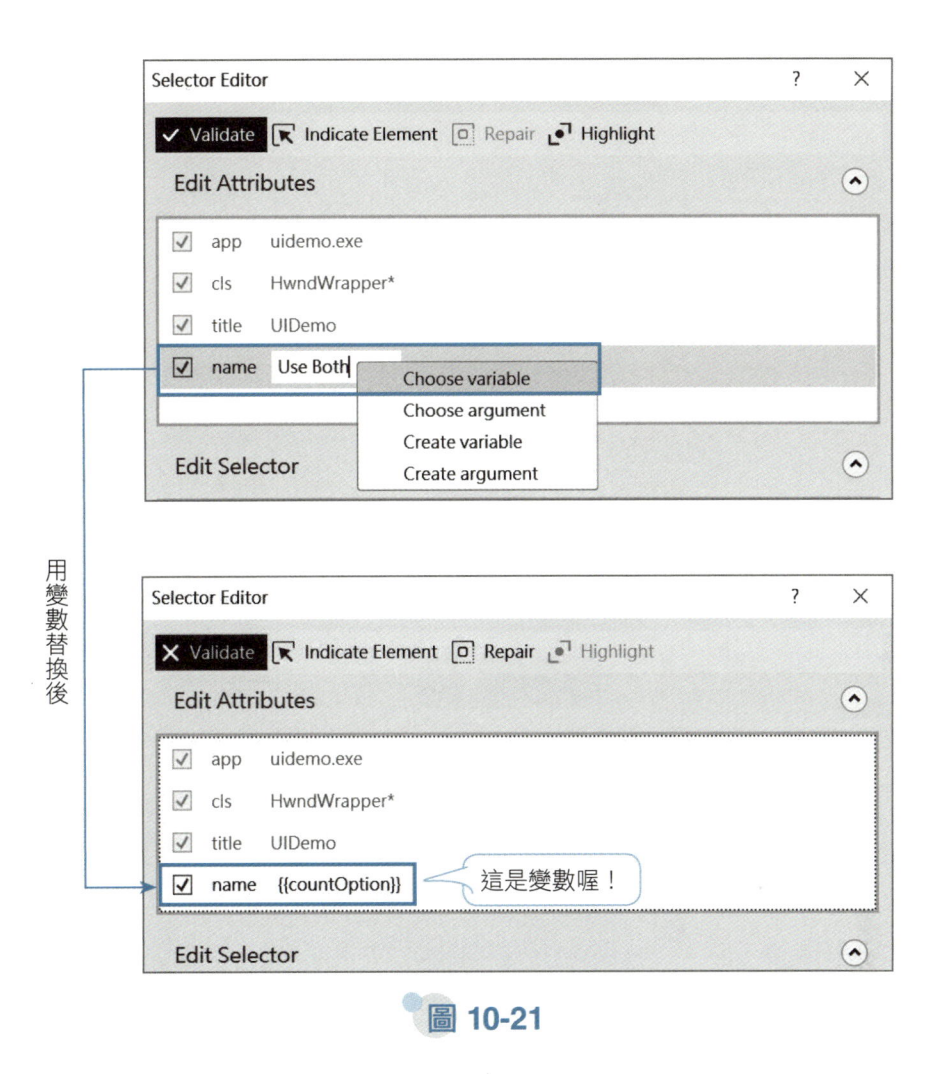

Selectors　Chapter 10

[圖示：Selector Editor 視窗，顯示 Edit Attributes 中 app=uidemo.exe、cls=HwndWrapper*、title=UIDemo、name=Use Both，並彈出選單顯示 Choose variable / Choose argument / Create variable / Create argument]

用變數替換後

[圖示：Selector Editor 視窗，Edit Attributes 中 app=uidemo.exe、cls=HwndWrapper*、title=UIDemo、name={{countOption}}，旁邊標註「這是變數喔！」]

圖 10-21

Step 9： 接著使用三個【Type Into】，依據需要輸入的欄位，運用語法 row("欄位名稱").ToString 提取 Excel 中欄位內容。

Step 10： 最後，使用【Click】辨識點選「Accpet」就完成囉！此時的 Studio 畫面會如下圖 10-22。

195

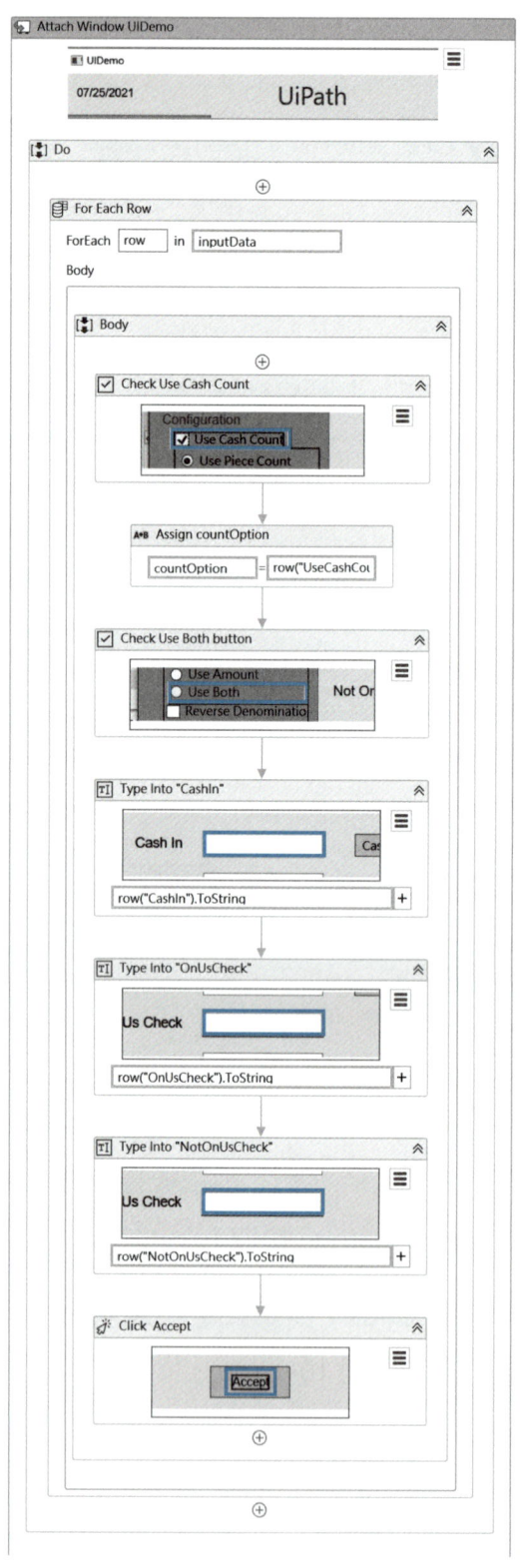

圖 10-22

10.6.3 將 index 改為變數

當你的目標 Elements 是基於連續數字所構成的時候（常見的情況像是表格），可以嘗試將 index 的值改為變數來增加其彈性。

案例 10-3　運用 index 於 Selector

● 目的

至網站 ACME System 1 中進入 Work Items 頁面，讀取 WIID 欄位下的值於 Log 紀錄中。

● 資源

進入網頁：https://acme-test.uipath.com/ 。

● Try and Do It

Step 1： 使用【Attach Window】辨識 ACME System 1 網頁。

Step 2： 使用【Get Text】辨識獲取 WIID 欄位下任意一個 Element，然後打開其 Selector（WIID 的數字是隨機的，你的數字可能與下圖不同）。

圖 10-23

你會發現，其中有兩個 Attribute 顯示的便是這個 Element 的欄列位置，就像 Excel 儲存格的編號一樣：tableCol='2' tableRow='6' 。

圖 10-24

Step 3： 接著在【Get Text】的範圍中，建立一個 Int32 類型，名為 *index* 的變數，Default 值設為 2；因為我們的目的是要逐列抓取 WIID 的值，故要將現在 tableRow='6' 的固定數字，取代為 *index* 變數。而 Default 值為 2，這是因為第 1 例是標題列，所以我們要從第 2 列開始抓取。

圖 10-25

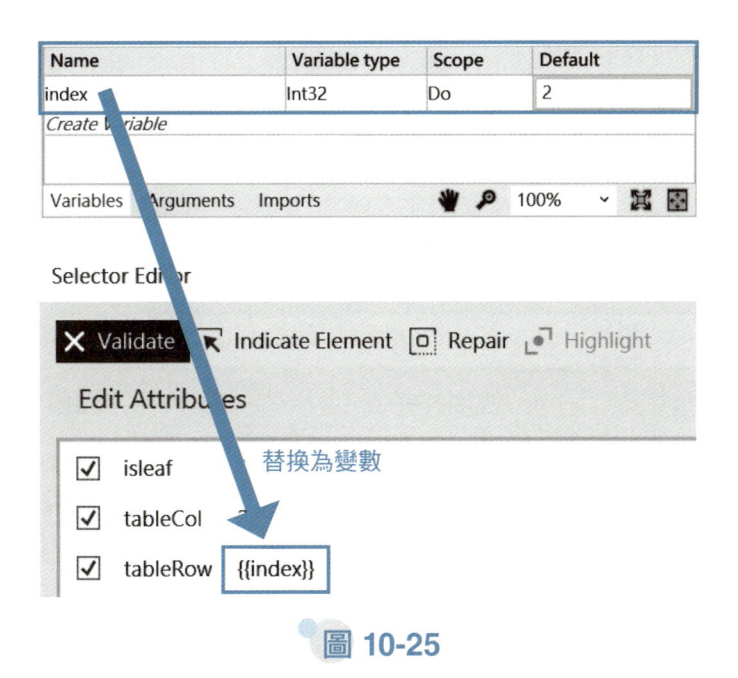

Step 4： 繼續在【Get Text】的屬性 Output→Value 創建名為 WIIDValue 的變數。

Step 5： 因為該網頁表格的列數過多，我們不想要無止盡的運行，故需要設計一個上限值。使用【While】框覆在【Get Text】外，並設定 index<5，表示當 index 大於 5 時，流程便會結束。

Step 6： 接續使用一個【Log Message】，引用 WIIDValue 變數將結果列印出來。

Step 7： 最後，再使用【Assign】，賦值 index 為 index + 1 來計數。此時的 Studio 畫面會長這樣。

圖 10-26

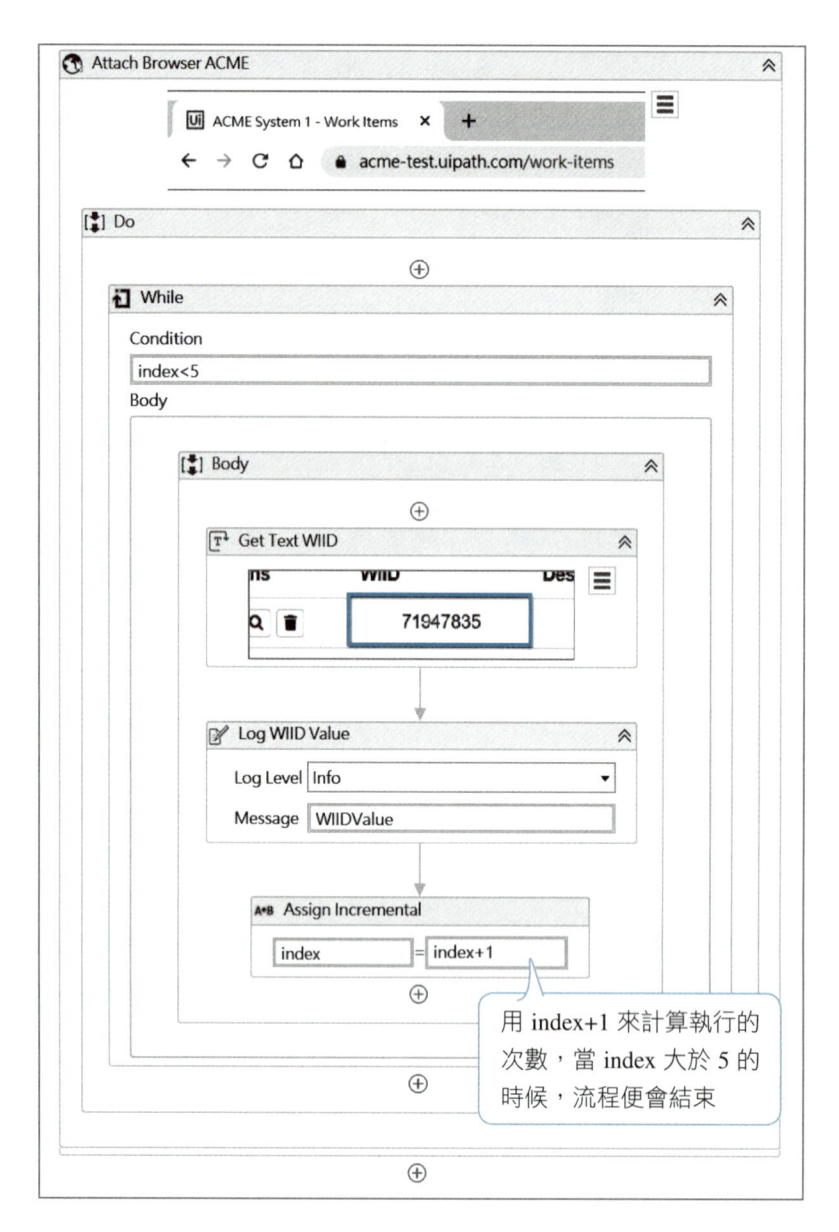

10.7 進階的 Selector 設計

以下將透過不同的例子，介紹三種進階的 Selector 設計方式，分別為 Anchor base、Relative selector 與 Visual tree hierarchy。

10.7.1 Anchor Base（錨點基準）

如果該 Element 的 Attributes 值會不停變動，但有另一個相較穩定的 Element 與目標 Element 具關聯性，則可嘗試使用【Anchor Base】來處理變動的 Element。【Anchor Base】是透過錨點和目標 Element 在螢幕上的相對位置來進行定位，因此它無法在後台運行。

【Anchor Base】分為左右兩部分，左邊是用於定位 UI Element，常使用的 Activities 像是【Find Element】或【Find Image】；右邊則是放置執行所需的 Activity。

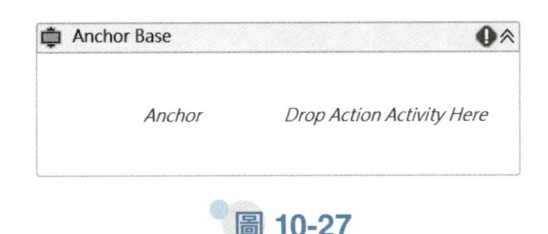

圖 10-27

案例 10-4　運用 Anchor Base

目的

在 RPA Challange 網站中，每點擊一次 Submit，所有的訊息欄位都會改變位置。我們將設計一隻機器人可以連續 5 次在 Last Name 欄位中輸入內容。

資源

前往網站：http://www.rpachallenge.com/。

Try and Do It

Step 1： 開啟 RPA Challange (http://www.rpachallenge.com/) 的網頁。

Step 2： 使用【Attach Window】辨識 RPA Challange 網頁，並建立一個 Int32 類型，名為 *index* 的變數。

Name	Variable type	Scope	Default
index	Int32	While	Enter a VB expression
Create Variable			

圖 10-28

Step 3： 使用【While】，將 Condition 設置為 *index*<5。此時你的 Studio 畫面應該會同圖 10-29。

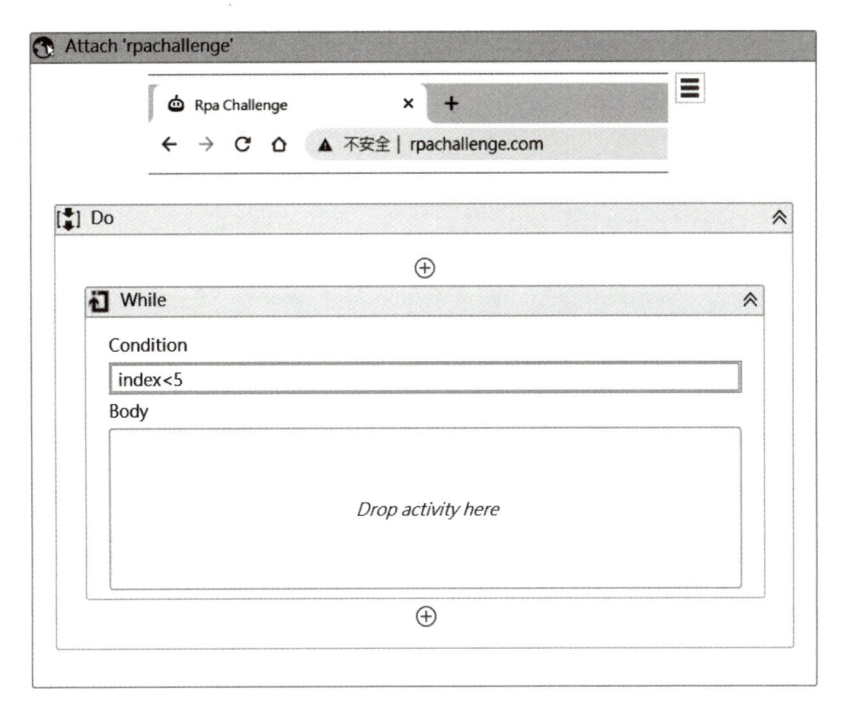

圖 10-29

Step 4：在【While】的 Body 中使用一個【Anchor Base】。使用【Find Element】辨識 Last Name 元素作為我們的 Anchor（錨點），然後把【Type Into】放置於右邊的區域中，輸入文字串 "姓氏"。

圖 10-30

Step 5： 使用【Click】辨識 SUBMIT 按鈕。

Step 6： 最後，再使用【Assign】，讓 *index*+1 記數。此時的 Studio 畫面如圖 10-31 所示。

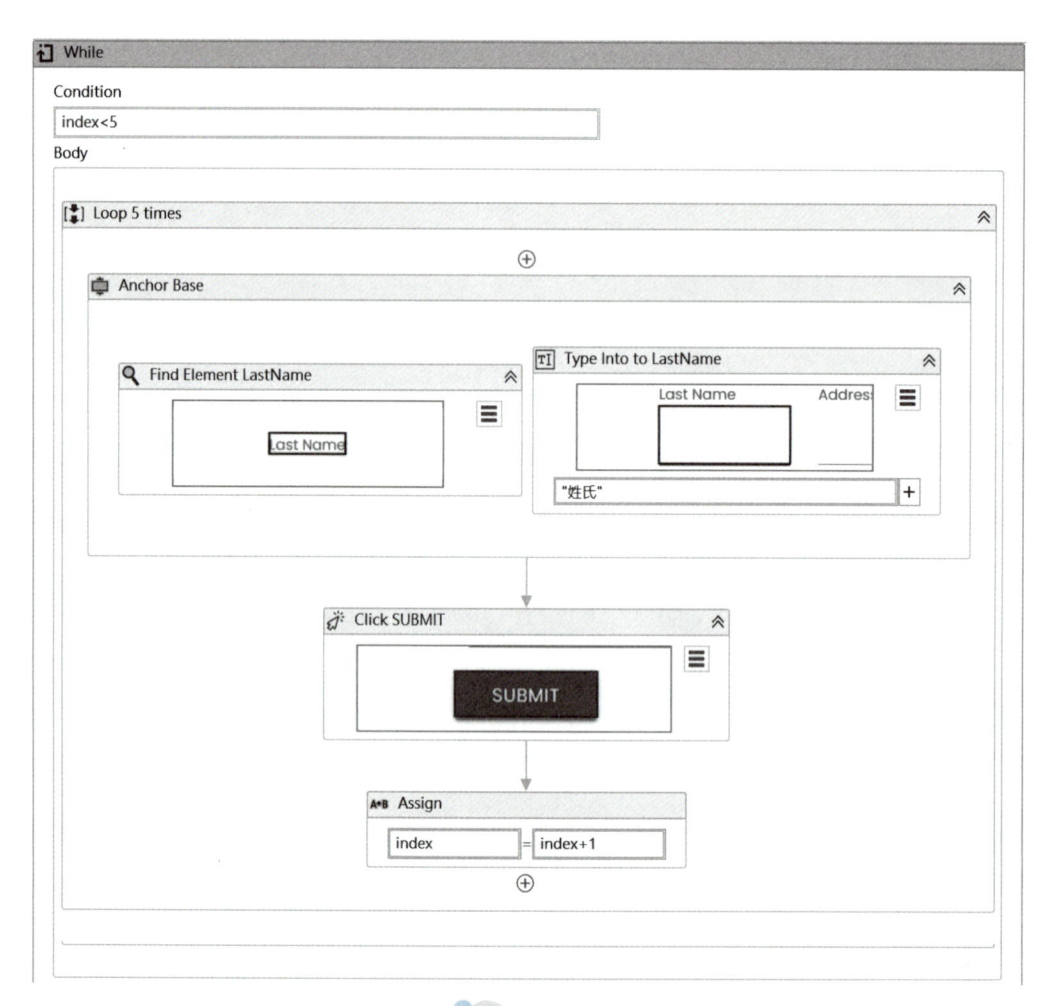

圖 10-31

10.7.2 Relative Selector（相對選取器）

我們可以透過 UI Explorer 來製作 Relative Selector 的 XML，它的概念和 Anchor Base 相同，主要差異為：因為透過 XML 嵌入，乃基於應用程式的內部結構而非螢幕上的位置，故可以使該動作在後台執行。此方法較為進階，因為開發人員必須主觀判斷來取消選取動態的 Attributes（例如：Dynamic id）。

案例 10-5　運用 Relative Selector

● **目的**

同樣在 RPA Challange 網站中，學習使用 Relative Selector 來設計一隻機器人，在會不斷變化位置的 Last Name 欄位中，連續輸入內容 5 次。

● **資源**

前往網站：http://www.rpachallenge.com/。

● **Try and Do It**

Step 1： 開啟 RPA Challange (http://www.rpachallenge.com/) 的網頁。

Step 2： 使用【Attach Window】辨識 RPA Challange 網頁，並建立一個 Int32 類型，名為 *index* 的變數。

Step 3： 使用【While】，將 Condition 設置為 *index*<5。

Step 4： 接著在 Studio 面板上方的功能列中，開啟 UI Explorer。點選 Indicate Element 辨識要輸入內容的欄位，再點選 Indicate Anchor，指定 Last Name 為錨點，你會發現 XML 的行數有所變化。

用 Indicate Anchor 指定 Last Name 為錨點後，XML 的呈現行數增加如下

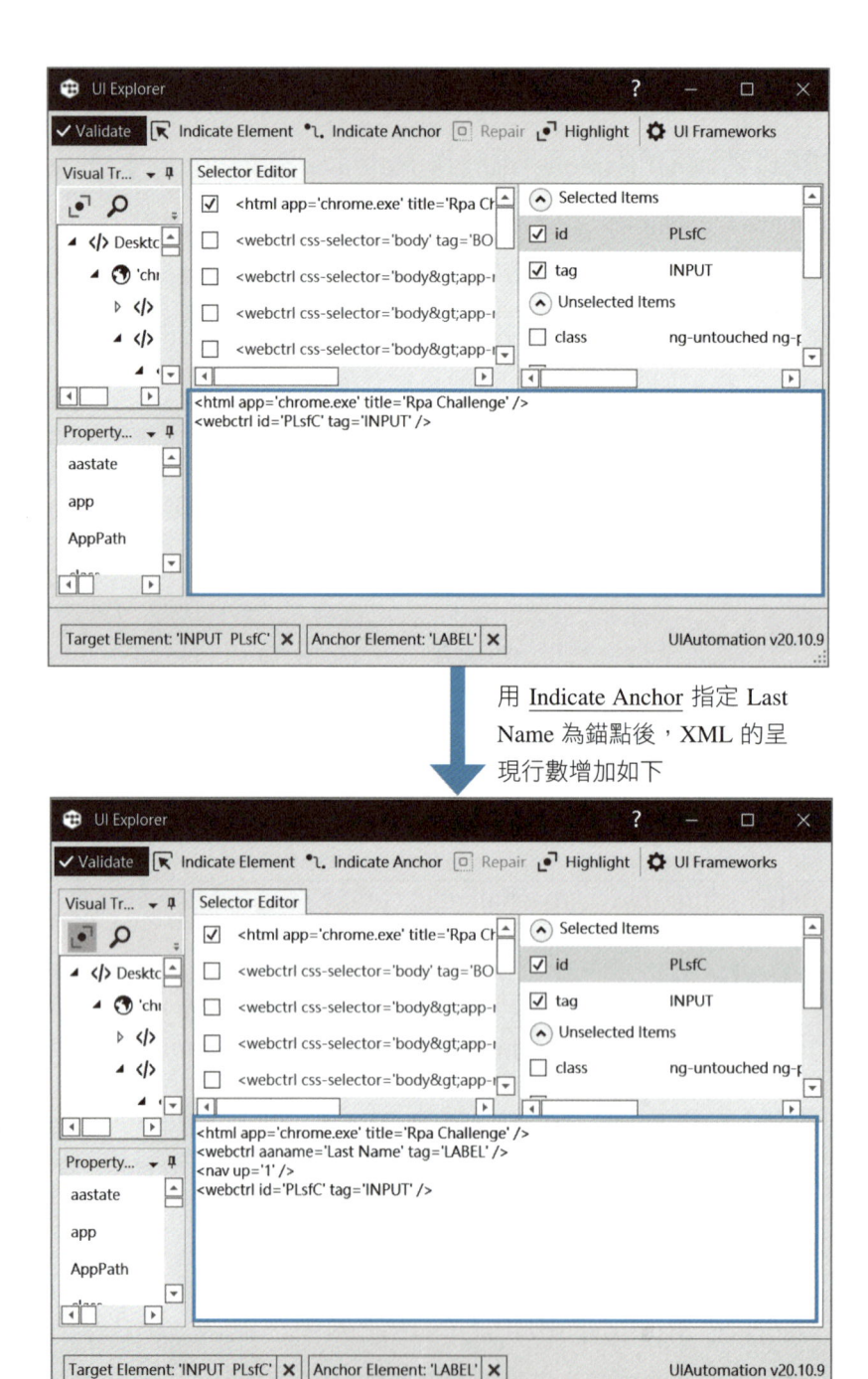

圖 10-32

Step 5： 取消勾選 id，避免下一次的變動因為 id 不同而無法成功辨識。

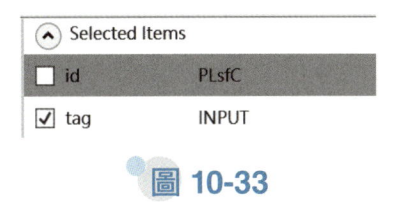

圖 10-33

Step 6： 在【While】的 Body 中加入【Type Into】，把 Selector Editor 底部的XML 複製到【Type Into】的屬性面板：Input→Target→ Selector 中，並輸入文字串 "姓氏"。此時開啟【Type Into】的 Selector 畫面會如圖 10-34。

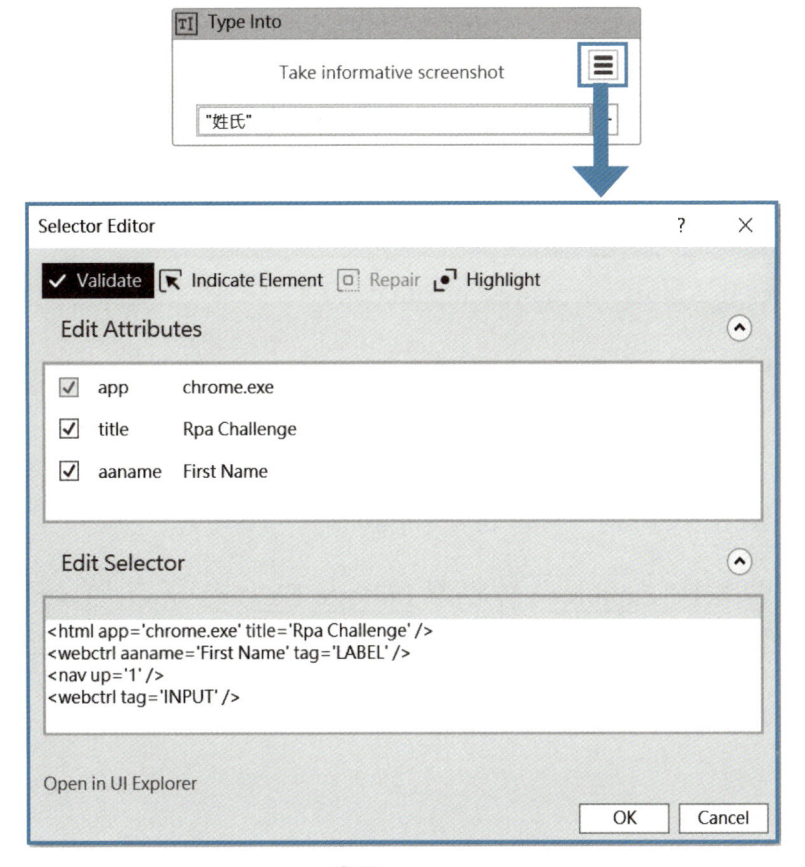

圖 10-34

Step 7： 使用【Click】點擊「SUBMIT」。

Step 8： 最後，使用【Assign】，讓 *index*+1 記數。

10.7.3　Visual Tree Hierarchy（視覺化樹層次結構）

透過 Visual Tree 的層次結構，可以清楚的看到 Element 上下層的標籤和 Attributes，藉此來自行調整設計 Selector。開發人員亦須主觀判斷穩定的 Element 為何，並取消勾選動態的 Attributes。

案例 10-6　運用 Visual Tree Hierarchy

● 目的

在網站 ACME System 1 中，學習使用 Visual Tree Hierarchy 的設計。讓機器人點選「User options」按鈕清單下的「Reset test data」選項。

● 資源

前往網站：https://acme-test.uipath.com/。

● Try and Do It

Step 1： 使用【Attach Window】辨識 ACME System 1 網頁。

Step 2： 使用【Click】辨識「User options」。

Step 3： 開啟 UI Explorer，先點選 Indicate Element 辨識「User options」選項，啟用 Visual Tree 面板的 強調顯示功能。這時畫面會如圖 10-35。

Selectors　Chapter 10

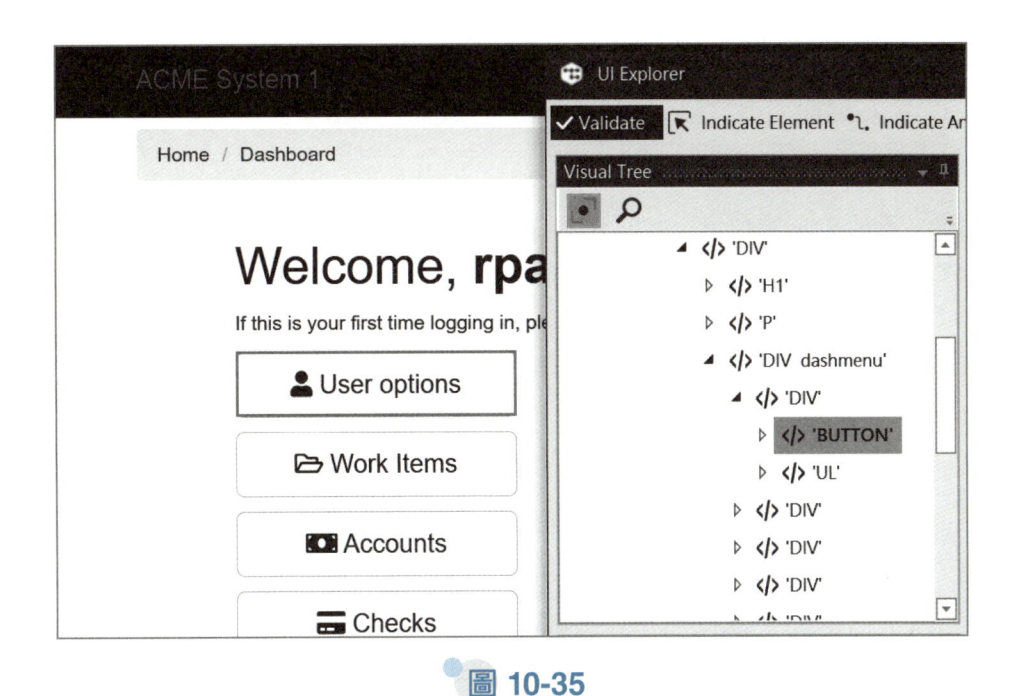

▣ 10-35

Step 4： 展開 'BUTTON' 下面的 'UL'，此案例共會有四個 'LI'，即對應了「User options」次選單的四個選項。

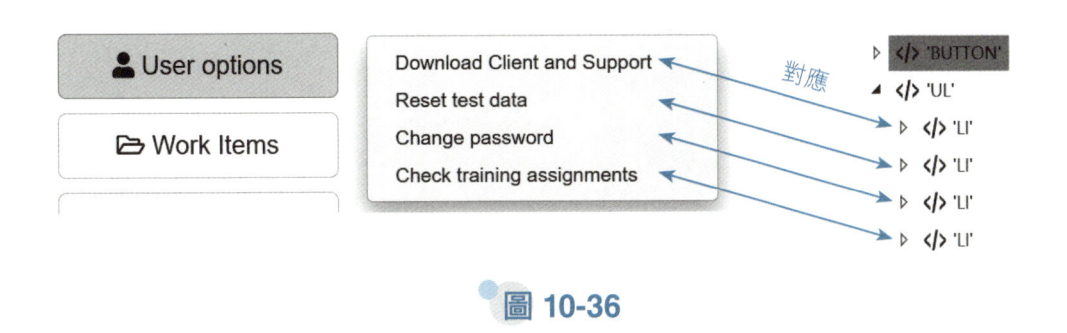

▣ 10-36

209

Step 5： 我們需要點選的是「Reset test data」，故雙擊展開第二個 'LI'，右鍵設定為 Targer Element，生成新的 XML。

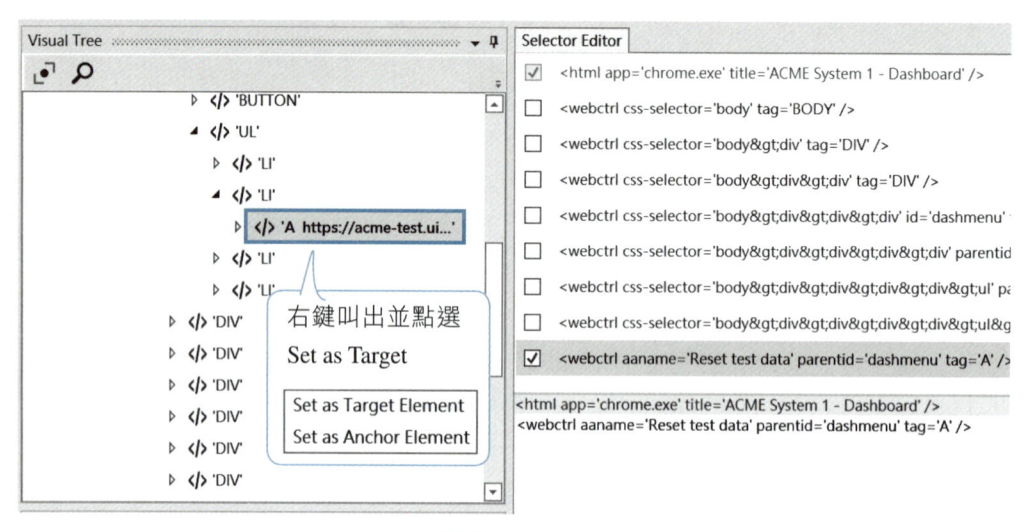

圖 10-37

Step 6： 最後，再使用一個【Click】於屬性面板：Input→Target→Selector 中，貼上 Step 5 生成的 XML。此時的 Studio 畫面會如圖 10-38。

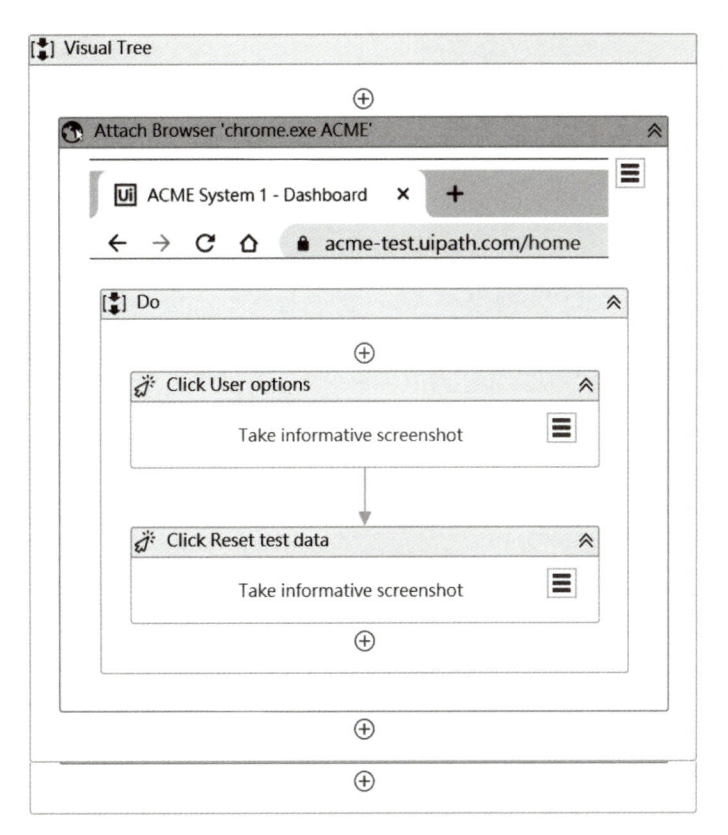

圖 10-38

習題

Q1 This is a reliable selector for a dynamic page: "webctrl idx\='144' tag\='IMG'/".

A. Yes

B. No

Q2 What is a Selector?

A. The "path" to the UI Element, starting from the root, all the way to the target element.

B. The unique ID of an UI Element.

C. A container for UI Elements.

Q3 Which description about UiExplorer are ture?
(1) To explore the UI tree.

(2) To create and fine tune selectors.

(3) To explore the workflow tree.

(4) UiExplorer is not a component of UiPath.

A. (4)

B. (1)(3)

C. (1)(2)

Q4 What is the type of selector that is generated when you use a Type Into activity in a container such as Open Browser?

A. A full selector.

B. A dynamic selector.

C. A partial selector.

Q5 When fine-tuning a selector, how many characters does "*" replace?

A. Zero.

B. Exactly one.

C. One or more.

D. Zero or more.

Q6 Which one of the nodes of a selector is named the "root node"?

A. The highest-level node, corresponding to the application.

B. The lowest-level node, corresponding to the GUI element.

C. Neither of the two.

Q7 How can you improve the following calendar page selector to work for all dates in 2020, but only 2020?

"<html app\='chrome.exe' title\='UiPath - Calendar - Week of May 1, 2020' /> "

A. "<html app\='chrome.exe' title\='UiPath - Calendar - * 2020' />"

B. "<html   app\='chrome.exe' title\='UiPath - Calendar - Week of ?????, 2020' />"

C. "<html app\='chrome.exe' title\='UiPath - Calendar -* 202?' /> "

D. "<html app\='chrome.exe' title\='UiPath - Calendar - * />"

答案：B A C C D A A

Chapter 11 電子郵件自動化

Email 是我們工作中最常使用到的應用程式，在這個章節，我們將從 Input–Process–Output (IPO) 三個角度，來看看 RPA 可以如何自動化 Email。

11.1 與郵件相關的 Activities

UiPath 提供了各種郵件傳輸協定的 Activities，像是 SMTP、POP3 和 IMAP，你可以從 Activities 的名稱得知，這三種傳輸協定所支持的功能，主要差異在於寄信與讀取信件。

郵件傳輸協定	功能	Activity 名稱
SMTP	寄發信件	【Send SMTP Mail Message】
POP3	讀取信件	【Get POP3 Mail Messages】
IMAP	讀取信件	【Get IMAP Mail Messages】、【Move IMAP Mail Message】

另外，UiPath 也提供了微軟環境中的 Outlook 和 Exchange Activities，以及 IBM Notes，你可以根據個人的郵件工具使用習慣，快速採用不同種類的郵件 Activities。

```
▲ Exchange
    ✉ Delete Exchange Mail Message
    ✉ Exchange Scope
    ✉ Get Exchange Mail Messages
    📤 Move Exchange Mail Message
    ✉ Send Exchange Mail Message
```

```
▲ Outlook
    ✉ Get Outlook Mail Messages
    📤 Move Outlook Mail Message
    ✉ Reply To Outlook Mail Message
    ✉ Send Outlook Mail Message
```

圖 11-1   圖 11-2

另外，有兩個不屬於郵件傳輸協定的 Activities：【Save Attachments】和【Save Mail Message】，其可對類型為 MailMessage 的變數工作，通常會搭配【For Each】使用。

11.2　讀取電子郵件

我們將學習如何用 Outlook 與 Gmail 讀取電子郵件。

11.2.1　使用 Outlook

UiPath 提供了非常簡單的方式讓你讀取 Outlook 電子郵件。若電腦是已經登錄的 Outlook 環境，使用【Get Outlook Mail Messages】時，不需額外輸入信箱的帳號與密碼，只需指定要讀取的信箱資料夾，就可直接展開運行。

案例 11-1　用 Outlook 取得信件

● 目的

讀取你個人 Outlook 信箱中的前 10 封信，取得各信件的主旨和日期，並用【Write Line】呈現。

電子郵件自動化　Chapter 11

● 資源

放置至少 10 封信件在你的 Outlook 信箱收件匣中。

● Try and Do It

Step 1： 使用【Get Outlook Mail Messages】，確認 Input→MailFolder 的名稱和 Outlook 要讀取信件的資料夾名稱是否一致（有時會有中英文的差異）。

Step 2： 在 Options→MarkAsRead 確認選項未被勾選，表示 RPA 讀取信件後，會讓信件維持未讀取狀態。

Step 3： 繼續在 Output→Messages 使用 Ctrl+K 設置變數名稱為 *mail*；此時，【Get Outlook Mail Messages】的屬性畫面會如圖 11-3。

● 圖 11-3

Step 4： 接著使用一個【For Each】，將其屬性 Misc→TypeArgument 改為 System.Net.Mail.MailMessage，並將變數 mail 作為迴圈對象。

圖 11-4

Step 5： 使用兩個【Write Line】放置於 Body 中。

Step 6： 第一個【Write Line】我們將提取每一封信件的主旨。按一下空白鍵叫出迴圈的變數 item，並在後面輸入一個「.」，便會自動跳出與郵件相關的 VB 語法，我們選取 Subject。

圖 11-5

電子郵件自動化　Chapter 11

Step 7： 使用相同的方式，在另一個【Write Line】選取 Date，此時的 Studio 畫面如下圖。

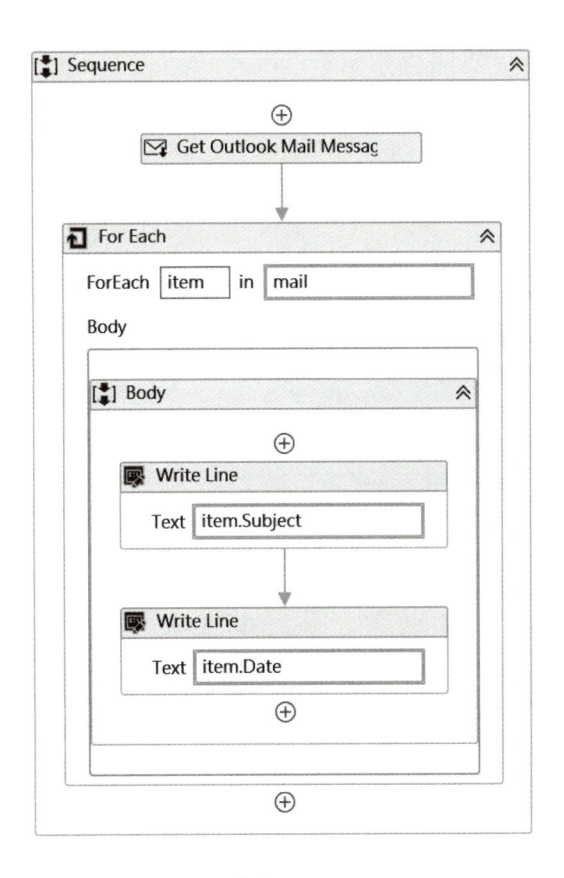

圖 11-6

Step 8： 最後，按下運行，你信箱中前 10 封信件的主旨和日期會被取出，呈現在 Output 面板中。

11.2.2 使用 Gmail

首先,我們要先確認你的 Gmail 是否有啟用 IMAP 與 POP3 傳輸協定。前往 Gmail 介面,點選右上角的設定選項,進入「轉寄和 POP/IMAP」,啟用這兩個傳輸協定。

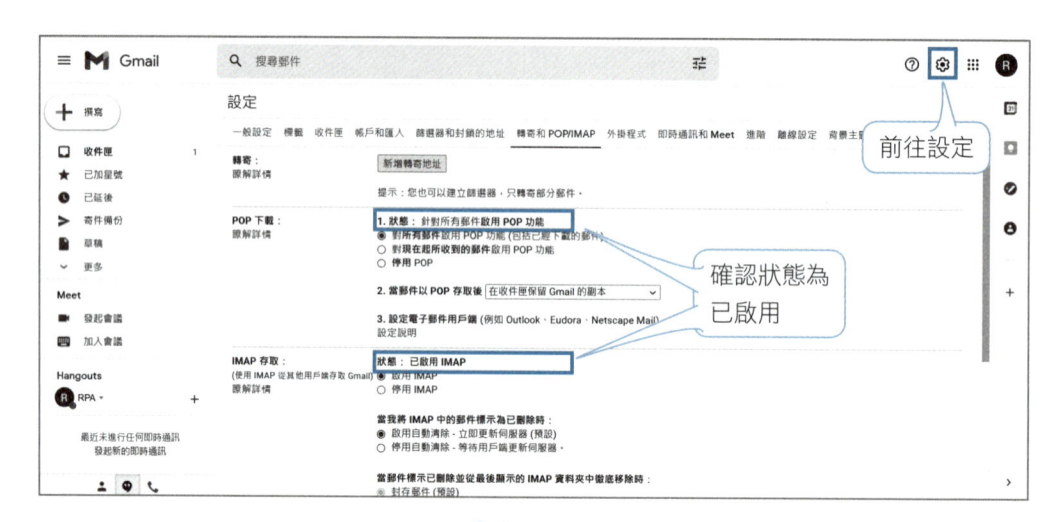

圖 11-7

案例 11-2　用 Gmail 取得信件

● 目的

讀取你的 Gmail 信箱中的前 10 封信,取得各信件的主旨和寄件者,並用【Write Line】呈現。

● 資源

放置至少 10 封信件在你的 Gmail 信箱收件匣中。

● Try and Do It

Step 1：使用【Get IMAP Mail Messages】,於屬性 Host→Port 輸入 993；Server 輸入"imap.gmail.com"；或你也可以使用【Get

電子郵件自動化　Chapter 11

POP3 Mail Messages】，Port 是 995，Server 則為 "pop.gmail.com"。這些資訊你可以在 Gmail 的說明中心裡找到。

Step 2： 接著繼續在屬性 Logon→Email 和 Password 中，輸入你的 Gmail 信箱和登入密碼，記得都須加上雙引號。

Step 3： 將 Output→Messages 設置變數名稱為 *GmailEmails*，這時，【Get IMAP Mail Messages】的屬性畫面會如圖 11-8。

圖 11-8

Step 4： 使用【For Each】，將屬性 Misc→TypeArgument 改為 System.Net.Mail.MailMessage，然後將變數 *GmailEmails* 作為迴圈對象。

Step 5： 使用兩個【Write Line】放置於 Body 中，輸入語法 item.Subject 來提取信件主旨；另一個提取寄件者，輸入語法 item.Sender.ToString。

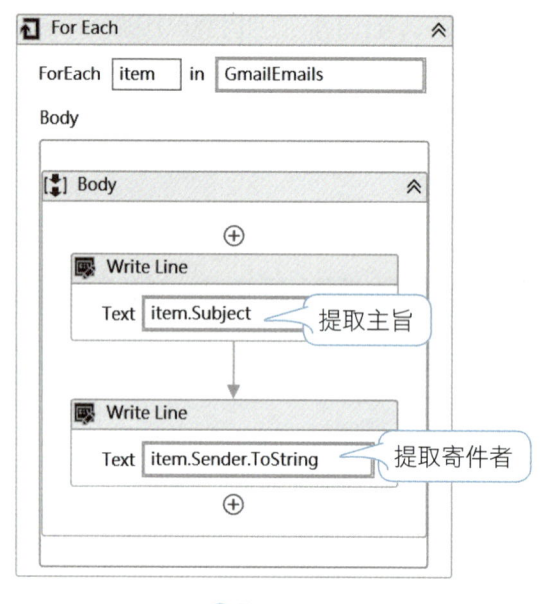

圖 11-9

電子郵件自動化　Chapter 11

Gmail 應用程式存取權的 Excpetion

運行時，若在【Get IMAP Mail Messages】出現下圖之例外情形，表示 Gmail 基於安全的原因，不讓機器人進入你的信箱中。

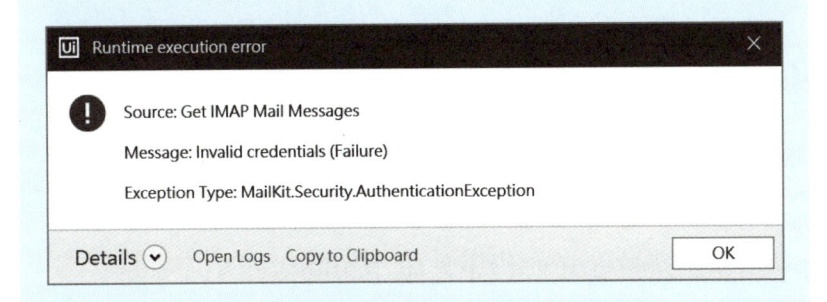

```
Runtime execution error                              ×

  Source: Get IMAP Mail Messages
  Message: Invalid credentials (Failure)
  Exception Type: MailKit.Security.AuthenticationException

Details ⌄   Open Logs   Copy to Clipboard        OK
```

請前往 Gmail 開啟「低安全性應用程式存取權」，讓機器人可以進入存取。

點選 Gmail 畫面右上方帳戶圖像，進入管理你的 Google 帳戶→左方功能列的安全性→低安全性應用程式存取權→開啟。

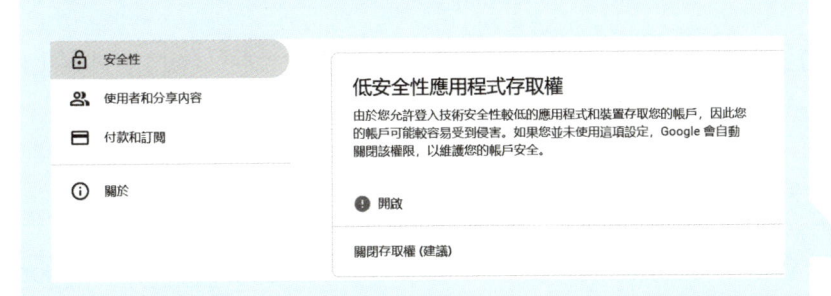

低安全性應用程式存取權

由於您允許登入技術安全性較低的應用程式和裝置存取您的帳戶，因此您的帳戶可能較容易受到侵害。如果您並未使用這項設定，Google 會自動關閉該權限，以維護您的帳戶安全。

開啟

關閉存取權（建議）

若你的 Gmail 受組織管理，請詢問你的管理員以確保安全性的考量。

11.3 寄發信件

寄發郵件有兩種主要的方式，分別是回覆特定信件，或是依指定情形來彈性的寄發信件。下面我們將學習使用 Outlook 回覆特定信件功能的 Activities，以及透過流程設計來彈性寄發郵件。

11.3.1 使用 Outlook 回信

Outlook 的 Activities 提供了回信的功能，就像人類回覆信件一樣，主旨會有「RE:」出現；在這個案例中，為了只針對特定的信件來進行回覆，我們將使用一點點語法幫助我們找出特定主旨的信件。

案例 11-3　回覆特定信件

● 目的

針對主旨含有 Test 關鍵字的信件進行回覆。

● 資源

用你自己的信箱，寄發 2 封含有 "Test" 主旨與 2 封不含的信件給自己。

● Try and Do It

Step 1： 使用【Get Outlook Mail Messages】，在屬性 Options→Filter 輸入語法 "@SQL=urn:schemas:httpmail:subject Like'%Test%'"，接著調整其他選項後設置 Mail 變數如圖 11-10。

電子郵件自動化　Chapter 11

```
Properties
UiPath.Mail.Outlook.Activities.GetOutlookMailMessages
□ Common
    DisplayName         Get Outlook Mail Messages
    TimeoutMS           Specifies the amount of time (in milliseconds) to wait for the activity
□ Input
    Account             The account used to access the messages that are to be retrieved.
    MailFolder          "收件匣"
□ Misc
    Private             ☐
□ Options
    Filter              "@SQL=urn:schemas:httpmail:subject Like'%Test%'"
    MarkAsRead          ☑
    OnlyUnreadMessages  ☑
    Top                 4
□ Output
    Messages            Mail
```

圖 11-10

"@SQL=urn:schemas:httpmail:subject Like'%Test%'" 的意思為：我們要篩選出主旨中有 "Test" 關鍵字的信件，你可以修改語法中目前 Test 之處來變化關鍵字。更多的篩選功能可以參考 Microsoft 提供的 JET 或 DASL 查詢語法。

Step 2：使用【For Each】，將屬性 Misc→TypeArgument 改為 System.Net.Mail.MailMessage，然後將變數 Mail 作為迴圈對象。

225

Step 3： 最後，在 Body 中，使用【Reply To Outlook Mail Message】，Mail 填入 *item*，Body 則寫入你要回覆的內容；若要回覆全部的人，可到屬性勾選 Input→ReplyAll。

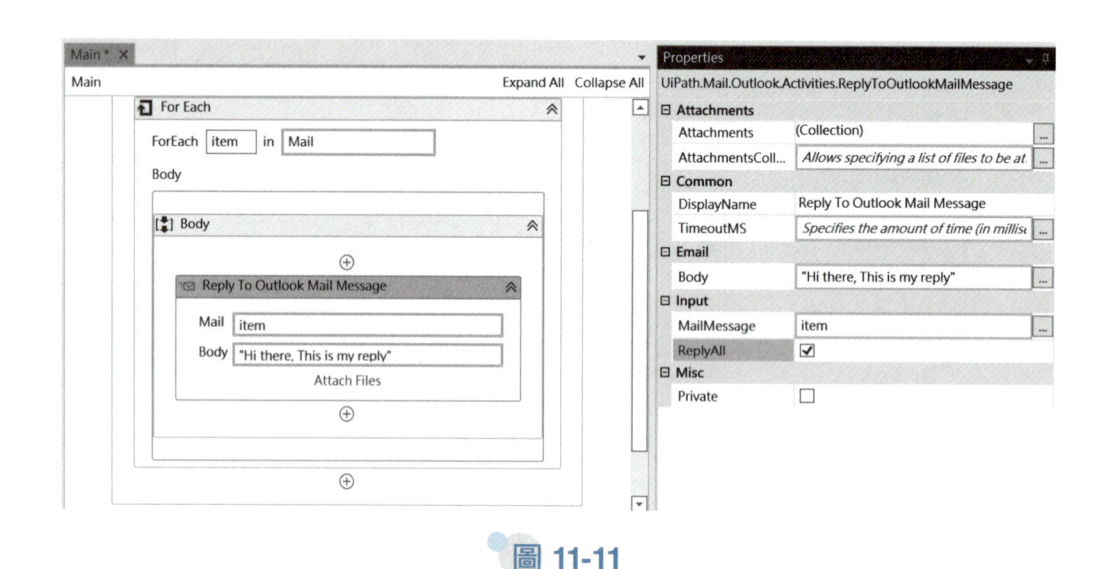

圖 11-11

11.3.2 彈性的寄發信件

　　許多業務情境可能都會使用到發信的功能，而最佳的實務作法並不會將信件內容寫死在腳本中。我們透過設計一個 Configure 的 Excel 類型檔案，讓機器人自動抓取其中內容，生成欲寄出信件的訊息，流程上線開始運行後，你便可透過這個 Excel 來維護、調整寄發信件的內容。

案例 11-4　彈性寄發信件

● 目的

　　讀取並寄出「MailConfigure.xlsx」檔案中的信件內容。

電子郵件自動化　Chapter 11

● **資源**

　　自行製作一個具有三個欄位，名為 MailConfigure 的 Excel 檔案，欄位名稱分別為：收件人、主旨、內容。

● **Try and Do It**

Step 1： 使用【Excel Application Scope】開啟 MailConfigure.xlsx 檔案。

Step 2： 在 Do 區域中，使用【Read Range】讀取特定分頁中所有內容，並存成類型為 DataTable 的變數 *DT_MailConfigure*。此時的 Studio 畫面如圖 11-12 所示。

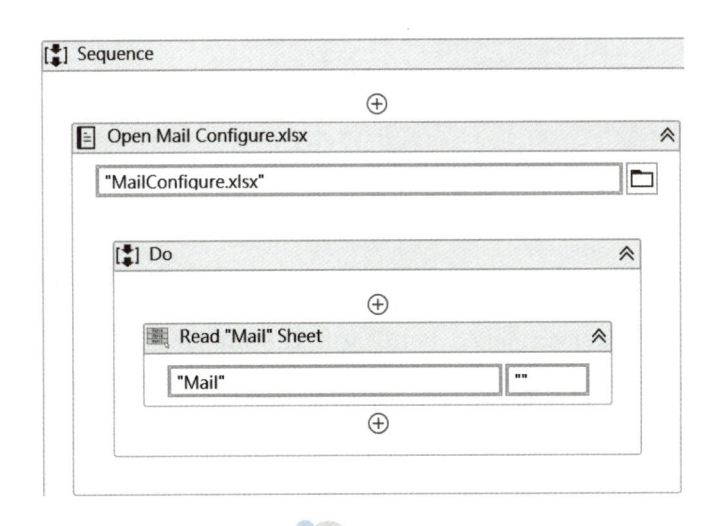

圖 11-12

Step 3： 使用【For Each Row】對變數 *DT_MailConfigure* 進行迴圈。

Step 4： 使用三個【Assign】，設置三個變數，並運用語法 row("欄位名稱").ToString 取出各個欄位的值，如圖 11-13 所示。

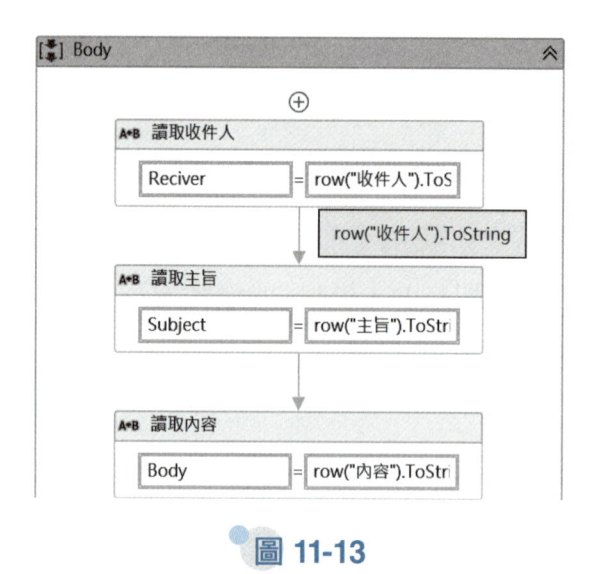

圖 11-13

Step 5： 使用【Send SMTP Mail Message】，於屬性 Host→Port 輸入 587、Server 輸入 "smtp.gmail.com"；並在 Logon→Email 和 Password 中，輸入你的 Gmail 信箱和登入的密碼，記得都須加上雙引號。

電子郵件自動化　Chapter 11

Step 6： 最後，在收件人、主旨、內容欄位使用已創建的變數，此時
【Send SMTP Mail Message】的屬性面板會如下圖所示。如
此，你便可以透過 Config 檔彈性的控制你要發出的電子郵件資
訊囉！

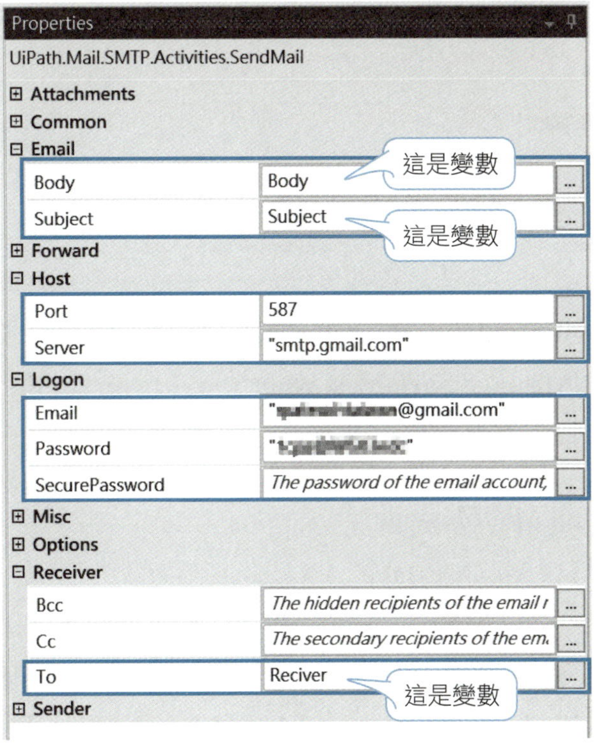

圖 11-14

習題

Q1 What is the supported variable type in the Output property field of all Get Mail activities (POP3, IMAP, Outlook, Exchange)?

A. List (Generic)

B. List (MailMessage)

C. Generic

D. MailMessage

Q2 If you are using the For Each activity to loop through a list of MailMessage variables, what should you set the TypeArgument property to?

A. System.Net.Mail.MailMessage

B. System.Web.Mail.MailMessage

Q3 You are using the 'Save Attachments' activity and you have specified a local folder to download the files. What will happen if there are duplicate file names in the folder?

A. An error message will be thrown and the automation will stop.

B. The automation will continue without downloading the new files.

C. A new folder will automatically be created for each duplicate file.

D. The old files will automatically be overwritten.

Q4 The Send Outlook Mail Message activity will work without having Microsoft Outlook installed.

A. True

B. False

Q5 What activity can you use to send an email without entering the username and password of the email account?

A. Send Exchange Mail Message

B. Send Outlook Mail Message

C. Send SMTP Mail Message

Q6 Which of the following properties are found in the Get Outlook Mail Messages activity?

A. Port

B. Server

C. MailFolder

D. Password

答案：B A D B B C

Chapter 12
PDF

PDF 是一種時常作為傳遞和共享文件、資料的檔案類型，有時，我們會需要從 PDF 文件中把其內容或特定的資料取出，RPA 可以如何處理呢？本章節將介紹如何運用 UiPath 提供的 Activities 從 PDF 中提取資料。

12.1　前置設定與準備

我們將使用 Adobe Reader DC 進行 PDF 的自動化設計，但在開始前，有幾個預設項目需要進行調整，以確保機器人能順利與 PDF 互動：

Step 1： 開啟你的 Adobe Reader DC，按下 Ctrl+K 叫出「偏好設定」視窗，並選擇「朗讀」選項。

Step 2：確認「閱讀順序」的選項為「從文件推導閱讀順序（推薦）」，不勾選「忽略標籤化文件中的閱讀順序」以及於「頁面 vs 文件」項目中選擇「閱讀完整文件」，也請取消勾選「新增標籤至文件前須確認」。

圖 12-1

Step 3： 再至左側區域點選「協助工具」，確認「其他協助工具選項」中的下列兩項功能被勾選：「如果沒有明確指定跳位順序就使用文件結構來跳位」和「啟用輔助技術支援」。

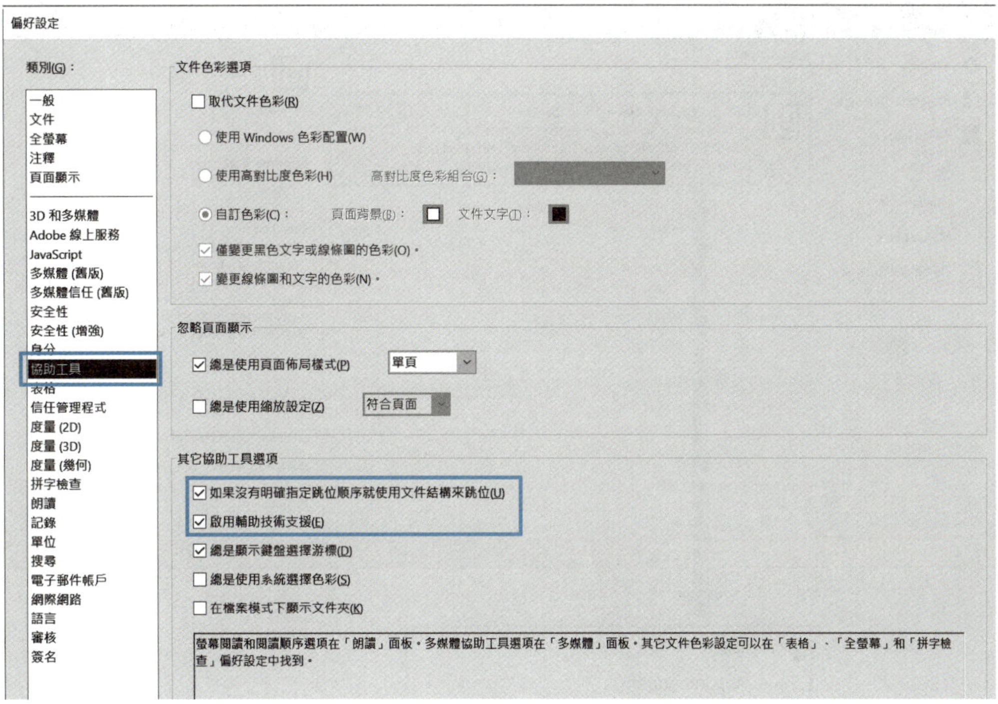

圖 12-2

Step 4： 下載 PDF Packages。前往 Manage Packages 的 All Packages 中搜尋 UiPath.PDF，下載 PDF Packages，確認你的 Activities 面板中含有 PDF 所有的功能活動。

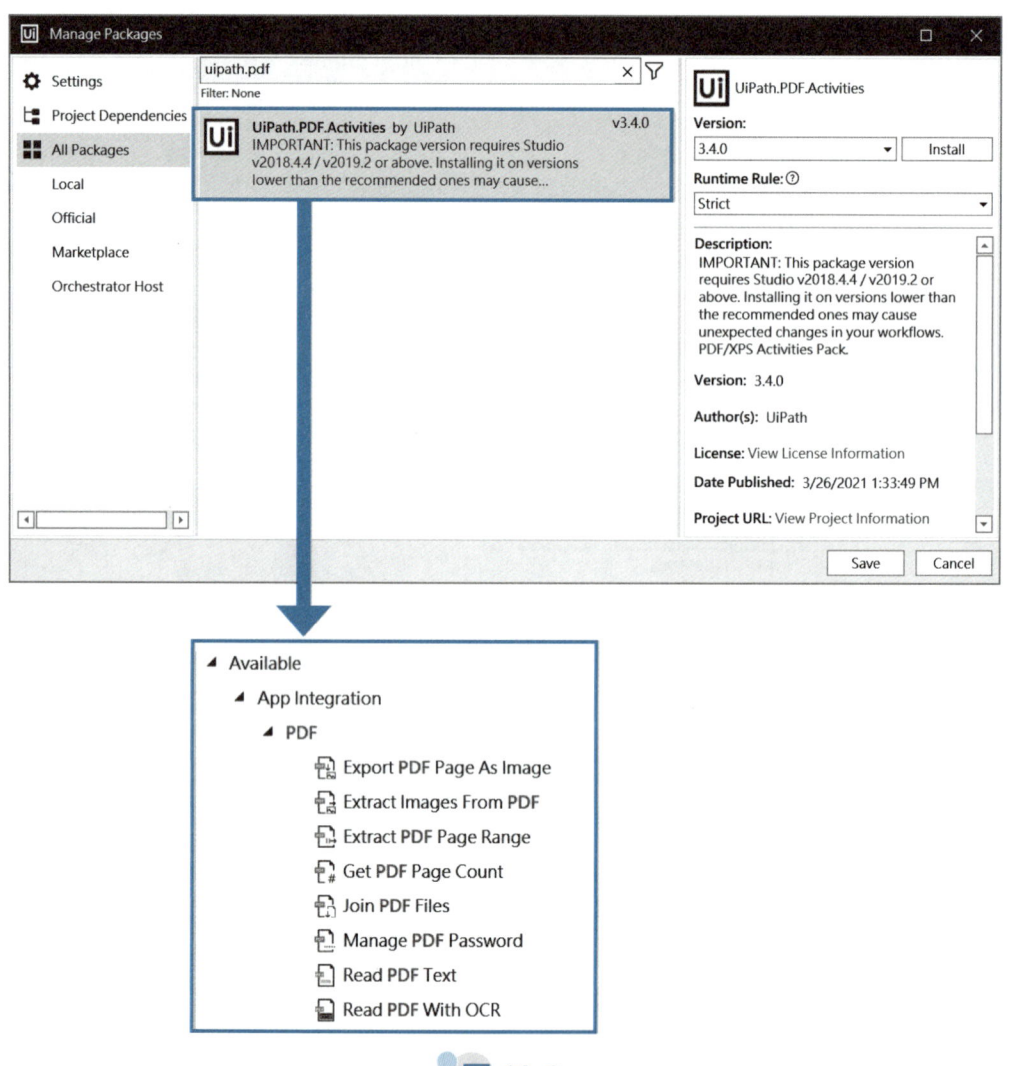

圖 12-3

12.2 從 PDF 中獲取資料

讀取 PDF 內容的方法可分為兩種類型：Native（原生）或 Scanned（掃描）。

原生的意思是什麼呢？舉例像是透過 Word 或 Excel 等可編輯內容的應用程式，使用其內建功能轉檔輸出成的 PDF，你可以使用滑鼠游標選取該 PDF 內容，這份文件即為 Native 類型。

Scanned 類型的 PDF 通常是由紙本文件，經由掃描機掃描而成 PDF 電子檔案，這種類型的 PDF，你無法選取其中的內容，因為結構上它是屬於一張圖片。

根據這兩種不同類型的 PDF，我們將使用不同的 Activities 來取得其中的內容。

12.2.1 讀取 Native（原生）類型

使用【Read PDF Text】Activity。【Read PDF Text】是穩定且準確度較高的讀取方式，但僅能用於 Native 內容的 PDF 類型檔案。此 Activity 使用的方式也非常簡單，只需輸入你要讀取的 PDF 檔案路徑即可。

圖 12-4

▶ 我可以指定讀取範圍嗎？

當然可以！在該 Activity 的屬性面板中，你可以在 Input→Range 指定要讀取的範圍，例如：讀取第 32 頁，便輸入"32"；讀取第 1 頁到第

8 頁，則輸入 "1-8"；或是也有更為複雜的指定方式，例如："2-5, 7, 15-End"。預設值則為 "All"。此屬性僅支持 string 類型的內容，故使用時記得加上雙引號。

案例 12-1　用 Read PDF Text 讀取 Native PDF

目的

學習使用【Read PDF Text】讀取特定頁數的 PDF 內容。我們讀取一份名為「地球的介紹」的 PDF 檔案，略過封面頁和參考資料頁，僅讀取第 2 頁至第 3 頁，並把結果輸出至 Output 面板查看。

資源

至「案例 12-1」資料夾，下載「Case 資源」中的「地球的介紹.pdf」。

Try and Do It

Step 1： 使用【Read PDF Text】，點選資料夾圖示，選取「地球的介紹.pdf」檔案，至屬性面板 Input→Range 將 All 改為 "2-3"，表示我們只要讀取第 2 頁至第 3 頁，並設置 Output 為變數 *PDFContent*。

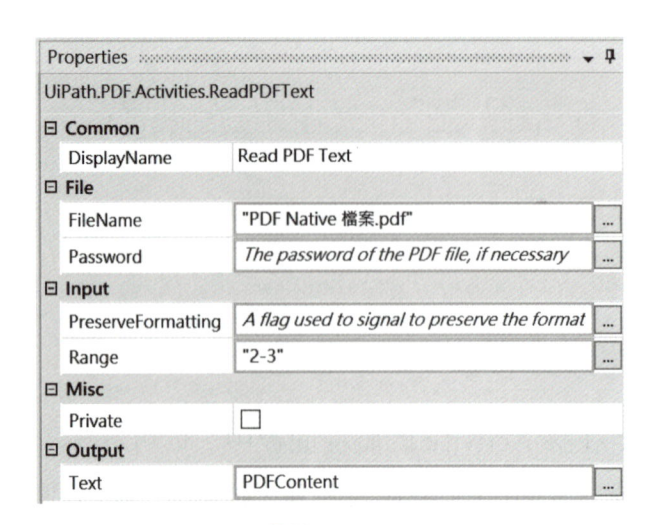

圖 12-5

Step 2：最後，使用【Write Line】，將變數 *PDFContent* 列印至 Output 面板取得結果。

圖 12-6

12.2.2 讀取 Scanned（掃描）類型

使用【Read PDF With OCR】Activity。當你的 PDF 原始檔案是透過掃描機而來時，就會需要使用 OCR 的技術來幫助機器人閱讀了，故此 Activity 下方會需要搭配使用【OCR Engine】Activity 一同使用，才能讀取此類型的 PDF 檔案。

圖 12-7

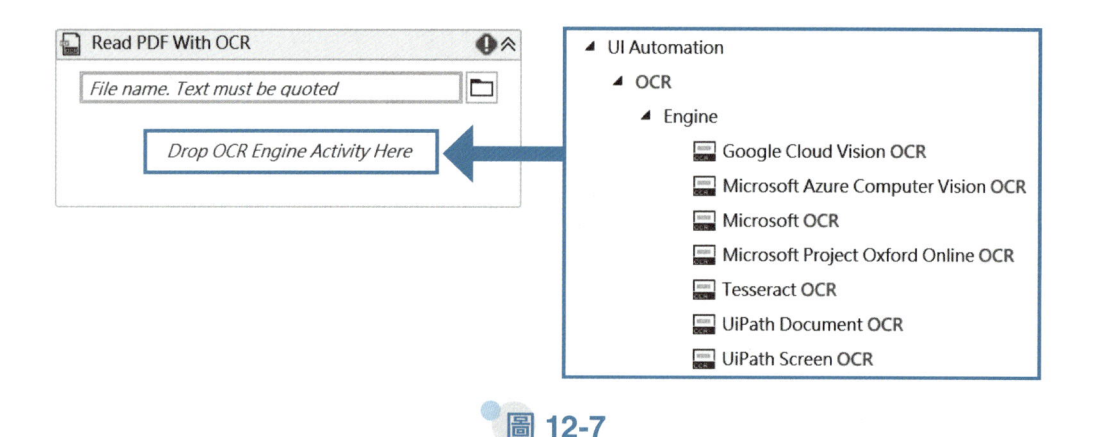

　　UiPath 內建了許多不同的 OCR Engine 技術，除了其自身的 UiPath OCR，其他還包括了 Google、Microsoft、Tesseract 等；此外，市面上有許多廠商專門提供 OCR 的技術服務（例如：ABBYY），若有高度的 OCR 使用需求，也可以購買其他技術廠商的 OCR 服務，藉由 API Key 的方式外掛進 UiPath Studio 使用。

什麼是 OCR？

　　光學字元辨識 (Optical Character Recognition, OCR) 是指對文字資料的圖像檔案進行分析辨識處理，而取得文字資訊的過程。其實在生活中常常會使用到 OCR，例如：停車場自動辨識車牌的技術、讀取名片資訊的手機 App 軟體等。

PDF　Chapter 12

案例 12-2　用 Read PDF With OCR 讀取 Scanned PDF

● 目的

學會運用 OCR Engine 搭配【Read PDF With OCR】對掃描類型的 PDF 檔案進行辨識，我們將使用英文的檔案作為案例素材。

● 資源

至「案例 12-2」資料夾，下載「Case 資源」中的「OCR introduction.pdf」。

● Try and Do It

Step 1： 使用【Read PDF With OCR】，點選資料夾圖示，選取「OCR introduction.pdf」檔案，並設置 Output 為變數 *PDFImage*；在此案例中，我們將使用【Tesseract OCR】作為搭配。

Step 2： 最後，使用【Write Line】將變數 *PDFImage* 列印至 Output 面板取得結果。

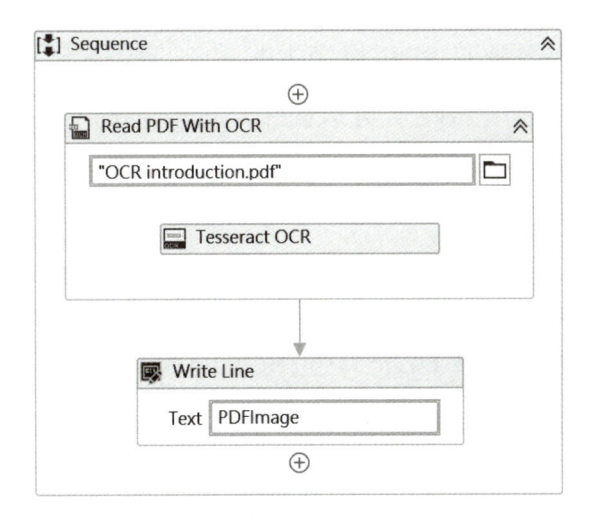

圖 12-8

雖然繁體中文的 OCR 辨識能力相對於英文要來得低，但你仍可嘗試看看【Tesseract OCR】的中文辨識技術。到屬性面板 Options→Language 輸入「chi_tra」表示要辨識的內容為繁體中文。更多的語言選項可至 UiPath 文件庫查詢。

OCR 只是一個辨識技術，使用前，我們需要深度的分析運用 OCR 背後的真正目的，以設計最適當的自動化流程。比如，企業想要讀取客戶提供的 PDF 類型採購單，我們便可使用 AI Document Understanding 概念，結合 OCR 技術，挑選幾家主要的客戶，透過機器學習 (Machine Learning) 這些採購單樣式，讓執行成果更加精確且穩定。

12.2.3 讀取特定內容

如果我們只需要讀取 PDF 檔案中的某一小段特定內容（例如：採購單號碼和金額）該怎麼做呢？可以使用之前學過的 Selector 概念，調整 Selector 的 XML 來彈性處理各種 PDF 檔案，接著我們直接用例子來操作看看吧！

案例 12-3　取得 PDF 中的特定內容

● 目的

調整 Selector 來處理多個相同模板但不同內容的採購單 PDF 檔案，以取得其中的採購單號碼和金額。

● 資源

至「案例 12-3」資料夾，下載「Case 資源」中「PO 採購單」資料夾的三份 PDF 檔。

● Try and Do It

Step 1： 首先，我們將運用 Directory.GetFiles 語法，來讀取「PO 採購單」資料夾中的所有採購單檔案。使用【Assign】，設置名為 *PdfFlies* 的變數，並賦值 Directory.GetFiles（"請寫入你電腦中的 PO 採購單資料夾路徑"）。

圖 12-9

Directory.GetFiles() 是什麼呢？

Directory.GetFiles 是 Microsoft 支援的語法，在 ( ) 中寫入完整的資料夾路徑，可以讓你在指定的資料夾中，取得其中所有檔案的完整路徑。你可以用 Message Box 看看取出的 Output 為何？

Step 2： 使用【For Each】，將 *item* 名稱換為 *file*，取用 *PdfFlies* 變數作為迴圈對象。

> 將預設的 *item* 變成自定義的 *file*，方便我們理解其意思

```
For Each
ForEach  file  in  PdfFlies
Body
  [ ] Body
```

圖 12-10

Step 3： 接著，我們需要打開 PDF 檔案，才能取得其中的內容。在【For Each】的 Body 中，使用【Start Process】，輸入語法 `file.ToString`，將 PDF 逐一打開。

> 這裡的 *file* 便是 For Each 的 *file* 變數，因為此處需要輸入字串型態的檔案路徑，故使用 .ToString 做轉換

```
Start Process 開啟PDF
file.ToString
Type app arguments here. Text must be quoted.
```

圖 12-11

Step 4： 使用兩個【Get Text】，分別對採購單號碼下方的數字和合計右方的數字進行識別，並運用 UIExplorer 中的 Indicate Anchor，使辨識的元素更加可靠；記得調整 XML 時，要取消選取過於特定的元素。將取得的內容，分別命名為變數 *PONumber* 和 *POAmount*。

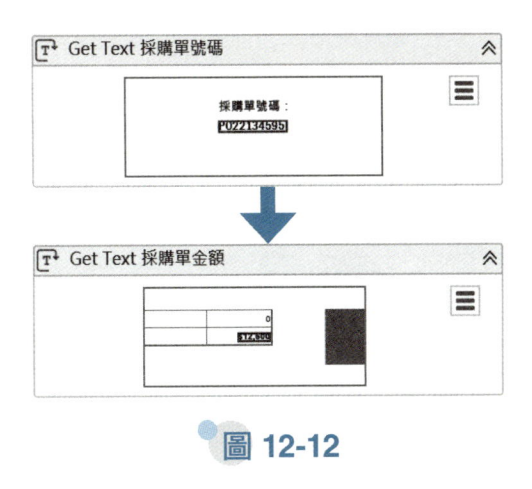

圖 12-12

Step 5： 使用【Log Message】，在 Info Level 將結果列印出來。

圖 12-13

Step 6： 最後，避免開啟過多的 PDF 造成可能的錯誤辨識，使用【Close Application】辨識 Adobe 整個視窗；並調整 Selector，取消勾選 Title 元素，使機器人可以辨識每個不同的 Adobe PDF 檔案。下圖會是我們在 Output 面板中想要看到結果！

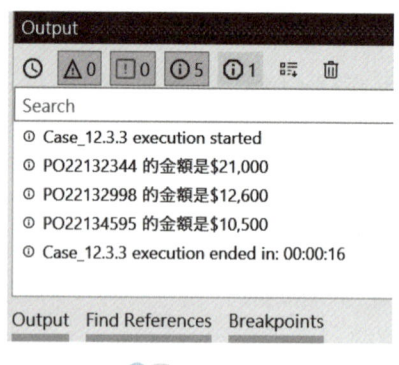

圖 12-14

習題

Q1 What is the easiest way to get the invoice number from a native PDF file?

A. Use the Read PDF with OCR activity and get the value by using string manipulation.

B. Use the Read PDF Text activity and get the value by using string manipulation.

C. Open the PDF file with Adobe Acrobat Reader and scrape only the relevant information.

Q2 If you want to extract specific information from multiple native PDF files with the same structure, what activity should you use?

A. Read PDF Activity with OCR

B. Get Text Activity with OCR

C. There is no activity for this

D. Get Text Activity

Q3 If you want to extract specific information from a series of PDF files with a similar structure but the workflow only works for one file of the series, what should you investigate?

A. The Selector property.

B. The TimeoutMS property.

C. The ContinueOnError property.

D. None of the options.

Q4 How can a robot read only the first page of a PDF file, using the PDF activities?

A. Set the Range property to: 1

B. Set the Range property to: "1"

C. Set the Range property to: "all"

Q5 If the PDF activities are not listed in your Activities Panel, how can you get them?

A. By going to the Output panel.

B. By finding them in the Library tab.

C. By installing them using the Manage Packages feature.

答案：C D A B C

Chapter 13
Error and Exception Handling

自動化的設計和執行過程，你一定會遇到 Error 和 Exception，而機器人是不會走過來詢問你遇到錯誤或例外情況該怎麼處理的，我們只能預先為它設計一套處理機制，好讓流程能夠繼續順利進行，或是，即使錯誤發生，機器人也不會停止工作而導致接續要執行的流程也都失敗。

首先，讓我們先理解這兩個詞彙的本意。

13.1　Error and Exception 是什麼？

13.1.1　Error

Error 是指腳本在正常運行的情況下，發生了無預期的錯誤情形，導致執行中的流程中止，無法繼續執行。錯誤有許多不同的類型，例如：

- 語法錯誤 (Syntax Errors)：編譯器／解釋器無法將編寫的代碼解析為有意義的計算機指令。

- 用戶錯誤：應用程式因某些原因而無法接受用戶的輸入。

- 編程錯誤：程序沒有語法錯誤，但編寫邏輯不正確，產生的結果不符合預期。

13.1.2　Exception

Exception 是流程在執行過程中，發生設計者事先預期的錯誤事件，而若真的在執行時發生，我們也已經設計了一套相對應的流程來處理：有時，可能會是開啟另一套專門處理例外情形的腳本流程；有時，則是會主動暫停流程，將結果記錄下來提供 Log 訊息給使用者查閱。

13.2　常見的 Exceptions

Exceptions 可區分為兩大類，分別是 System Exception 和 Business Rule Exceptions。

13.2.1　System Exception

System Exception，顧名思義就是流程運行時，遇上了與第三方應用程式互動時所產生的例外情形，比較常見的有以下幾種情況：

▶ NullReferenceException

當使用一個未設置任何值（或初始值）的 Variable 時。

▶ IndexOutOfRangeException

嘗試使用陣列或集合以外的索引，來存取陣列或集合項目時所產生的例外狀況。

▶ ArgumentException

當其中一個提供給方法的引數無效時所產生的例外狀況。

▶ SelectorNotFoundException

當機器人在限定時間內，無法於目標應用程式中為 Activity 找到指定

Selector 時，會引發此錯誤。

▶ ImageOperationException

在限定時間內無法找到圖像時，會發生此錯誤。

▶ TextNotFoundException

在限定時間內無法找到指定文本時，會發生此錯誤。

▶ ApplicationException

作為應用程式定義例外狀況的基礎，例如：應用程式沒有回應。

這些錯誤可以被 UiPath 偵測出來，並提供錯誤訊息的說明內容，好讓你知道錯誤為何。

13.2.2　Business Rule Exceptions

Business Rule Exceptions 和 System Exception 最大的不同在於，UiPath 並無法主動知道 Business Rule 類型的錯誤，必須要由設計者和使用者事前一起定義，討論流程在執行的過程中，有沒有可能會發生例外情形，發生時，又該如何處理。

13.3　如何處理 Exceptions

UiPath Studio 提供了不同的 Activities 來協助捕捉並處理 Exceptions，下面將逐一進行介紹。

13.3.1　Retry Scope

我們使用 Retry 對發生錯誤或不屬於預設結果的 Activities 重複嘗試執行。當然，我們也不可能無止盡的嘗試，所以會設定 Retry 次數上限，在

超過次數後便停止 Retry（通常會設計 3 至 5 次）。

【Retry Scope】有兩個區塊，上面是放置你要重複嘗試的 Activities，下方則是放入會回傳 Boolean 值的 Condition Activities，表示當設定的條件被滿足或是次數已達上限時，Retry 才會停止。常見的 Condition Activities 像是：【Element Exists】、【Image Exists】等，若你使用了不正確的 Activitiy 在這個區塊，它會禁止你放入。

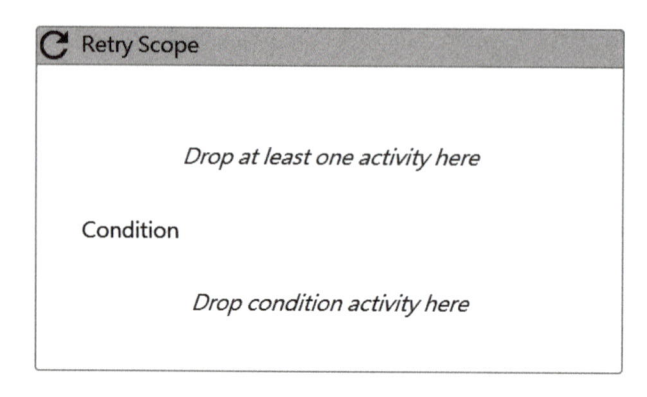

圖 13-1

圖 13-2 是設計【Retry Scope】必填寫的兩個屬性：

▶ NumberOfRetries（重試次數）

要嘗試的次數。

▶ RetryInterval（重試間隔）

執行下一次前的等候秒數，比如若為 10 秒，填寫方式為 00:00:10。

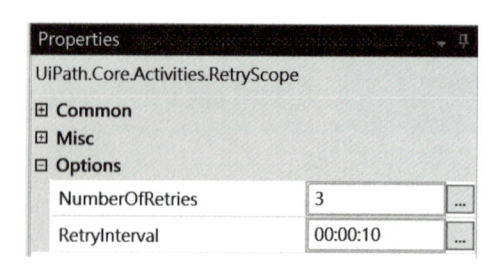

圖 13-2

Error and Exception Handling　Chapter 13

案例 13-1　運用 Retry Scope

● 目的

了解【Retry Scope】運作的方式。檢查使用者輸入的內容是否為正確的 Email 格式，若非則重複執行。

● 資源

無。

● Try and Do It

Step 1：使用【Input Dialog】，設置標題為 "請輸入您的電子信箱"，並設置名為 *UserInput* 的變數。

Step 2：使用【Retry Scope】，把已設置好的【Input Dialog】放入，當作條件未達成需重複執行的 Activity；並於屬性面板將 Retry 次數設置為三次，間隔則為 1 秒。

Step 3：於 Condition 區塊，使用【Is Match】，點選 Configure Regular Expression，將正規表達式設置為 Email，並至屬性面板 Input→Input 使用變數 *UserInput*。

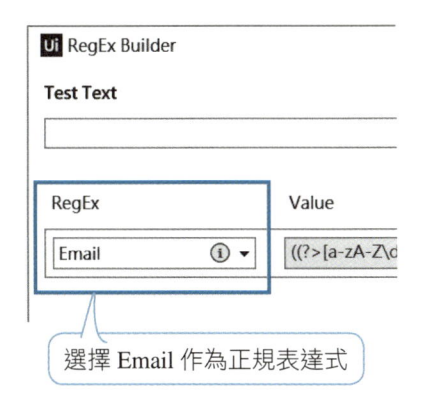

圖 13-3

Step 4： 接續【Retry Scope】使用一個【Write Line】，引用 *UserInput* 變數，若輸入信箱格式符合規定，則列印至 Output 面板中，這時 Studio 的畫面會如圖 13-4 所示。

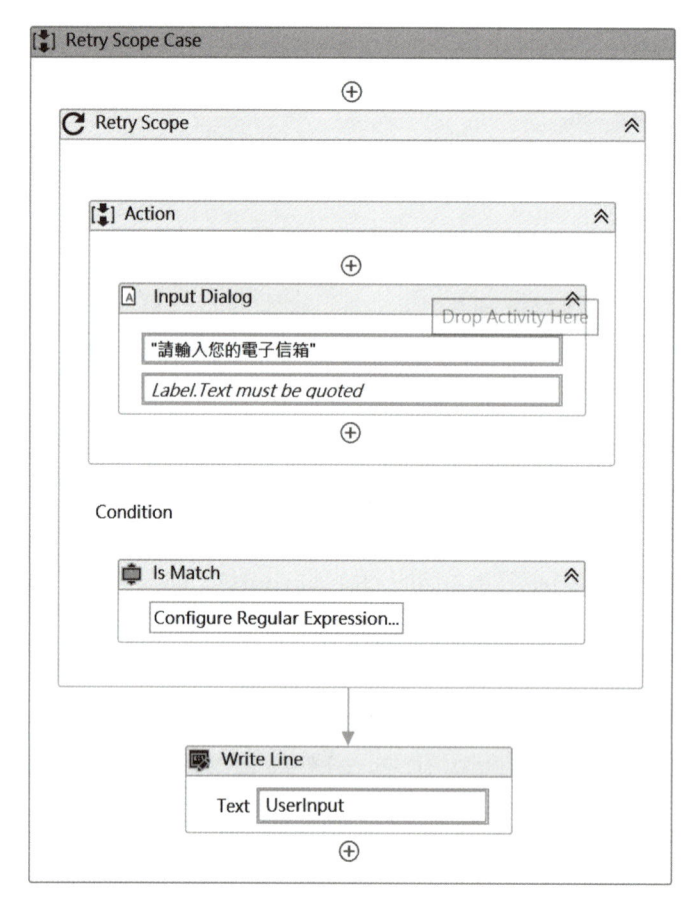

圖 13-4

Step 5： 最後，按下運行，試試在第一次時，故意輸入錯誤的 Email 格式（比如沒有輸入 @ 符號），Retry 會起作用，使畫面再度跳出一個 Input Dialog 讓你重新輸入。

有的時候，錯誤並非靠著重複幾次嘗試就可以解決，所以需要另一個更完善的處理機制來因應各種例外情形，我們將使用【Try Catch】來達成這個任務。

13.3.2 Try Catch

一個完善的自動化流程，我們最不樂見的是當錯誤或例外情形發生時，會讓運行的電腦停在此處，也就是錯誤訊息一直停留在畫面上，直到使用者發現時才進行處理。因此，當 Exception 發生時，我們需要設計一種方式來主動通知使用者，或是設計補救的步驟將 Exception 排除，好讓流程繼續往下走，或先暫時結束，【Try Catch】便可以達到這樣的效果。

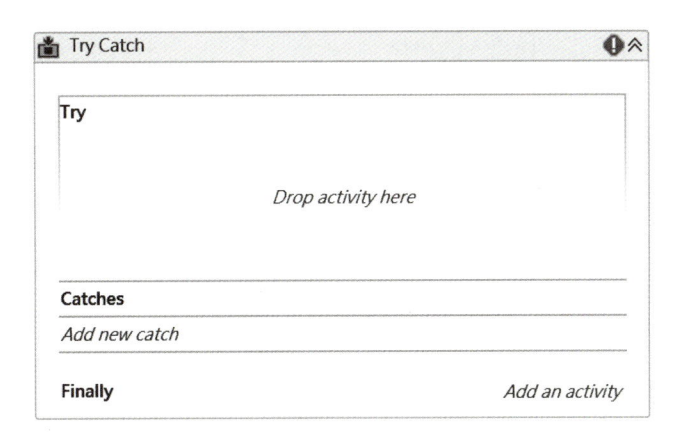

圖 13-5

【Try Catch】有三個主要依序運行的功能：

▶ Try：捕捉可能發生的 Exception

把你判斷可能有產生錯誤的 Activity 或一組流程放置 Try 中，若 Exception 真的發生時，便會被 Try 捕捉。

▶ Catches：將 Exception 分類並執行處理動作

當 Try 發現 Exception 後，Catches 會依據你的設定對其進行分類，你可以設定多個不同的 Exception 類型，但若你所設定的分類錯誤，可能會導致 Catches 無法順利執行。通常，System Exception 是可以處理所有非 Business Rule Exceptions，而 Exception 類型的精準性有助於使用者了解 Exception 為何，而做出有效的應對處理；實務上，我們會把捕捉到的錯誤訊息告知使用者或留下 Log 紀錄。

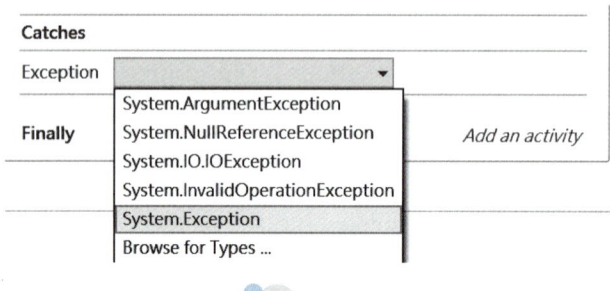

圖 13-6

▶ Finally：Try 和 Catches 都結束後要執行的動作

不管錯誤有沒有發生，Finally 都會被接續執行。

除了從 Activity 面板中拖拉使用【Try Catch】，你也可以在指定的 Activity 上點選右鍵功能列中的：<u>Surround with Try Catch</u>，快速的包覆住有可能發生 Exception 的 Activity。

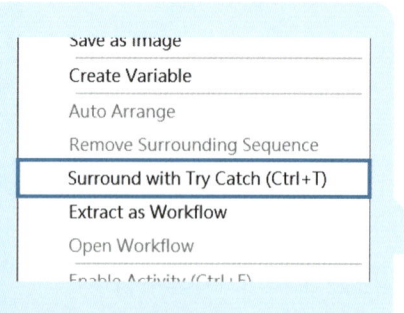

Error and Exception Handling　Chapter 13

案例 13-2　運用 Try Catch

● 目的

了解【Try Catch】運作的方式。我們將製造一個錯誤情境，讓【Read Workbook】讀取一份已開啟的 Excel 內容，造成錯誤，希望能在捕捉到此錯誤後，強制將 Workbook 關閉，再度重新進行讀取。

● 資源

請自行創建一個名為 Workbook 的 Excel 檔案，並在工作表 1 的分頁中輸入一些訊息以利稍後讀取。

● Try and Do It

Step 1： 確認你剛剛創建的 Excel 檔案為開啟狀態。

Step 2： 使用 Workbook 下的【Read Range】，讀取這份 Workbook 中工作表 1 的所有範圍，並設置 Output 為 DT 變數。

Step 3： 我們先來看看會發生什麼錯誤情況。按下運行，UiPath 立刻會跳出帶有錯誤訊息的視窗，如圖 13-7。

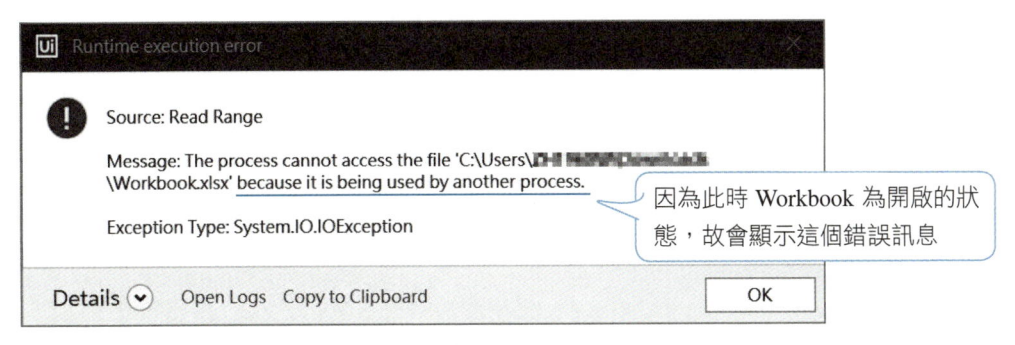

因為此時 Workbook 為開啟的狀態，故會顯示這個錯誤訊息

圖 13-7

當錯誤的訊息視窗跳出，UiPath 就會停止在這個畫面上，我們便是要利用【Try Catch】來避免這個狀況，使流程在執行的過程中，即便遇到錯誤情形，也能先將流程執行完畢，再將錯誤訊息記錄下來告知使用者，或最好可以直接解決。

Step 4： 點擊【Read Range】按下右鍵使用 Surround with Try Catch，並在 Catches 選擇 IOException，這時右邊的方框中會出現 *exception*，這是一個變數。

Step 5： 點選 Catches 區塊，使用【Log Message】，寫入 exception.Message 語法，在 Warn Level 列印出 Exception 的訊息；再使用【Close Application】辨識 Excel，讓錯誤發生時可以強制關閉 Excel。

Error and Exception Handling　Chapter 13

[Try Catch 圖示，包含 Try 區塊的 Read Range (讀取 "C:\Users\...\Workbook.xls" 的 "工作表1")，Catches 區塊的 IOException (變數名為 exception，標註「這是變數」)，內含 Sequence 包含 Log Message (Log Level: Warn, Message: exception.Message) 與 Close Application Excel (標註「辨識整個 Excel 視窗」)]

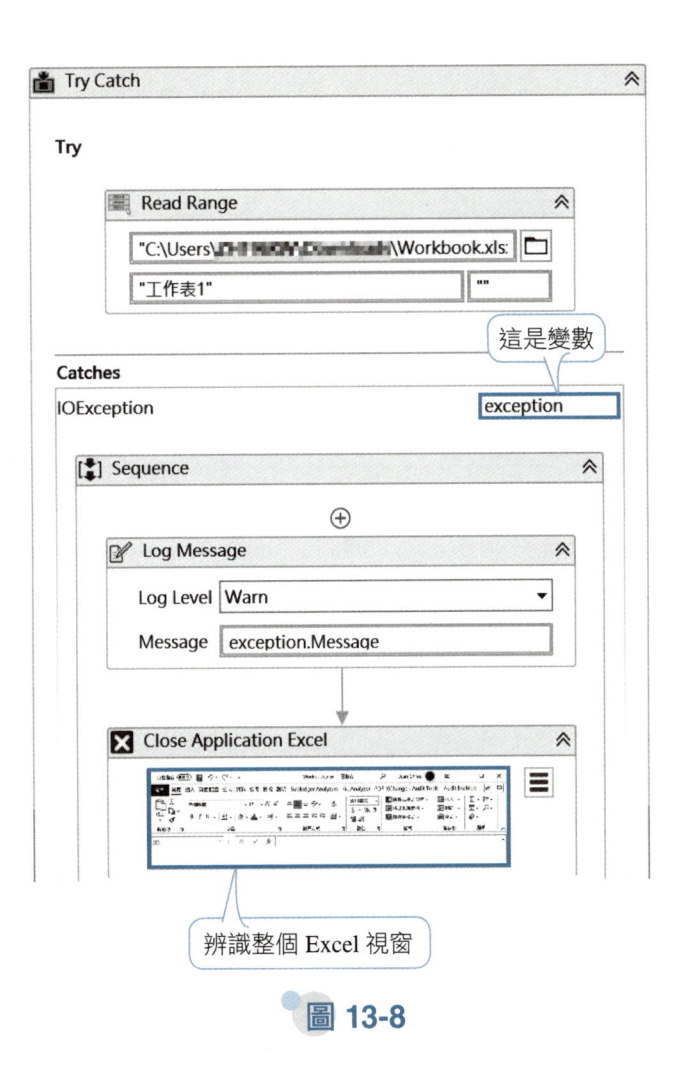

圖 13-8

Step 6： 最後，點選 Finally 區塊，複製 Try 的【Read Range】Activity，再使用【Write Range】，將讀取到的資料範圍寫入工作表 2。

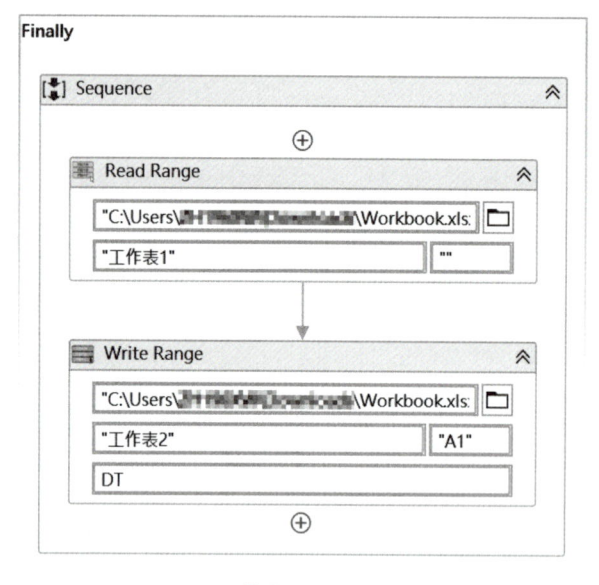

圖 13-9

Step 7： 再運行一次！記得預先開啟你的 Workbook Excel 創造錯誤的情況讓機器人處理吧！

13.4　Global Exception Handler

- Global Exception Handler 是專門用來處理單個 Project 中發生的所有錯誤與例外情形（這裡所指的 Project 僅是 Processes，不包含 Library Projects）。

- 一個 Project 只能有一個 Global Exception Handler。

- 若發生的 Exception 已被預先設計 Try Catch 捕捉到，此 Exception 就不會再被 Global Exception Handler 捕捉。

13.4.1 如何啟用

UiPath 已有預設好 Global Exception Handler 的執行架構，你也可以自行設計建置，啟用的方式有兩種：

1 點選右上方功能列 New，選擇預設的 Global Handler。

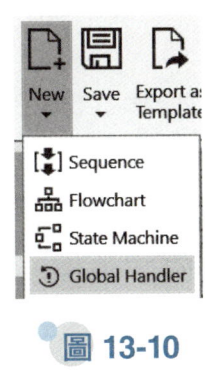

圖 13-10

2 在 Projects 面板中，使用自行創建的 Sequence 或 FlowChart 作為 Global Handler；按右鍵叫出功能列表後選擇 Set as Global Handler，若需要移除 Global Handler 的設定，則選擇 Remove Handler。

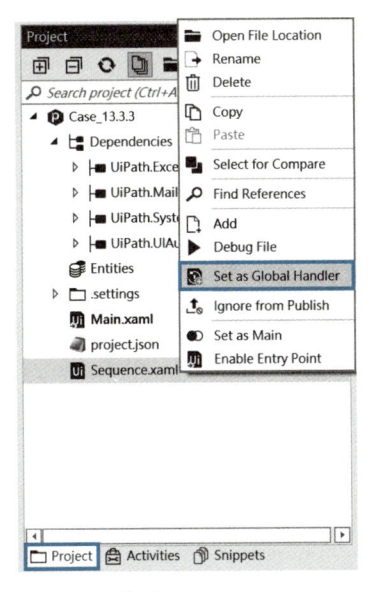

圖 13-11

13.4.2　如何運作

▶ 已預設的參數

開啟 UiPath 預設的 Global Exception Handler，前往 Arguments 面板，你會看到已存在的兩個 Arguments，分別是 *errorInfo* 和 *result*，請勿刪除這兩個參數。

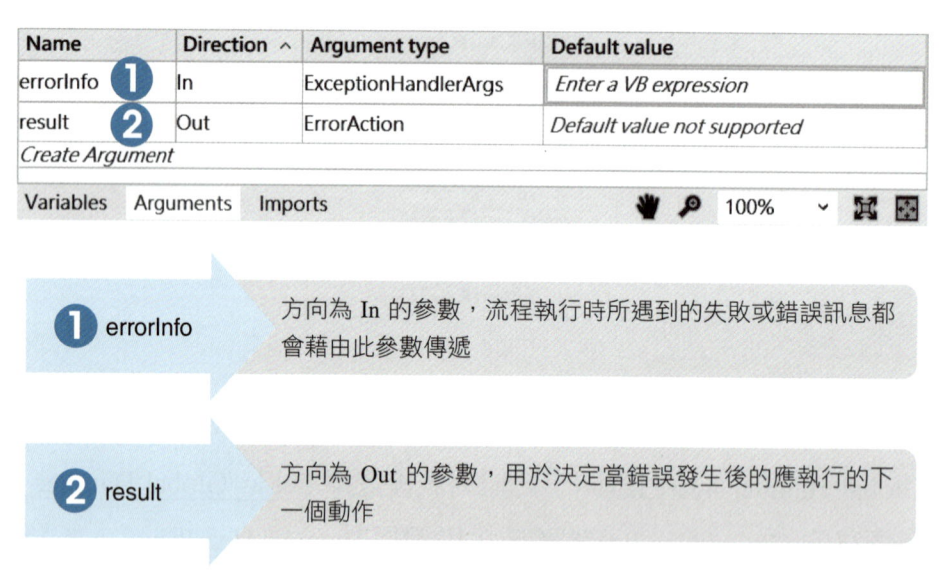

Name	Direction ∧	Argument type	Default value
errorInfo ❶	In	ExceptionHandlerArgs	Enter a VB expression
result ❷	Out	ErrorAction	Default value not supported
Create Argument			

Variables　Arguments　Imports　　　　　　　🖐 🔍 100%

❶ errorInfo：方向為 In 的參數，流程執行時所遇到的失敗或錯誤訊息都會藉由此參數傳遞

❷ result：方向為 Out 的參數，用於決定當錯誤發生後的應執行的下一個動作

圖 13-12

▶ 已預設的 Activities

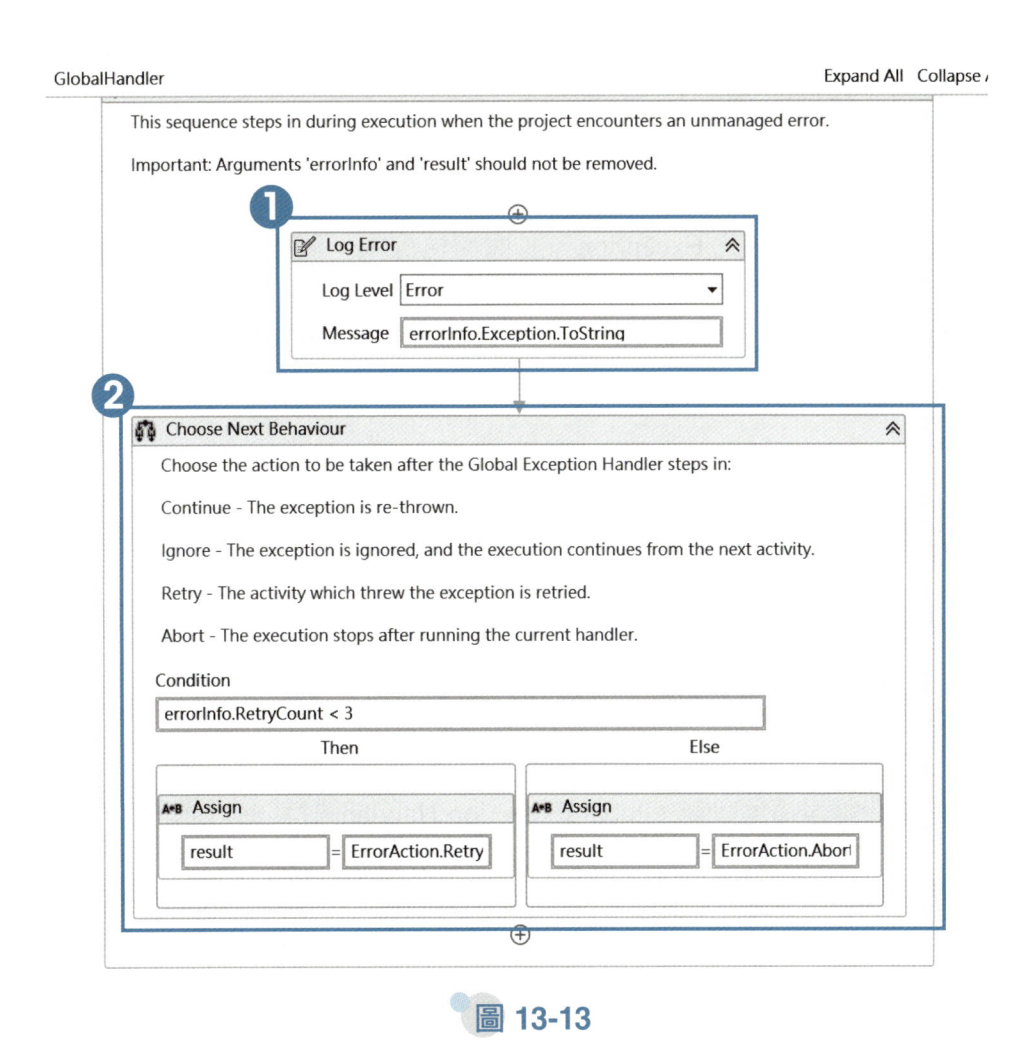

圖 13-13

❶ Log Error

使用 Log Message 記錄錯誤訊息於自訂的階層。UiPath 已提供預設寫好的語法 errorInfo.Exception.ToString，使結果列印至 Log 中。

❷ Choose Next Behaviour

可以自定義遇到錯誤或例外情形後，接下來流程該如何運行。預設提供了幾種處理狀況，分別為：

- Continue：Exception 再次被重新丟出 (Re-thrown)。
- Ignore：忽略此 Exception，並繼續執行下一個 Activity。
- Retry：對出現 Exception 的 Activity 重新嘗試執行。
- Abort：結束執行流程。

案例 13-3　運用 Global Exception Handler

● 目的

了解【Global Exception Handler】運作的方式。我們將設計一個小流程，試圖在已開啟的記事本中輸入一段文字，但運行時，故意將記事本關閉，製造錯誤情境，讓 Global Exception Handler 對其進行處理。

● 資源

無。

● Try and Do It

Step 1：創建一個 Process 類型的 Project。

Step 2： 新增一個預設的 Global Handler。

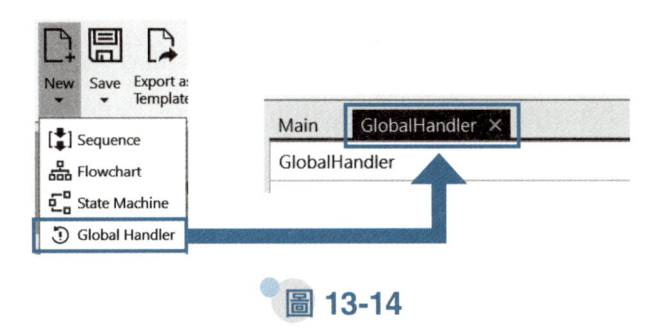

圖 13-14

Step 3： 開啟一個記事本，在 Main 使用【Type Into】，辨識記事本的編輯區域，輸入 "Hello!"。

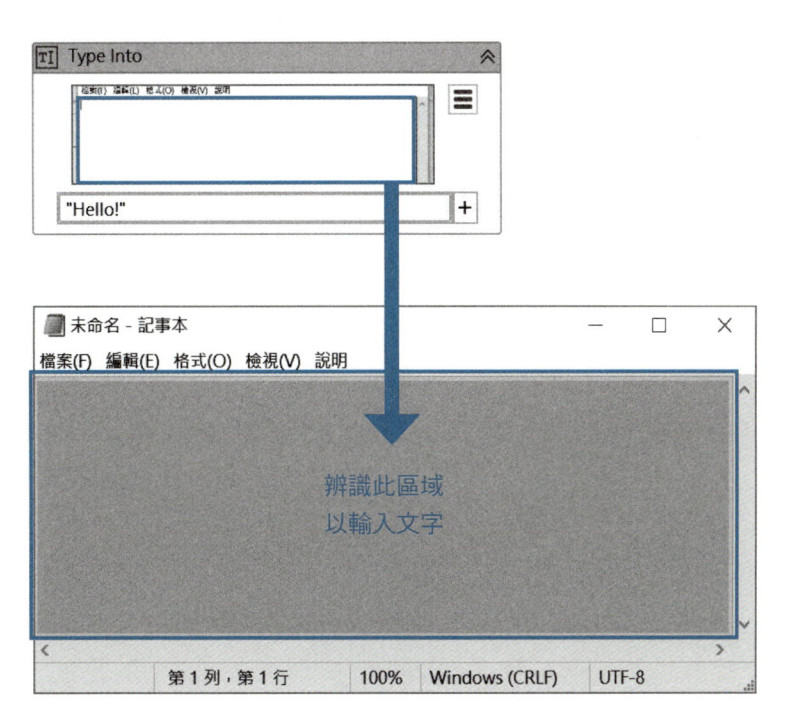

圖 13-15

265

Step 4： 接著再使用一個【Message Box】，寫入 "錯誤已被忽略!"，稍後我們可以藉此得知 Global Handler 的處理是否成功。

Step 5： 前往 Global Handler 頁面，調整 Retry 處理為兩次，我們把 Else 下方的 Assign 改為 ErrorAction.Ignore，使機器人忽略這個錯誤並執行下一個動作（也就是我們 Step 4 設計的動作）。

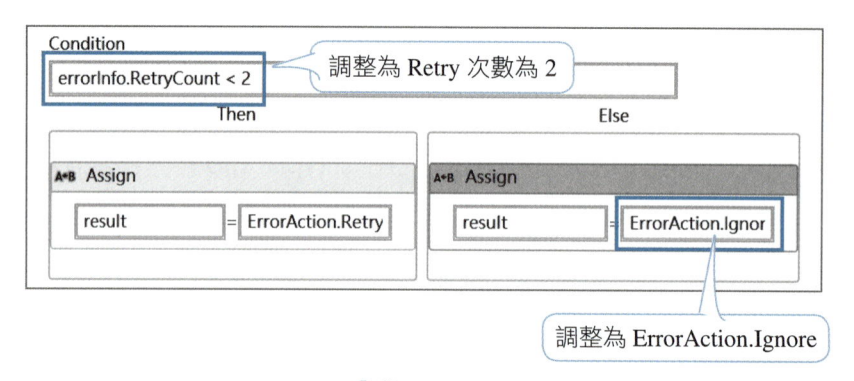

圖 13-16

Step 6： 最後，運行前，記得故意將記事本關閉以製造錯誤情境。將頁面切回到 Main，按下運行的 Run 按鈕，讓流程在不是 Debug 的模式下運行。運行後，「錯誤已被忽略!」的訊息框應會成功跳出，並在 Output 面板可看到錯誤的 Log 紀錄訊息。

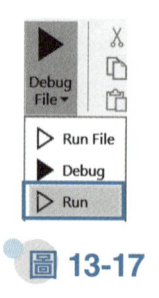

圖 13-17

13.5 ContinueOnError Property

```
□ Common
  ContinueOnError    Specifies to continue executing the remaining activities even if the current activity failed. Only boolean values (True, False) are supported.
```

圖 13-18

　　你可能有發現在很多 Activities 的 Properties 面板中都有 ContinueOnError 這個選項，顧名思義，這個選項可以讓你控制當這個 Activity 發生錯誤狀況時，是否還要繼續往下一步走？

　　該選項的預設值是 False，通常不建議將它改為 True，因為這樣流程執行中所發生的錯誤便會被忽略，除了造成下一步未必能順利執行外，也會造成 Bug 無法被辨識，使除錯 (Debug) 的難度增加。但也有一些特殊情形會使用到它，例如：當你使用【Data Scraping】在抵達最後一頁時，自然會出現找不到下一頁按鈕的情況，此時，將 ContinueOnError 設成 True，便可避免機器人無意義的報錯。

習題

Q1 What is the most effective way to handle the click on a UI Element that is not always available?

A. Place the Click activity inside a Try/Catch block.

B. Set the ContinueOnError property of the Click activity to True.

C. Use an Element Exists activity and then a Click activity.

Q2 The Global Exception Handler is... designed to determine the project's behavior when encountering an execution error.

A. an activity

B. a menu

C. a type of workflow

D. a property

Q3 What can you use to make sure that the execution continues even if an activity fails?

A. The Try/Catch activity.

B. The DelayAfter property.

C. The TimeoutMS property.

Q4 What is the maximum number of catches you can have in a Try/Catch block?

A. 1

B. 3

C. 5

D. There is no limit on the number of catches.

Q5 The Retry Scope activity can be used without a termination condition. In this case it will...

A. retry the activities indefinitely.

B. retry the activities until no exception occurs (or the provided number of attempts is exceeded).

C. throw an exception.

答案：A B A D B

Chapter 14
Orchestrator

Orchestrator 是 UiPath 用來運行與管理機器人的核心功能,你能從網頁瀏覽器(例如 Chrome 或 Edge)進入這個專門管理機器人的平台。

如下圖所示,我們將 Studio 設計完成的 Project 發佈到 Orchestrator 成為 Process,再透過 Orchestrator 的 Job 功能,把流程派給某一台電腦上的 Unattended 機器人執行。

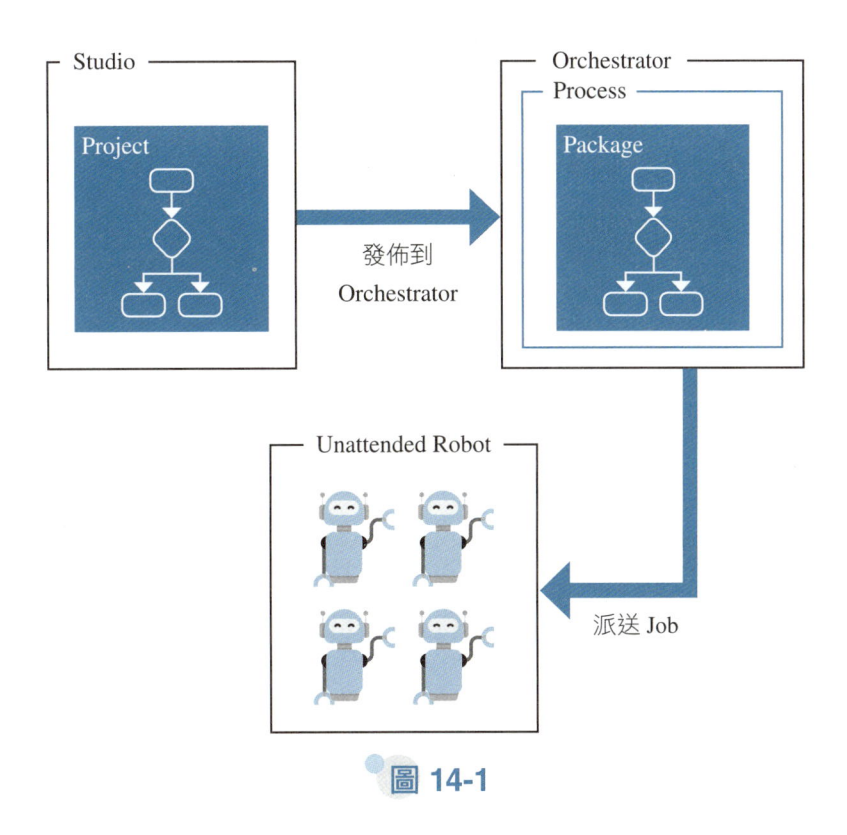

▲ 圖 14-1

藉由 Orchestrator 來啟動機器人的意思就是，你不需要再打開 Studio 按下 Run 來運行流程。Orchestrator 啟動後，也會記錄機器人的工作過程於管理面板中，提供使用者查看。

想像 Orchestrator 是一間工廠，我們可以透過以下的功能來了解 Orchestrator 的用途。

主要功能	官方解釋	舉例說明
部署 (Provisioning)	創建、管理機器人與 Orchestrator 間的連結情況	管理工廠中作業員的入廠情況
執行 (Deployment)	規劃流程的執行（立即或排程），也可以對流程版本進行管理	協助廠長安排工作給作業員，且規定他們需執行任務的時間
配置 (Configuration)	維護並安排機器人與流程執行的環境	安排作業員到指定的廠區或產線上進行工作
序列 (Queues)	將一個可被切割的自動化流程，分配給不同機器人同時執行	若有個產品需要組裝後才能出廠，則可將依據組裝工序，分成獨立的生產線，並將作業員分配到產線上，使其可同時進行產品製造的各段工序，提升執行效率
監控 (Monitoring)	監控機器人運行的狀態以及權限	觀察作業員在工廠裡的狀態，是否正常的在工作？或是呈現停滯狀態？又或是遇到什麼障礙而導致暫停工作？
日誌軌跡 (Logging)	將執行的日誌軌跡留存至指定資料庫	作業員在工作時，每一個動作都會被留下軌跡，自動產生歷史紀錄，以便之後可以隨時查看

接著，我們先透過以下步驟，用 UiPath Assistant 確認你與 Orchestrator 的連線狀況，以利後續案例進行。

Step 1： 首先，先確認你在 UiPath Platform (https://cloud.uipath.com/portal_/register) 已註冊一組帳號並為登入狀態；進入 UiPath Platform 後，點選左方功能列表進入 Orchestrator。

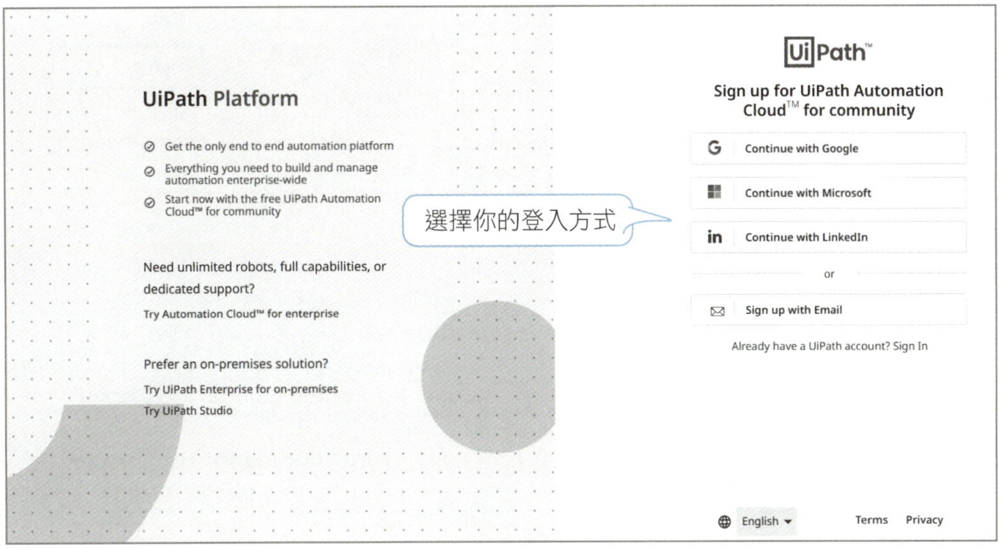

圖 14-2

Step 2： 點選你電腦螢幕右下方的功能列，確認 UiPath Assistant 狀態為 Connected, Licensed；若為未登入，請接續執行 Step 3。

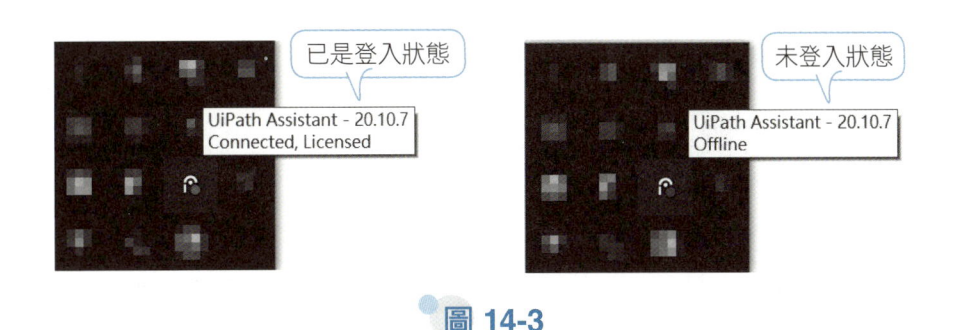

圖 14-3

Step 3： 點擊 Sign in 登入 UiPath Assistant。

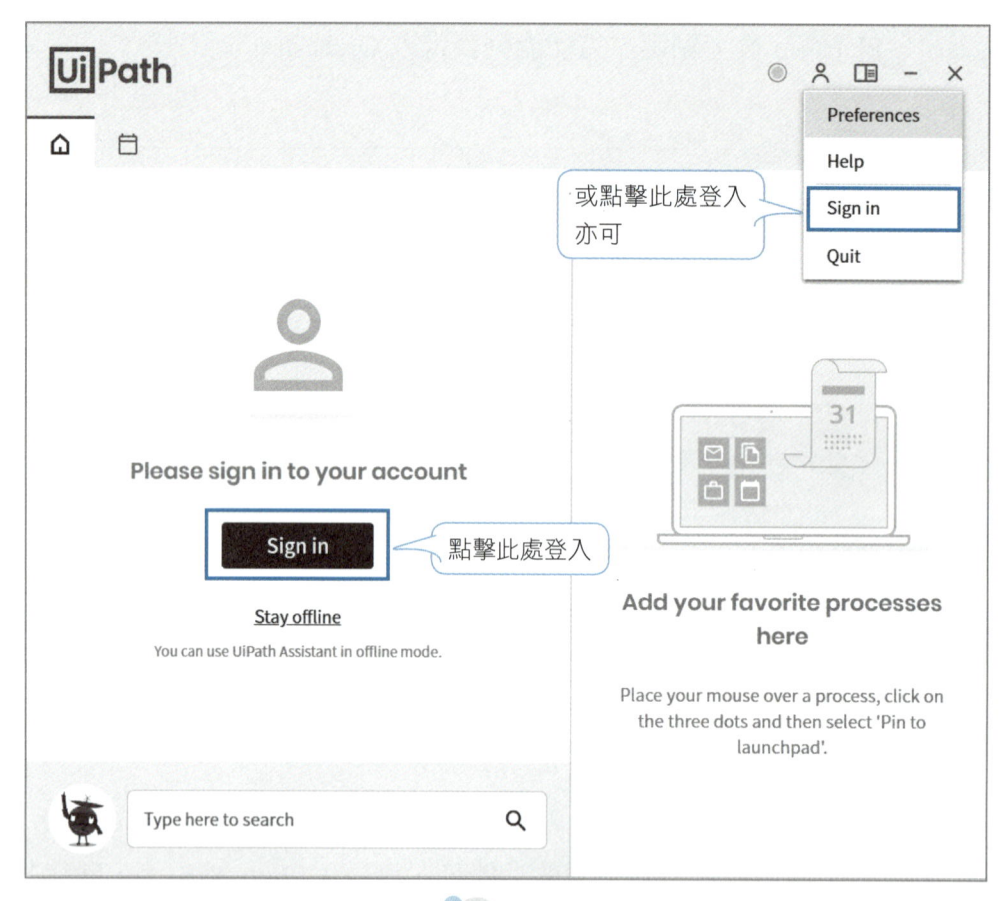

圖 14-4

Step 4： 回到 Studio 畫面，確認為登入狀態。

圖 14-5

14.1 發佈流程並啟動

之前我們都是在 Studio 啟動來執行流程，但這並不是一個正式運行的做法。透過 Orchestrator 啟動，讓自動化流程的運行留下軌跡並妥善管理，也能透過 Orchestrator 進行更多客製化的設定，例如：何時啟動、要在哪一台電腦上執行等。因此，你需要知道如何將自己電腦上設計完成的 Package 發佈到 Orchestrator 上，再透過 Orchestrator 派送流程給 Unattanded 機器人執行；若之後 Package 有更新異動，你也可以再度重新發佈，Orchestrator 會自動記錄上傳的版本軌跡，若有特殊情況，甚至也可以分配不同的版本給不同的機器人執行。

此外，Orchestrator 也像是一個大型雲端資料庫，你可以將 Package 儲存於其中，方便其他人存取使用。

確認你的電腦和 Orchestrator 連線後，接著我們來學習如何用 Orchestrator 啟動流程。

案例 14-1　使用 Orchestrator 運行機器人

● **目的**

從 Studio 發佈一個 Message Box 的流程，並用 Orchestrator 啟動你電腦上的 Unattanded 機器人執行。

● **資源**

無。

● **Try and Do It**

Step 1： 建立一個 Message Box 的流程。

Step 2： 點擊功能列右上方 Publish 發佈此流程。

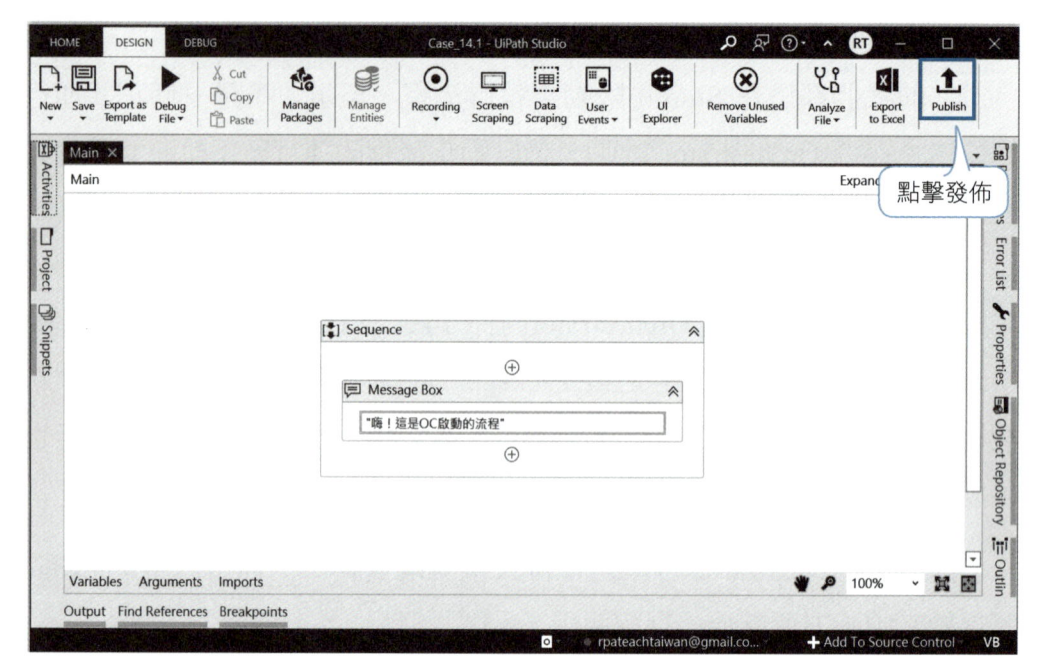

圖 14-6

Step 3： 彈出 Publish Process 視窗需要你確認欲發佈 Package 的屬性細節，例如：名稱、版本編號與其他說明。每一次發佈，UiPath 都會自動調整版本編號，你也可以在 New Version 欄位手動設定想要的編號；設定完成後按下 Next。

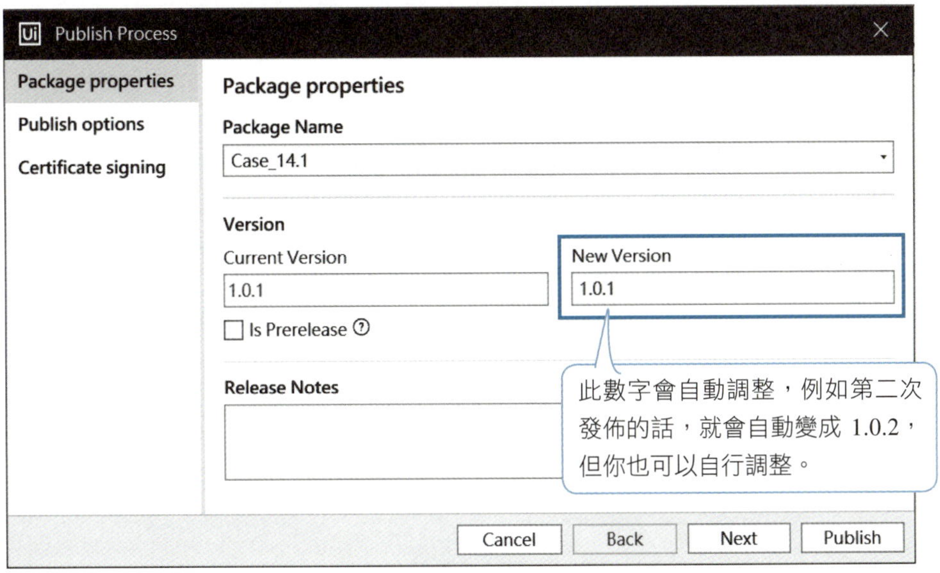

圖 14-7：此數字會自動調整，例如第二次發佈的話，就會自動變成 1.0.2，但你也可以自行調整。

Step 4： Publish options 是讓你選擇要發佈的目的地。此案例中，我們使用原始預設的 Orchestrator Personal Workspace Feed，接著便可以直接按下 Publish。

圖 14-8

Step 5： 返回 Orchestrator 介面，點選 My Workspace，進入 Processes 查看從 Studio 發佈的流程。

圖 14-9

Orchestrator　Chapter 14

Step 6： 進入 Process 介面後，會看到我們剛剛發佈的流程名稱與版本資訊，點擊三角形標示進入啟用設定介面。

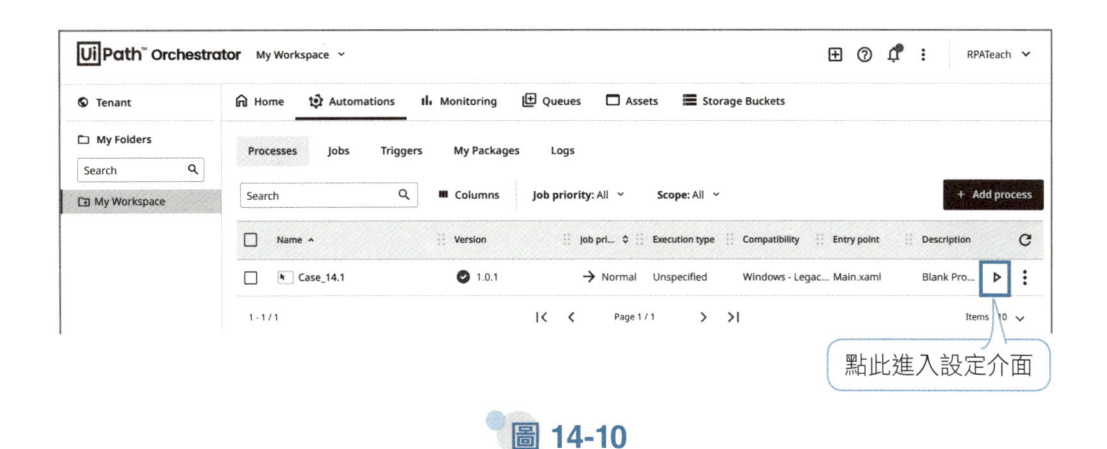

點此進入設定介面

圖 14-10

Step 7： 此案例，我們不對設定進行任何調整，直接按下 Start，你的 Message Box 流程就會啟動囉！

點此啟動流程

圖 14-11

279

14.2 取用資產

在設計自動化的流程時，經常會需要使用到各種應用程式的帳號、密碼，或是進入特定的檔案／資料夾路徑，若將這些資訊直接寫入腳本中，當以後有更新或調整時，你便會需要到各個腳本中尋找後修正，而這並不是一個聰明的作法！

UiPath 將這些資訊定義為 Asset（資產），我們可以在 Orchestrator 中存放這些資產，在 Studio 中透過 Activity 取用，以後若有異動，僅須在 Asset 面板中調整，便可以套用於每一個有使用此資產的流程，確保其運用的安全性，並獲得妥善保管。

案例 14-2　使用 Orchestrator 保存與取用帳密

● 目的

在 Orchestrator 建立 UiDemo 程式的帳號密碼，學習如何透過 Studio 取用，再透過 Orchestrator 啟動此流程登入。

● 資源

至「案例 14-2」資料夾，下載「Case 資源」中的「DoubleUI.zip」，並從資料夾中的 txt 檔取得 UiDemo 的帳號與密碼。

● Try and Do It

Step 1： 至 Orchestrator 預設的 My Worksapce 資料夾中建立 UiDemo 的帳號密碼作為資產。

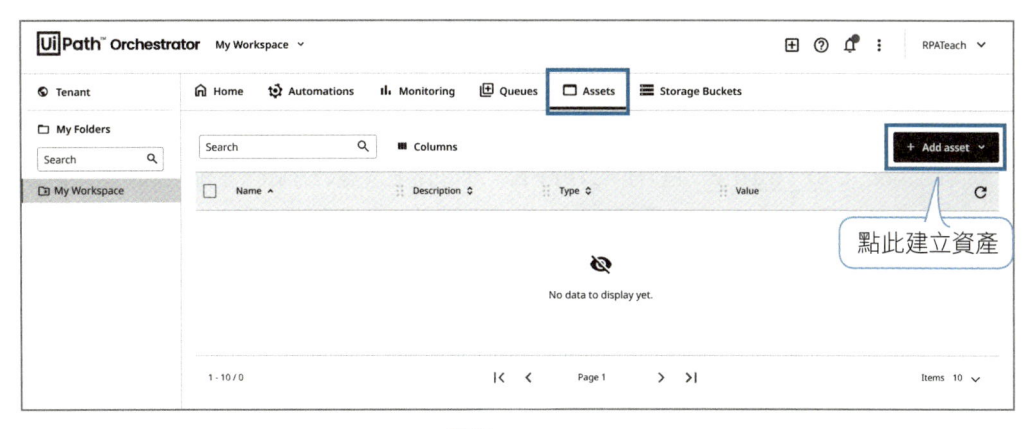

Orchestrator　Chapter 14

图 14-12

Step 2： 考量安全性，我們使用 Credential 類型的來建立 UiDemo 的帳號與密碼，輸入自行定義的 Asset name，使用案例資源中的帳號密碼資訊，分別在 Username 輸入 UiDemo 的帳號 admin、Password 則為 Password，完成後按下 Create。

图 14-13

281

Step 3： 新建一個 Sequence，使用【Get Credential】，在屬性面板 Input→AssetName，使用雙引號，輸入剛剛在 Orchestrator 建立的資產名稱 "UiDemo Login"；再至 Output→Password & Username 運用 Ctrl+K 分別設置取用帳號和密碼的變數 *Password* 和 *Account*。

圖 14-14

查看變數面板，你會發現 Password 欄位創建的變數類型是 SecureString，之後我們會需要用【Type Secure】才能取用此類型的變數。

Step 4： 開啟 UIDemo，使用【Type Into】，辨識 Username 欄位輸入變數*Account*。

Step 5： 使用【Type Secure】辨識 Password 欄位，至屬性面板 Input→SecureText 輸入變數 *Password*。

Step 6： 最後，使用【Click】辨識點擊 Log In，此時 Studio 畫面會如下圖所示；發佈流程，用 Orchestrator 啟動看看吧。

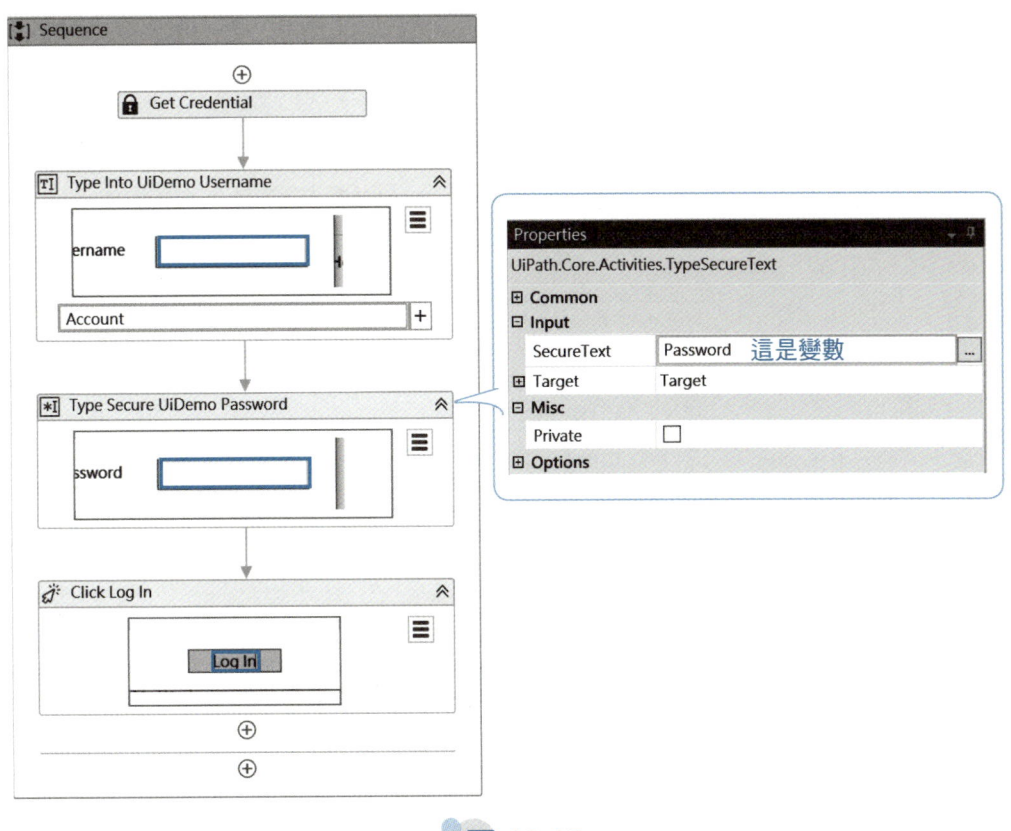

圖 14-15

14.3 其他功能

14.3.1 用 Queue 執行多工任務

什麼是 Queue？想像你是一個清潔人員，被派去打掃一棟有 50 間教室的大樓，你必須要對每一間教室進行掃地、拖地和擦拭桌椅。這麼龐大的工作量，若是你一個人做，你可能會考慮以每間教室為單位，一次執行

完掃地、拖地和擦桌椅的工作後，再換去下一間教室，可以想像，這樣進行的速度肯定很慢。

若此時老闆良心發現，派兩位同事一起加入清潔，那你便可好好的安排跟分工了，你可以安排一個人掃地、一個人拖地，另一個人去擦拭桌椅，這樣便可使工作同步，加速效率，而這就是 Queue 的概念。我們可以透過 Orchestrator 搭配 Queue 相關的 Activities（如圖 14-16），在同一時間，分派不同的工作到不同的機器人身上，提升任務執行的速度。

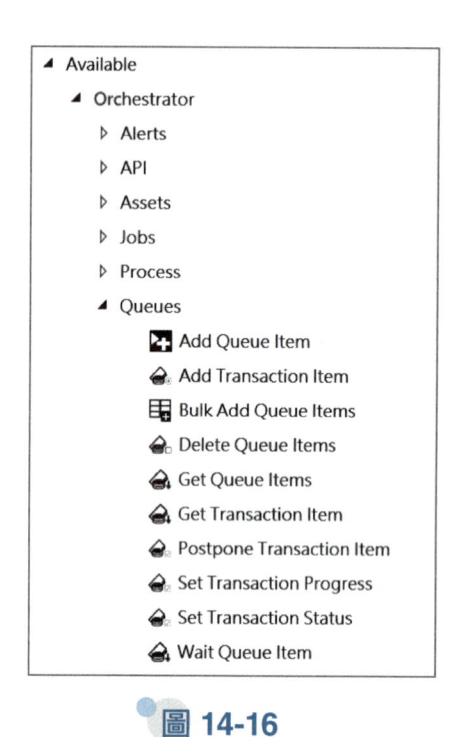

```
▲ Available
    ▲ Orchestrator
        ▷ Alerts
        ▷ API
        ▷ Assets
        ▷ Jobs
        ▷ Process
        ▲ Queues
            Add Queue Item
            Add Transaction Item
            Bulk Add Queue Items
            Delete Queue Items
            Get Queue Items
            Get Transaction Item
            Postpone Transaction Item
            Set Transaction Progress
            Set Transaction Status
            Wait Queue Item
```

圖 14-16

關於 Queue 的完整設計，會需要使用 UiPath 的進階設計方法：Robotic Enterprise Framework (REF)，透過 REF 模板，協助你使用完整的架構，設計帶有 Queue 概念的自動化流程。

14.3.2 用 Triggers 來排程

Triggers 功能位於 Automations 下，在 14.1 的章節中，我們已學會在 Process 面板中運行發佈至 Orchestrator 的流程，而若流程並非立刻需要執行時，我們可透過 Triggers 來安排啟動時程。

Triggers 分為 Time Trigger 和 Queue Triggers。Time Trigger 可以設定流程的啟動時間，比如固定每天早上八點，時間的設置維度可隨使用者需求進行調整；Queue Triggers 則是當有新的工作任務加入 Queue 時，便會啟動流程運作。

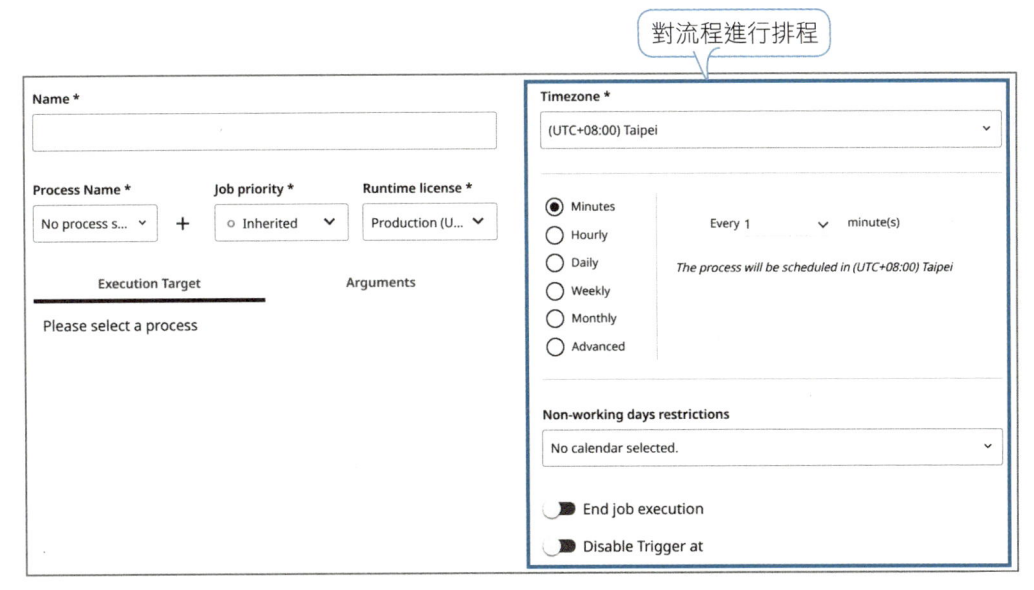

圖 14-17

14.3.3 用 Monitoring 來監控

在 Monitoring 面板，你可以透過視覺化的圖示，查看位於不同電腦上機器人的狀態、流程和 Queue 執行等的情況。

14.3.4 用 Storage Buckets 來存取資料

Storage Buckets 是提供給開發人員儲存共享檔案與資料的地方，例如用於橫跨多個業務流程所使用的各種文件，也可對 Buckets 設定限制修改等權限控管。

除了 Orchestrator 提供的空間外，亦可放連結其他外部的儲存空間，例如：Amazon S3、Azure Storage 等。不同的機器人若需要使用相同的檔案資料時，便可透過 Storage 相關的 Activities（如圖 14-18），在腳本中取用 Storage Buckets 的檔案。

```
▲ Available
   ▲ Orchestrator
      ▷ Alerts
      ▷ API
      ▷ Assets
      ▷ Jobs
      ▷ Process
      ▷ Queues
      ▲ Storage
           Delete Storage File
           Download Storage File
           List Storage Files
           Read Storage Text
           Upload Storage File
           Write Storage Text
```

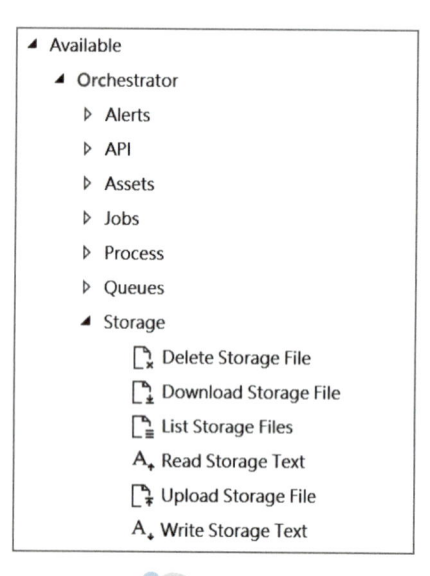

圖 14-18

習題

Q1 Which type of trigger is more appropriate to use for a process sending notifications about paper submission deadlines for students?

A. A Time Trigger.

B. A Queue Trigger.

Q2 Which description is false?

A. Asset is a piece of data stored in Orchestrator for the use of robots.

B. Package is an automation project published to Orchestrator.

C. Job is a version of a package allocated to a folder.

Q3 Which of the following pieces of information cannot be stored in an Orchestrator asset?

A. A URL.

B. A set of credentials.

C. A number.

D. A table.

Q4 Which of the following statements about storage buckets is true?

A. Orchestrator admins can't edit user access rights to storage buckets.

B. Orchestrator admins can toggle between read-only and write privileges for each storage bucket.

C. All storage buckets in Orchestrator are read-only.

Q5 Which of the following entities need roles assigned in Orchestrator to be able to run automations?

A. Only human users.

B. Only unattended robots.

C. Both human users and unattended robots.

答案：A C D B C